肉牛饲养管理与疾病防治问答

张吉鹍　主编

U0349276

中国农业科学技术出版社

图书在版编目（CIP）数据

肉牛饲养管理与疾病防治问答／张吉鹍主编. —北京：
中国农业科学技术出版社，2015.2
ISBN 978-7-5116-1499-5

Ⅰ.①肉… Ⅱ.①张… Ⅲ.①肉牛–饲养管理–问题
解答②肉牛–牛病–防治–问题解答 Ⅳ.①S823.9-44
②S858.23-44

中国版本图书馆 CIP 数据核字（2014）第 308800 号

责任编辑　　张国锋
责任校对　　贾晓红

出 版 者　中国农业科学技术出版社
　　　　　北京市中关村南大街 12 号　邮编：100081
电　　话　(010)82106636(编辑室)　(010)82109702(发行部)
　　　　　(010)82109709(读者服务部)
传　　真　(010)82106631
网　　址　http://www.castp.cn
经 销 者　各地新华书店
印 刷 者　北京富泰印刷有限责任公司
开　　本　850mm×1 168mm　1/32
印　　张　9.875
字　　数　275 千字
版　　次　2015 年 2 月第 1 版　2017 年 3 月第 2 次印刷
定　　价　32.00 元

编写人员名单

主　　编　张吉鹍

副 主 编　吴文旋　李龙瑞

编写人员　张吉鹍　吴文旋　李龙瑞　王赞江

　　　　　张震宇　徐　俊　王梦芝　王　翀

前　　言

近年来，我国肉牛产业发展迅猛，取得了明显成效，生产体系逐步完善，科技支撑能力逐渐加强，牛肉年产量长期位居世界前列。

在生活水平不断提高的今天，人们希望动物型食品多样化、低脂化、优质化，而草食动物产品，如牛羊肉多年来一直俏销市场，牛肉价格持续多年增长，2013年全国牛肉平均价格为每千克70元，连续多年保持高位运行，优质高档牛肉产品在我国消费市场长期供不应求，揭示了我国牛肉市场需求的巨大潜力。当前，我国养牛业已进入到提质增效的关键转型期，产业发展正由外延式增长向内涵式增长积极转变。散养户快速退出，规模化比重逐渐加大，标准化程度明显提升。总之，整个肉牛产业在生产总量、产品质量、生产规模、生产方式、龙头企业建设、产业化发展、科学技术的应用等方面都有长足进步与发展，其结果使肉牛产业成为我国农村经济的支柱产业，成为农民脱贫致富奔小康的主导产业。但与此同时，我国肉牛产业还存在着一些突出问题，从产业内部看，一是目前规模化肉牛养殖场仅约占整个牛业生产比重的26%，散养户及小规模养牛户仍是肉牛养殖业的主体，疫病防控形势严峻，养殖风险较大；二是良种繁育体系建设滞后，自主育种能力薄弱，以致良种覆盖率低、出栏率低、饲料转化率低、个体产肉率低，国内优质、高档牛肉短缺，高档牛肉严重依赖进口；三是近年来基础母牛存栏数下降较快，繁殖率低，草畜矛盾突出。从外部环境看，肉牛养殖环境保护的压力逐渐加大，资源环境的约束越发趋紧。但归根结底是肉牛产业科技含量低、科技支撑不足的问题。

现代草地农业系统的建设、现代草地畜牧业的发展，其核心就是饲草种植与草食家畜的养殖，其中一项重要内容就是发展肉牛养殖。本书结合我国肉牛产业发展现状及其趋势，充分组装、集成现代高新技术成果与常规实用技术，提出了许多新视点、新技术，如肉牛日粮学、肉牛日粮营养平衡原理、肉牛日粮的整体取性原理、肉牛日粮的全方位论效原理，以及肉牛秸秆饲料化利用的工程技术、肉牛粗饲料品质的整体评定技术、肉牛日粮间组合效应的调控技术、肉牛日粮的优化饲养设计与搭配技术、肉牛系统集成型饲料饲用技术等。全书共分 11 章，内容涉及肉牛养殖概述、优良牛种、肉牛繁殖配种技术、肉牛饲料及其加工利用技术、肉牛营养需要及其日粮配制技术、肉牛育肥技术、肉牛的饲养管理技术、肉牛传染病的防治、肉牛常见病的防治、肉牛寄生虫病的防治、肉牛中毒性疾病的防治等，对提高肉牛养殖效益、促进肉牛产业发展会有所帮助。

本书力求融实用性、通俗性、科学性、先进性为一体，易学易会，学以致用，适合广大肉牛养殖场（户）从业人员，肉牛产业经营、管理人员，基层畜牧兽医工作者学习使用，也可作为农牧民技术培训的参考书，还可供农业院校相关专业师生阅读参考。

由于笔者水平有限，时间紧迫，尽管做了最大的努力，疏漏之处在所难免，恳请同行专家与广大读者批评指正。

编者

2014 年 9 月

目　　录

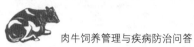

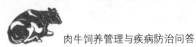

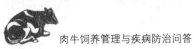

第一章　肉牛养殖概述

1. 为什么有人养牛不赚钱?

(1) 品种优化程度低, 产业经济效益差

多年来, 我国对肉牛品种存在无序改良现象, 缺少明确的改良和育种方向, 以致我国的肉牛业仍处于以黄牛为主的状态, 良种率低, 改良肉牛比例仅占 30% ~ 40%, 与发达国家改良牛比例 90% 以上的差距很大, 部分杂交品种也没有严格按照良种要求进行杂交, 生产性能低, 牛群整体品质差。地方黄牛是我国的特色资源, 虽然具有耐粗饲、抗逆性好、肉质佳等优点, 但还存在着生长速度慢、胴体产肉少、优质牛肉切块率低等诸多缺陷。就肉牛胴体重而言, 发达国家平均在 295 千克以上, 世界平均 205 千克, 中国平均 201.5 千克, 江西平均 175 千克。表面看, 这仅仅是肉牛胴体重的差距, 但实际上隐含了良种繁育、农牧结合、饲草供应等诸多方面的不足。就出栏体重而言, 江西肉牛 12 ~ 18 月龄体重与全国 250 ~ 350 千克的水平相似, 而世界肉牛业发达国家的肉牛 12 ~ 18 月龄出栏体重则高达 450 ~ 550 千克, 这不仅仅是数量的体现, 更是质量与效益的提升。中国黄牛虽然有如秦川牛、鲁西牛、南阳牛、晋南牛等诸多品种, 抗逆耐粗饲且肉质好, 但普遍存在体型小、生长速度慢、出肉率低、脂肪沉积不理想等缺陷, 用这样的品种来生产高档牛肉难度很大。虽然 "夏南牛"、"延黄牛" 和 "辽育白牛" 作为中国培育的肉牛品种已经育成, 但仍难满足优质肉

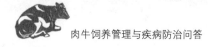

牛生产对品种数量和质量的要求。

（2）生产方式落后，饲料转化率低

当前，我国肉牛饲养以农户散养为主，占全国养牛的80%，以中小规模育肥场集中育肥为辅，中大规模饲养少。肉牛养殖"小、散、低"，规模化饲养程度不高，一般每户饲养1~5头，多的也只有十几头或几十头，出栏的屠宰牛数量有限，占总出栏量的比例小。散户养牛方式落后，方法传统，仍是栏舍垫草，天然放牧等传统养殖耕牛的饲养方法，饲养措施不规范（品种混杂、饲草混杂、年龄混杂），有啥喂啥，不补饲精饲料。一些养殖户从本地经销商处购买外地生产的饲料或按照各自的配方自己加工调制的饲料，品质差、营养不全面。在粗饲料供应上，青草季节割草饲喂、枯草季节用秸秆饲喂，青贮饲料制作数量少、质量差，饲草季节性供应不平衡的矛盾突出，有的在冬季甚至将牛关在栏舍里仅喂给干稻草。条件稍好点的农户，也只用麸皮拌料补饲，而麸皮作为精饲料仅含有少量的能量、蛋白质、钙、磷等，营养成分不全，不能满足肉牛的增重需要，以致肉牛饲养周期长，出栏体重小，育肥质量差，饲料转化率低，产品没有竞争力，产业难以做大做强。

（3）养殖知识贫乏，饲养管理粗放

传统分散的小农式肉牛生产，肉牛规模化饲养配套技术难以在养殖户中推广，一些养殖户缺乏科学养殖知识。表现在：①不知道饲养什么品种，购回病牛和品种差的牛时有发生；②肉牛饲料配合不合理，在基本的营养成分，如能量、蛋白质和钙、磷不足或不平衡的情况下，总是寄希望于饲料添加剂或增重剂能大幅度地提高肉牛的生产效率；③养殖户随意添加尿素，造成肉牛中毒或死亡；④不分青草种类大量饲喂，造成瘤胃臌气，甚至危及生命；⑤将长时间堆放的菜叶、青绿饲料喂牛，造成中毒；⑥氨化技术不成熟，又不注意防霉变，致使一些牛吃了霉变饲料而死亡；⑦不能保证原料质量，饲料种类与配方差别较大，饲料转化率低；⑧忽略引进牛的适应性及对杂交牛的养殖技术掌握不够，导致养殖亏损；⑨在犊牛早期饲养阶段，普遍采用极不利于犊牛生长的"吊架子"方法，导致犊牛早期生长发育不良，直接影响到其中、后期的育肥效果；⑩养殖户总希望有特效药，过度依赖抗生素的防病作用，单一抗生素或多种抗生素混在一起加大剂量使用较为普遍。多少年来，我国肉牛粗放的饲养管理一直没有得到彻底改变，主要体现在，一是良种不良法，饲喂无规律，喂牛时早时晚，喂料时多时少，经常变换饲料，造成牛瘤胃微生物区系紊乱，影响消化吸收，不利于生长。个别农户在牛价高时，甚至"把牛当猪喂"，短期内大量补给玉米精饲料快速育肥，结果导致酸中毒。二是圈舍简陋，冬季舍温偏低。舍内粪尿不及时清理，舍内潮湿、多刺激性气体，牛体脏污不刷拭，不晒太阳等影响肉牛的生长发育。三是未按肉牛的生理状态管理，育成牛、妊娠牛、空怀牛与种牛不加区别，均采用同样的饲养管理方式，造成肉牛生长发育缓慢，不能适时出栏，降低了养牛的生态效益与经济效益。

（4）优质饲草缺乏，秸秆利用率低

草山草坡野生牧草自生自灭，肉牛的主要粗饲料农作物秸秆焚烧浪费现象严重，用作饲料的秸秆大部分未经加工调制（经加工调制后利用的约占2.6%），利用率不高，以致优质饲草缺乏、草畜不配套。牛群冬春缺草缺料，"既未吃饱又未吃好"现象普遍存在。粗饲料品质差，四季供应不均衡，造成肉牛产品质量不稳定，严重制约着肉牛养殖效益。

（5）技术支撑体系不完善，养牛科技含量低

表现在：①在饲草、营养方面，补饲、青贮、氨化和非蛋白氮使用等成熟技术远未普及推广到散户，更没有针对农户饲养环境和饲料原料，设计合理、经济、高效的饲料配方与补饲饲料，营养水平未达到生理需要，饲料转化率低，饲料成本持续增加，严重制约着肉牛养殖效益。②在杂交利用方面，目前发达国家的肉牛都用杂

种牛来生产，纯种在肉牛总头数中仅占 3%～5%。如美国肉牛杂交繁育体系，采取三品种轮回杂交：在安格斯和海福特二品种轮回杂交的基础上再与夏洛莱或西门塔尔进行轮回杂交，其结果是杂交优势得以充分发挥。日本"和牛"则是在杂交繁育的基础之上培育起来的一个世界知名的肉牛品种。然而，迄今我国尚未建立完整的肉用杂交繁育体系，每一轮杂交后，下一代使用什么品种作父本进行杂交，没有科学规划，绝大多数杂交要么仅停留在二品种杂交，杂交一代屠宰或销售，要么形成级进杂交，以致杂交优势的利用率降低。③在肉牛育肥方面，除一些规模育肥场外，小规模分散育肥场普遍存在着品种代数、年龄、饲草料日粮混杂，育肥技术参差不齐，造成出栏肉牛体重、膘情、年龄、去势等差异大，肉品质量不稳定，难以统一标准。另外，部分地区淘汰奶牛，多半未经育肥，直接上市屠宰，肉质差、效益低。

(6) 圈舍简陋，养殖环境差

多数肉牛养殖散户，环保意识淡薄，人牛混居，甚至猪、牛混养。污道与净道不分，污水横流，蚊蝇滋生，环境卫生极差。当前，我国肉牛标准化规模养殖水平整体较低，即便一些大中型养殖场，也没有粪污无害化处理和资源化利用设施，粪便污水因得不到及时处理而污染地下水或直接排放到河道，给农村、城镇居民的饮用水带来安全隐患。

(7) 消毒不到位，疫病防控意识差

多数养牛户无消毒意识，即便周围环境极其污浊仍常年不消毒或消毒措施不严格，有的只在清圈时垫些干土。一些养殖户防疫意识不强，认为牛的饲养密度不如鸡、猪大，牛的抵抗力强，防疫可有可无。以致一些地方传染病，如口蹄疫、布氏杆菌病、结核病、传染性胸膜炎等疫病发病率超过 10%。加之，我国肉牛养殖的异地育肥模式，更把一些地方疫病扩向全国，对人及牛只健康造成威胁。再就是很少给牛驱虫，由于牛采食牧草和接触地面，体内外常

感染寄生虫, 如各种线虫、疥螨、硬蜱、牛皮蝇等, 降低日增重影响, 饲料转化率。

2. 怎样养牛才赚钱?

(1) 丰富肉牛品种, 有序开展杂交利用

包括肉牛在内的畜牧业生产贡献率中, 遗传因素的影响占40%, 营养与饲料占20%, 饲养管理占20%, 疾病防治占15%, 其他如环境等占5%。因此, 品种是提高肉牛生产水平的基础。但肉牛产业不像奶牛产业那样, 品种较单一, 而是多品种利用, 广泛杂交, 利用杂交提高养殖效益。针对多年来我国肉牛品种存在的无序改良现象, 要明确肉牛改良育种方向, 加强包括原种场、种公牛站、品种改良中心和生产性能测定中心等基础设施建设在内的肉牛良种繁育体系建设, 大力推广细管冻精改良技术, 加快牛改步伐。

(2) 适度规模的标准化养殖, 提高饲料转化率

随着肉牛养殖成本上升, 农村劳动力减少, 可考虑适度规模化养牛, 用规模效益保证养殖收益。一是要因地制宜地发展农牧结合的适度规模化、标准化养殖。由于种养结合, 场地、牛群集中, 便于选种选配、疫病防治、晒制干草以及制备青贮等先进技术的推广应用, 可显著提高养殖水平, 提高"饲料转化率"(王加启, 2011), 所产生的粪污能完全为土地所消纳, 从而降低环境污染, 增加养殖效益。二是要充分发挥家庭牧场投资小、风险低、效率高、环境影响小的优点, 大力发展家庭牧场, 尤其是饲养牛母畜的家庭牧场。三是要大力推行牧区饲养母畜和生产架子牛、农区集中育肥的有效模式。四是要积极扶持肉牛养殖合作社的发展, 充分发挥其在技术推广、行业自律、维权保障、市场开拓方面的作用。

（3）良种良法，综合集成

肉牛生产中，影响效益的品种或遗传因素占40%，而饲养管理因素则占到60%，良好的饲养管理不仅影响品种本身的培育，而且对于良好遗传品质的发挥更是起到了重要所用。因此，要通过"良种、良法、良料、良舍、良医"等适合当地的肉牛产业新技术的组装配套与集成应用，在牛源生产、阶段育肥、草畜配套、生态安全等方面充分发挥科技的支撑作用。具体就是：①推广良种及杂种优势利用，提高肉牛生产水平；②推广人工种草、牧草青贮与青干草利用以及秸秆青贮、微贮、氨化利用技术。③推广肉牛"舍饲圈养，优种优育"的科学养殖方式与短期育肥技术，根据品种、生长阶段，合理搭配草料，改单一饲料为全混合日粮，提高出栏率；④推广犊牛适时断奶、补饲技术，提高犊牛培育质量；⑤推广肉牛人工冷冻精液配种技术，改进母牛饲养管理，提高能繁母牛繁殖率，不断压缩肉牛饲养周期，力争实现一年一产；⑥合理利用天然草场，改敞放为放牧加补饲，实现草畜生态平衡；⑦推广定期驱虫技术，提高牛群质量。

（4）深化饲草资源开发，保证牧草均衡供应

一是采用工程技术，提高秸秆的利用效率。二是应用生物发酵技术，提升饼粕、糟渣（酒糟、豆腐渣、淀粉渣等）类饲料的饲用品质。三是对集中连片的天然草场人工改良，对坡地、休闲地、退耕还林地人工种草，采用多种牧草不同季节的交替种植，并将剩余牧草尤其是在夏、秋季牧草丰盛期，将牧草刈割后通过青贮和晒制干草等进行加工调制贮藏。将种草与贮草结合，确保肉牛养殖的牧草四季均衡供应，建立起种草养牛的高效生态养殖模式。四是充分利用南方丘陵地区的资源优势。从甘蔗、香蕉、马铃薯、红薯到甘蔗渣、淀粉渣，就地取材，喂牛，成本低于秸秆。这样做不仅可释放出我国南方的生产潜力，有望再收获一个现有中国的肉牛产量，而且还能废物利用，一举多得。

（5）科学育肥，实现日粮全价化

科学育肥就是要正确选定育肥方式（含多种育肥方式的组合使用），采取适度规模（散户可进入养殖小区）饲养，确保育肥效益和牛肉品质。优质牛肉的生产受到牛的年龄与体重影响，一些育肥场为加快资金周转，缩短架子牛在场育肥时间，多采购300千克以上、15～18月龄的架子牛进行育肥。而犊牛到架子牛的培育却很少关注，以致犊牛在此期间长速快的优势未得到充分利用。因此，要从牛的生长发育规律和市场需求两方面考虑，鼓励一部分养牛户育肥犊牛，为其他育肥场提供大架子牛。牛肉品质的形成受肉牛自身遗传背景、饲养环境、采食的饲料以及进入流通环节前的初级加工等共同影响，饲草主要在满足营养需要、调控机体代谢、维护集体健康等方面发挥作用，它是牛肉品质形成过程的重要环节。所以要针对育肥牛种、育肥阶段，用粗饲料分级指数（GI）科学搭配精、粗饲料，利用当地丰富的农副产品（作物秸秆、饼粕、糟渣等）合理配制肉牛全价日粮。

（6）规范圈舍建设，改善养殖环境

规范化圈舍建设，并使之与肉牛存栏量配套，与饲料青贮、氨化池等设施配套，以王加启（2011）提出的"粪污消纳指数"为指标配备饲料用地，提升规模场整体环境卫生，推进肉牛健康养殖。

（7）强化牛群健康监测，细化牛群保健措施

目前，通过遗传育种手段，肉牛的生产性能已得到了极大提高。与此同时，肉牛的体质、抗逆性、免疫性能等有所下降，对营养、饲养管理等各种环境条件的微小变化更加敏感。随着肉牛养殖集约化程度的不断提高，与此相关的疫情更加复杂，稍有疏忽，就可能暴发疫情。因此，必须做好牛群的健康监测，及时发现亚临床症状。具亚临床症状的牛只生长发育缓慢，饲料转化率低，药物、

人力等方面的损失巨大，并给肉牛场留下病根。为防患于未然，必须采取各种主动的保健措施，提高牛群健康水平，减少或避免各种疾病的侵袭，早期控制疫情，把疫病消灭在萌芽状态，以便生产出优质牛肉。

总之，肉牛生产要紧紧围绕繁殖改良、科学饲养、育肥出栏三大中心环节进行，逐步建立并完善以杂交改良、繁殖配种、饲草料生产加工、科学饲养管理、肉牛育肥、疫病防治与产品加工销售为内容的技术服务体系，并将这些技术加以系统集成，才能发挥肉牛养殖的综合经济效益。

（张吉鹍）

第二章 肉牛优良牛种

3. 我国地方良种黄牛有哪些？

我国的黄牛分为北方黄牛、中原黄牛和南方黄牛三大类，共52个品种，其中登记在册的优良地方黄牛品种28个。我国五大著名地方良种黄牛南阳牛、秦川牛、晋南牛、延边牛与鲁西黄牛是中国黄牛的代表性品种。这些优良牛种是我国肉牛产业发展的基础母本资源。

4. 南阳牛的品种特点有哪些？生产性能如何？

南阳牛原产于河南省南阳盆地，在中国黄牛中体格最高大。

(1) 外貌特征

南阳牛属大型役肉兼用品种，体格高大，骨骼粗壮，肌肉发达，结构紧凑，体质结实。皮薄毛细，行动迅速。鬐甲隆起，肩部宽厚，胸骨突出，肋间紧密，背腰平直，发育匀称，肋骨明显，荐尾略高，尾巴细长。四肢端正，筋腱明显，蹄形圆大而坚实，行动敏捷。公牛头部雄壮方正，额微凹，颈短厚稍呈弓形，颈侧多皱襞，肩峰隆起8~9厘米，肩斜长，前躯发达，睾丸对称。母牛头清秀，较窄长，颈薄、长短适中，呈水平状，肩峰不明显，中、后躯发育良好。南阳牛毛色有黄、红、草白三种，以深浅不等的黄色最多，占80%。红色、草白色较少。一般面部、腹部和四肢下部毛色较浅，鼻镜多为肉红色，其中多数带有黑点，鼻黏膜多数为淡红色。蹄壳有蜡黄色、琥珀色、黑色和褐色4种，其中以蜡黄色、琥珀色带血筋者较多。公牛角基较粗，以萝卜头角与扁担角为主；母牛角较细、短，多为细角、扒角、疙瘩角（图2-1与图2-2）。

图2-1　南阳牛（公）　　　　图2-2　南阳牛（母）

(2) 体尺体重

南阳牛成年公牛的体高、体长、胸围、管围和体重分别为：153.8厘米、167.8厘米、212.2厘米、21.6厘米和716.5千克；成年母牛分别为：131.9厘米、145.5厘米、178.4厘米、17.5厘米和464.7千克；阉牛分别为：139.7厘米、151.3厘米、188.0厘米、19.4厘米和541.9千克。成年公牛最大体重可大于1 000千克。

(3) 肉用性能

以青饲料为主，精饲料日喂3~4千克，育成公牛经7~8个月育肥，1.5岁时体重达441.7千克，日增重813克，屠宰率55.6%，净肉率46.6%，眼肌面积92.6平方厘米。未经育肥，中等膘情的成年退役公牛的屠宰率52.2%，净肉率43.6%。强度育肥的壮龄阉牛经9个月的强度育肥，体重达577.7千克，日增重650克，屠宰率64.5%，净肉率56.8%，眼肌面积95.3平方厘米，肉中粗脂肪含量高达54.6%。南阳牛肌肉丰满，肉质细嫩，颜色鲜红，大理石花纹明显，味道鲜美，适口性极佳，被中外专家称为"理想肉品"，经过育肥，日增重 600 ~ 900 克，屠宰率 53.0% ~ 65.0%，净肉率 43.0% ~ 57.0%。

（4）品种评价

南阳牛较早熟，有的牛不到 1 岁就能受胎。母牛常年发情，在中等饲养水平下，初情期在 8 ~ 12 月龄。初配年龄一般在 2 岁。发情周期 17 ~ 25 天，平均 21 天。发情持续期 1 ~ 3 天。妊娠期平均 289.8 天，范围为 250 ~ 308 天。公犊比母犊的妊娠期长 4.4 天。产后初次发情约需 77 天。部分南阳牛胸部深度不够，后躯发育虽好，但深宽不够，尻部较斜以及母牛的乳房发育较差。

5. 秦川牛的品种特点有哪些？生产性能如何？

秦川牛因产于八百里秦川的陕西省关中平原地区而得名。

（1）外貌特征

秦川牛体格高大，各部位发育均衡，骨骼粗壮，肌肉丰满，体质强健，头部方正，具有役肉兼用牛的典型特征。全身被毛细致、富有光泽，毛色有紫红、红、黄 3 种，以紫红色和红色居多，约占 89%，黄色较少，约占 11%。眼圈及鼻镜呈肉红色的约占 63.8%，黑色或灰色和黑斑的约占 36.2%。角短呈肉色，多向外下或后方稍弯曲；肩长而斜，前躯发育良好，胸宽且深，肋长而开张，背腰平直宽广，长短适中，结合良好，荐骨隆起，后躯发育稍差，一般多是斜尻；四肢粗壮结实，前肢间距较宽，有外弧现象，后肢飞节靠近。蹄形圆大、质坚实、叉紧，绝大部分为红色，约占 70.1%，黑红相间的约占 29.9%。公牛头较大、额宽、面平、眼大、口方、颈粗短，垂皮发达，鬐甲高而宽，角中等长。母牛头清秀，角短而钝，颈厚薄适中，鬐甲较低而薄，乳房发育较好（图 2 - 3 和图 2 - 4）。

图 2-3　秦川牛（公）

图 2-4　秦川牛（母）

（2）体尺体重

秦川牛成年公牛的体高、体长、胸围、管围和体重分别为：161.4 厘米、160.4 厘米、200.5 厘米、22.4 厘米和 594.5 千克；成年母牛分别为：124.5 厘米、140.3 厘米、170.8 厘米、16.8 厘米和 381.3 千克。

（3）肉用性能

秦川牛作为专门化大型肉用牛，产肉性能好，易肥育，大理石纹明显，肉质鲜嫩，瘦肉率高。在中等饲养水平下，育肥至 18 月龄屠宰，平均屠宰率 58.3%，净肉率 50.5%，胴体产肉率 86.8%，眼肌面积 97.0 平方厘米；肉骨比为 6.1：1，瘦肉率 76.0%。22.5 月龄屠宰的试验牛，其屠宰率 60.7%，净肉率 52.2%。这些指标已基本接近国外肉牛品种的一般水平。

（4）品种评价

秦川牛骨小，生长速度快，产肉率高，胴体脂肪含量小、瘦肉产量高，眼肌面积大。在良好的饲养条件下，6 月龄公犊 250 千克，母犊 210 千克，日增重 1 400 克，公牛周岁 511 千克。母牛泌乳期一般为 7 个月，泌乳量约 700 千克，乳脂率 5.9%，干物质总量 16.1%。秦川牛 1～1.5 岁开始发情，2 岁左右开始配种。秦川牛纯种繁殖时难产率较高（约13.7%），对热带和亚热带地区，以及山区条件不能很好地适应，但在平原丘陵地区的自然环境和气候条件下能正常生长发育。秦川牛后躯发育稍差，尻斜而尖、前肢相距宽、后肢飞节靠近略呈"X"状。

6. 晋南牛的品种特点有哪些？生产性能如何？

晋南牛产于山西省西南部汾河下游的晋南盆地。

(1) 外貌特征

晋南牛属大型役肉兼用品种，体躯高大，骨骼粗壮，肌肉发达、结实，前躯较后躯发达，具有较好的役用体型。毛色以枣红色为主，部分为黄色或褐色，被毛富有光泽。鼻镜粉红色，蹄趾大多呈粉红色、有的为深红色。公牛头中等长，额宽嘴粗，俗称"狮子头"，颈粗短，垂皮发达，前胸宽阔，肩峰不明显，背腰平直宽阔，臀端较窄，蹄大而圆，质地致密，后躯稍差。母牛头部清秀，乳房发育较差，乳头较细小。晋南牛的外貌特征被群众概括为"狮子头、老虎嘴、兔子眼、顺风角、木碗蹄、前肢如立柱，后肢如弯弓"（图2-5和图2-6）。

图2-5 晋南牛（公）

图2-6 晋南牛（母）

(2) 体尺体重

晋南牛成年公牛的体高、体长、胸围、管围和体重分别为：

138.6 厘米、157.4 厘米、206.3 厘米、20.2 厘米和 607.4 千克；成年母牛分别为：117.4 厘米、135.2 厘米、164.6 厘米、15.6 厘米和 339.4 千克；阉牛分别为：130.8 厘米、146.4 厘米、182.9 厘米、18.3 厘米和 453.9 千克。

(3) 肉用性能

晋南牛阉牛在强度育肥条件下，平均日增重 945 克，最高个体日增重 1 580 克，育肥牛平均屠宰率 58.7%，净肉率 49.3%，胴体产肉率 83.9%，肉骨比 7.35∶1，眼肌面积 96.8 平方厘米。晋南牛经育肥后，肌肉丰满、肉质鲜嫩、色泽鲜红、胴体脂肪洁白、肌纤维束间脂肪沉积明显，优质肉块比重大，味道鲜美。晋南牛偏于肉用型，其综合指标优于其他地方良种。

(4) 品种评价

晋南牛在生长发育晚期育肥时，饲料利用率与屠宰率高且肉质鲜美，具备培育中国品牌肉用牛的良好基础。缺点是尻斜而尖，后躯发育较差。

7. 延边牛的品种特点有哪些？生产性能如何？

延边牛主要产于吉林省延边朝鲜族自治州，是朝鲜牛与本地牛长期杂交而成，也混有蒙古牛血液。

(1) 外貌特征

延边牛属寒温带山区的役肉兼用品种，体质粗壮结实，结构匀称。头大小适中，额部宽平，骨骼坚实，前躯发育较好，后躯发育不如前躯，臀部发育一般，斜尻较重。公牛头方正，角基粗大，多向外后方伸展，成"一"字形或倒"八"字角，颈厚而隆起，比背线稍高，胸部特别发达，背腰平直，肌肉丰满，尻多尖斜。母牛角细长，多为龙门角，颈比背线稍低，颈垂大，鬐甲高而宽，胸部深且宽，前胸突出，乳房发育较好。四肢健壮，粗细适中，公牛前肢正直，后肢多呈"X"状姿势。毛长而密，皮厚而有弹性，毛色多呈深浅不一的黄色，其中浓黄色占16.3%，黄色占74.8%，淡黄色占6.7%，其他占2.2%，鼻镜一般呈淡褐色，带有黑色斑点。蹄壳为淡黄色（图2-7与图2-8）。

图2-7　延边牛（公）

图2-8　延边牛（母）

（2）体尺体重

延边牛成年公牛体高、体长、胸围、管围和体重分别为：130.6厘米，151.8厘米，186.7厘米，19.8厘米和465.5千克，成年母牛分别为：121.8厘米，141.2厘米，171.4厘米，16.8厘米，365.2千克。

（3）肉用性能

延边牛产肉性能好，肉质柔嫩多汁，鲜美适口，大理石纹明显。18月龄育成牛育肥6个月，体重450.0千克，日增重813.0克，胴体重265.8千克，屠宰率57.7%，净肉率47.2%，眼肌面积75.8平方厘米。

（4）品种评价

延边牛耐粗饲，适应性强，耐寒，只有在-26℃时才会表现出明显的不安，但能保持正常食欲与反刍。延边牛的缺点是体重较轻，体高较低，体躯较窄，后躯和母牛乳房发育较差。

8. 鲁西黄牛的品种特点有哪些？生产性能如何？

鲁西黄牛，原产于山东省西部、黄河以南，运河以西一带。

(1) 外貌特征

鲁西黄牛体躯高大，体长稍短，骨骼细，肌肉发达，前躯较深宽，胸部深广，背要平宽而直，腹部大小适中、不下垂，筋腱明显，体质结实，结构匀称，测观似长方形，具有役肉兼用牛的体型。臀部较丰满，尻部较斜。四肢健壮，肢势端正，蹄形圆大，性情温顺，行动稳敏。鲁西黄牛公牛头部方正，颈粗短，肩峰高而宽厚，胸深而宽，前躯发达，肉垂明显；中躯背腰平直，肋骨拱圆开张。前蹄形如木碗，后蹄较小而扁长。母牛头较长而清秀，口形方大，颈细长，鬐甲较平，前胸较窄，后躯与乳房发育较好，背腰短而平直，尻部稍倾斜，尾细长呈纺锤形。公牛角粗大，多平角或龙门角，母牛角细短，以龙门角较多。按体型结构可分为二类：高辕型与抓地虎型。高辕型牛四肢较长，胸围相对较小，行走较快，持久力略差。抓地虎型四肢较短，胸围、腹围均大，步幅稍短，持久力强。被毛细而软，皮厚薄适中而有弹性，骨骼细致结实。毛色有浅黄色、黄色和棕红色，而以黄色居多，占 70% 以上，一般前躯毛色较后躯深，公牛毛色较母牛的深。多数牛具有完全或不完全的"三粉特征"，即眼圈、口轮、腹下及四肢内侧毛色较被毛色浅，为粉白色。牛角多为棕红色或琥珀色，鼻镜与皮肤多为淡肉色，部分牛鼻镜有黑斑或黑点。多数牛尾帚毛与体毛颜色一致，少数牛尾帚毛中混生白毛或黑毛。蹄色不一，从红到蜡黄都有，但多为琥珀色，少数黑色（图 2-9 与图 2-10）。

(2) 体尺体重

鲁西黄牛成年公牛的体高、体长、胸围、管围和体重分别为：146.3 厘米、160.9 厘米、206.4 厘米、21.0 厘米和 644.4 千克；

图2-9 鲁西黄牛（公）　　　　图2-10 鲁西黄牛（母）

成年母牛分别为：123.6厘米、138.2厘米、168.0厘米、16.2厘米和355.7千克；阉牛分别为：138.7厘米、150.2厘米、190.1厘米、18.8厘米和511.0千克。

（3）肉用性能

鲁西黄牛皮薄骨细，育肥性能好，产肉率较高，肉质鲜嫩，肌纤维细小，脂肪均匀地分布在肌肉纤维之间，形成明显的大理石花纹，享有"五花三层肉"之美誉。经短期育肥，成年公母牛平均屠宰率58.0%，净肉率50.7%，肉骨比6.9:1，眼肌面积94.2平方厘米。18月龄的阉牛屠宰率57.2%，净肉率49.0%，肉骨比6.0:1，眼肌面积89.1平方厘米。

（4）品种评价

鲁西黄牛生长发育快，周岁体尺可长到成年的79.0%，体重相当于初生重的10.1倍。肉质好，被群众称为"膘牛"。鲁西黄牛具有较强的抗焦虫病能力，较能耐高温，缺点是公牛成熟较晚，日增重不高，尻部肌肉不够丰满。

9. 渤海黑牛的品种特点有哪些？生产性能如何？

渤海黑牛原称无棣黑牛或无棣抓地虎黑牛，主产于山东省滨州

肉牛饲养管理与疾病防治问答

市渤海沿岸的无棣、沾化、阳信等县，是我国唯一的黑毛黄牛品种，也是世界上三大黑毛黄牛品种之一，因全身黑色，而称为渤海黑牛。

(1) 外貌特征

渤海黑牛属中型肉役兼用牛种，具有"五黑"特征，即被毛、蹄、角、鼻镜和舌面均为黑色，其他黄牛品种无此特点。渤海黑牛头较小较轻，全身呈黑色，低身广躯，后躯发达，臀部肥育较好，斜尻较轻，结构匀称，呈长方形肉用牛体型，似雄狮。皮厚薄适中，富有弹性，体质健壮。角短而致密，角形以龙门角与倒八字角为主。四肢较短，蹄呈木碗状，蹄质坚实。因其重心低，挽力大，恒力强，能吃苦耐劳，当地称之为"抓地虎"（图2-11和图2-12）。

图2-11 渤海黑牛（公）

图2-12 渤海黑牛（母）

(2) 体尺体重

渤海黑牛成年公牛的体高、体长、胸围、管围和体重分别为：129.6厘米、145.9厘米、182.9厘米、19.8厘米和426.3千克；成年母牛分别为：116.6厘米、129.6厘米、161.7厘米、16.2厘米和298.3千克。

(3) 肉用性能

渤海黑牛耐粗饲，饲料利用率高，易育肥，大理石状明显，产肉率高、肉质细嫩，口感好，含热量高，是珍贵的肉牛良种。活牛及牛肉行销港澳，被誉为"黑金刚"。未经育肥的成年公牛的屠宰率、净肉率、胴体产肉率、肉骨比和熟肉率分别为 53.0%、45.4%、85.5%、5.9：1 和 57.5%；未经育肥的阉牛分别为 50.1%、41.3%、82.3%、4.6：1 和 54.1%。经育肥的成年公牛的屠宰率 63.6%、净肉率 53.4%。

（4）品种评价

渤海黑牛四肢病及蹄病极少，但还存在体重较小，后躯尻部发育较差，大腿肌肉不够丰满，日增重较低等缺点。今后应向肉用方向发展，在保留其优异特性的基础上，有计划地引入外血（如安格斯牛）进行导入杂交，以培育成肉用渤海黑牛。

10. 郏县红牛的品种特点有哪些？生产性能如何？

郏县红牛原产于河南省郏县，因其毛色多呈红色，故而得名。

（1）外貌特征

郏县红牛体格中等大小，结构匀称，骨骼坚实，体质健壮，体躯较长，肌肉发达。后躯发育较好，侧观呈长方形，具有役肉兼用牛的体型。头方正，额宽，嘴齐，眼大有神，耳大且灵敏，鼻孔大。垂皮发达，肩峰稍隆起，尻稍斜。臀部发育较好。角短质细，角型不一，以向前上方弯曲和向两侧平伸者居多。四肢粗壮，蹄圆、大小适中、结实，蹄缝紧。公牛颈稍短，鬐甲宽厚，背腰平直，结合良好，尻长稍斜，睾丸对称，发育良好。母牛头部清秀，体型偏低，腹大而不下垂，鬐甲较低且略薄，乳房发育较好，肩长而斜，腹部充实。被毛细短，富有光泽，毛色分紫红、红、浅红三种，分别占 37%、52% 和 11%。红色和浅红色牛有暗红色背线及色泽较深的尾帚。鼻镜大多肉红色。角色以红色或蜡黄色较多，角尖以红色者为多。蹄壳呈琥珀色（图 2-13 和图 2-14）。

图 2 – 13　郏县红牛（公）　　　　图 2 – 14　郏县红牛（母）

（2）体尺体重

郏县红牛成年公牛的体高、体长、胸围、管围和体重分别为：126.1 厘米、138.1 厘米、173.7 厘米、18.1 厘米和 425.0 千克；成年母牛分别为：121.2 厘米、132.8 厘米、161.5 厘米、16.8 厘米和 364.6 千克；阉牛分别为：130.1 厘米、144.7 厘米、178.8 厘米、19.1 厘米和 468.0 千克。

（3）肉用性能

郏县红牛肉质细嫩，大理石纹明显，色泽鲜红。中等膘情成年牛的屠宰率 51.5%，净肉率 40.9%，眼肌面积 69 平方厘米，肉骨比为 5.1∶1。阉牛育肥后的胴体重 176.8 千克，屠宰率 57.6%，净肉重 136.6 千克，净肉率 44.8%，熟肉率 59.5%，眼肌面积 83.9 平方厘米，肉骨比为 5.1∶1。

（4）品种评价

郏县红牛早熟，2 岁时的主要体尺即达到成年时体尺的 90% 以上，公牛体重可达到成年体重的 79.2%，母牛 83.5%。部分郏县红牛背腰结合不良。

11. 蒙古牛的品种特点有哪些？生产性能如何？

蒙古牛原产于蒙古高原地区，其主要产地以兴安岭东西两麓为主，是中国"三北"（东北、华北与西北）地区分布最广的地方牛种，蒙古、俄罗斯以及亚洲中部的一些国家亦有饲养。

(1) 外貌特征

蒙古牛体格大小中等，体质结实、粗糙。公牛头短宽而粗重，额顶低凹。角长，向上前方弯曲。角形不一，多向内稍弯，角的间距短，角质细致，有光泽，平均角长，母牛为25厘米，公牛40厘米，角间中点向下的枕骨部凹陷有沟。颈短而薄，肉垂小，鬐甲低平，胸扁而深，背腰平直，前躯发育好于后躯，后肋开张良好。母牛乳房匀称，容积不大，结缔组织少，基部宽大，较其他黄牛品种都要发达，但乳头小。四肢粗短，强壮有力，多刀状后肢势。蹄中等大，蹄质坚实。被毛长而粗硬，皮肤较厚，皮下结缔组织发达，冬季多绒毛。毛色较杂，主要有黑色、黄褐色、红色、黑白花、红白花、狸色与烟熏色等多种毛色，但以黑色与黄褐色居多，次为狸色或烟熏色，常见的毛色还有花毛（黑白花和红白花）等各种毛色。鼻镜与蹄壳的颜色随毛色。角呈蜡黄或青紫色（图2-15和图2-16）。

(2) 体尺体重

蒙古牛在体尺和体重方面，以乌珠穆沁牛和安西牛为代表。成年公牛的体高、体斜长、胸围、管围、体重和胸深分别为：120.9厘米，137.7厘米，169.5厘米，17.8厘米、415.4千克70.1厘米，成年母牛分别为：110.8厘米，127.6厘米，154.3厘米，15.4厘米、370.0千克和60.2厘米。

图 2-15　蒙古牛（公）　　　　　图 2-16　蒙古牛（母）

（3）肉用性能

蒙古牛体重由于自然条件不同而有差异，范围为 250～500 千克。秋季牧草繁生、膘满肥壮时，屠宰率有的可达 53% 左右。成年公牛平均体重 350 千克，母牛 300 千克。中等营养水平的阉牛平均宰前重可达 376.9 千克，屠宰率 53.0%，净肉率 44.6%，肉骨比 5.2∶1，眼肌面积 56.0 平方厘米。放牧催肥的牛一般都不超过该育肥水平。

（4）品种评价

蒙古牛耐粗饲、耐寒，抗逆性强，适应寒冷的气候和草原放牧等生态条件，抓膘易肥，肉的品质好，生产潜力大，具有乳、肉、役多种用途，是牧区乳、肉的主要来源。在东部以乌珠穆沁牛最著名，在西部以安西牛较为重要。是中国黄牛中分布最广、数量最多的牛种，是我国北方的优良牛种，中国的三河牛和草原红牛均以蒙古牛为基础群育成。母牛 8～12 月龄开始发情，2 岁时开始配种，发情周期 19～26 天，产后第一次发情大于 65 天，母牛发情集中在 4～11 月份。妊娠期 285 天，繁殖率 50%～60%，犊牛成活率 90%。母牛在放牧条件下，泌乳期 5～6.5 个月，年产奶 500～700 千克，乳脂率 5.2%，最高 9%，是当地土制奶酪的原料，但未能形成现代商品化生产。尽管蒙古牛具有肉奶役多种经济用途，但生产性能不很高。此外，蒙古牛后躯短窄，尻部倾斜严重。

12. 我国自己培育的优良牛种有哪些?

我国自己培育的优良牛种主要的有三河牛、草原红牛、新疆褐牛、科尔沁牛和中国西门塔尔牛等乳肉兼用牛种以及夏南牛、延黄牛与辽育白牛等肉用牛新品种。

13. 三河牛的品种特点有哪些? 生产性能如何?

三河牛是我国培育的第一个乳肉兼用牛品种，原产内蒙古自治区呼伦贝尔草原，因较集中于呼伦贝尔盟大兴安岭西麓的额尔古纳右旗三河（根河、得勒布尔河、哈布尔河）地区而得名。

(1) 外貌特征

三河牛体格高大结实，结构匀称，骨骼坚实，肌肉发达，体质健壮，具兼用牛体型。头清秀，眼大，角粗细适中，稍向前上方弯曲者较多，少数牛的角向上。背腰平直，腹圆大，体躯较长，呈圆筒形。部分牛的臀部发育较好，多数牛的尻斜而尖。四肢粗壮，直立有力，肢势端正，蹄大小适中，蹄质坚实。乳房大小中等，发育良好，乳静脉弯曲明显，乳头大小适中，分布均匀。毛色以红（黄）白花为主，花片分明，头部全白或额部有白斑，四肢膝关节以下、腹下及尾梢为白色。鼻镜多为肉色，角与蹄壳多为蜡黄色（图 2 - 17 和图 2 - 18）。

(2) 体尺体重

三河牛成年公牛的体高、体长、胸围、管围和体重分别为：156.8 厘米、205.5 厘米、240.1 厘米、22.9 厘米和 1 050.0 千克；成年母牛分别为：131.8 厘米、167.7 厘米、192.5 厘米、18.1 厘米和 547.9 千克。

图2-17　三河牛（公）

图2-18　三河牛（母）

(3) 肉用性能

三河牛的产肉性能好，肉质良好，瘦肉率高。一般饲养条件下，成年公牛的屠宰率50%~55%，净肉率44%~48%。42月龄经放牧育肥的阉牛，其屠宰率53.1%，净肉率40.2%。

(4) 品种评价

三河牛是我国培育的优良乳肉兼用品种，遗传性能稳定，特别耐粗饲，耐高寒高温，宜牧，抗病力强。三河牛乳用性能优越，乳脂率高。一般在五、六胎达到最高水平，核心群的群体产奶量平均大于3 600千克，一级三河牛其五胎的平均产奶量可达4 000千克，平均乳脂率高于4.1%，种用母牛305天最高产奶量7 702.5千克，乳脂率仍可达4%，并未因产奶量提高而降低乳脂率，这是三河牛的特殊种质。在粗犷的饲养条件下，中国荷斯坦牛的产奶量远不如三河牛。三河牛对各地黄牛的改良都取得了较好的效果。作为母牛，与奶用公牛杂交，杂交后代的母牛产奶多；与肉用公牛杂交，杂交后代的产肉多。如三河牛与蒙古牛的杂交后代，其体高比当地蒙古牛提高11.2%，体长增长7.6%，胸围增长5.4%，管围增长6.7%。在西藏林芝海拔2 000米高处，三河牛不仅能适应，而且被改良的杂种牛的体重比当地黄牛增加29%~97%，产奶量也提高了一倍。三河牛的缺点是胸窄、后躯发育欠佳、尻尖斜，一些牛的乳房结构不良，在生产中可适当引入其他优良红白花乳肉兼用品种进行杂交，以改善三河牛的缺点，提高其生产性能。由于三河牛来源复杂，个体间差异大，无论是在外貌上还是在生产性能上都表现得不很一致。如产奶性能，差异就较大，一般年产奶量为1 800～3 000千克，在较好的饲养条件下，可达4 000千克，个别高产牛7 000千克以上。今后应加强公母牛的选育工作，改善饲养管理，进一步提高三河牛的品质。

14. 草原红牛的品种特点有哪些？生产性能如何？

草原红牛是以引进的乳肉兼用短角公牛为父本，我国草原地区饲养的蒙古母牛为母本，历经杂交改良、横交固定和自群繁育三个阶段，在放牧饲养条件下育成的乳肉兼用型新品种。主产于吉林白城地区、内蒙古自治区的昭呼达盟、锡林郭勒盟以及河北张家口地区。

(1) 外貌特征

草原红牛体格中等，头较轻，颈肩结合良好，胸宽深，背腰平直、较长，呈圆筒形，体躯结构匀称，具有肉用牛的体型。四肢端正，骨骼坚实，体质健壮。大多数有角，角多伸向前外方，呈倒八字形，略向内弯曲。蹄大小适中，蹄质结实。乳房发育较好。被毛为紫红色或红色，部分牛的腹下或乳房有小片白斑，其余为沙毛，少数牛的胸、腹、乳房为白毛。鼻镜以紫红色者较多，角呈蜡黄褐色，蹄壳多为紫红色（图2-19和图2-20）。

(2) 体尺体重

草原红牛成年公牛的体高、体长、胸围、管围和体重分别为：137.3厘米、177.5厘米、213.3厘米、21.6厘米和760.0千克；成年母牛分别为：124.3厘米、147.4厘米、181.0厘米、17.6厘米和453.0千克。

图 2-19 草原红牛（公）　　　　图 2-20 草原红牛（母）

(3) 肉用性能

草原红牛肉质细嫩，味道鲜美。在放牧自然育肥条件下，18月龄阉牛，屠宰率为50.8%，净肉率为41.0%。18月龄阉牛，经短期育肥，屠宰率可达58.2%，净肉率达49.5%。

(4) 品种评价

草原红牛抗病力强，耐粗饲，易上膘，可常年放牧，夏季完全依靠草原放牧饲养，冬季不补饲，仅靠采食枯草，即可维持生存。在没有棚舍、露天敞圈的饲养管理条件下，对严寒风雪、酷暑烈日，均无不良表现，发病率很低。草原红牛肉质鲜美细嫩，为烹制佳肴的上乘原料。草原红牛14~16月龄性成熟，初情期多在18月龄。在放牧条件下，繁殖成活率68.5%~84.7%。在放牧加补饲的条件下，母牛每年产奶期约210天，产奶量1 800~2 000千克，乳脂率4.0%，最高个体产奶量达4 458千克，最高个体日产量25~35千克，乳脂率4.5%以上。草原红牛作为肉用，尻稍斜。

15. 新疆褐牛的品种特点有哪些？生产性能如何？

新疆褐牛属乳肉兼用品种，主产于新疆天山北麓的西端伊犁地区和准噶尔界山塔城地区。

(1) 外貌特征

新疆褐牛体躯健壮，头方大，颈肩结合较好，胸深而宽，背腰平直，躯体较短，腹大而不下垂。臀部丰满。嘴中等大小，角尖稍直、中等大小、向侧前上方弯曲、呈半椭圆形。被毛为深浅不一的褐色，额顶、角基、口轮周围及背线均为灰色或黄白色，眼睑、鼻镜、尾帚、角、蹄呈深褐色（图 2-21 和图 2-22）。

图 2-21 新疆褐牛（公）　　图 2-22 新疆褐牛（母）

(2) 体尺体重

新疆褐牛成年公牛的体高、体长、胸围、管围和体重分别为：144.8 厘米、202.3 厘米、229.5 厘米、21.9 厘米和 950.8 千克；成年母牛分别为：121.8 厘米、150.9 厘米、176.5 厘米、18.6 厘米和 430.7 千克。

(3) 肉用性能

在自然放牧条件下，中上等膘情 1.5 岁的阉牛，屠宰率 47.4%；成年公牛 433 千克时屠宰，屠宰率 53.1%，眼肌面积 76.6 平方厘米。

(4) 品种评价

新疆褐牛适应性强，为其他品种杂种牛所不及。它能在海拔 2 500 米高山、坡度 25°的山地草场放牧，可在冬季 -40℃、雪深

20 厘米的草场用嘴拱雪觅草采食，也能在低于海平面 154 米、最高气温达 47.5℃的吐鲁番盆地——"火洲"环境下生存。但在冬季缺草少圈饥寒时，由于新疆褐牛个体大，需要营养多，入不敷出，比本地黄牛掉膘快，损失大。新疆褐牛繁殖成活率一般为 50.0%~70.0%，高的可达 91.8%，有时因营养不良和管理不善繁殖成活率仅 33.5%。在放牧条件下，新疆褐牛泌乳期约 100 天，产奶量 1 000 千克左右，乳脂率 4.4%。舍饲条件下，新疆褐牛 305 天平均产奶量 2 100~3 500 千克，乳脂率 4.0%~4.1%，乳干物质 13.5%。个别高的产奶量可达 5 212 千克。新疆褐牛其产奶量的高低主要受天然草场水草丰茂程度的影响，产奶期主要在 6~9 月，因此，产奶期的长短也与产犊月份有关。新疆褐牛的缺点是尻稍斜。

16. 科尔沁牛的品种特点有哪些？生产性能如何？

科尔沁牛因主产于内蒙古自治区东部地区的科尔沁草原而得名，以西门塔尔牛为父本，蒙古牛、三河牛以及蒙古牛的杂种母牛为母本，采用育成杂交方法培育而成的乳肉兼用牛。

(1) 外貌特征

科尔沁牛背体型近似西门塔尔牛，毛色为黄（红）白花，白头，体格粗壮，体质结实，结构匀称，胸宽深，背腰平直，四肢端正，后躯及乳房发育良好，乳头分布均匀（图 2-23 和图 2-24）。

(2) 体尺体重

成年公牛体重 991 千克，母牛 508 千克。犊牛初生重 38.1~41.7 千克。

(3) 肉用性能

科尔沁牛产肉性能较高，在常年放牧加短期补饲条件下，18

月龄阉牛的屠宰率为 53.3%，30 月龄时达 57.3%；净肉率分别为 41.4% 和 47.6%。经短期强度育肥，屠宰前活重达到 576 千克时，屠宰率可达 61.7%，净肉率 51.9%。

图 2－23　科尔沁牛（公）

图 2－24　科尔沁牛（母）

（4）品种评价

科尔沁牛适应性强、耐粗饲、耐寒、抗病力强、易于放牧，是牧区比较理想的一种乳肉兼用品种。母牛一般 7～8 月龄性成熟，18～20 月龄开始配种，小公牛 6～7 月龄性成熟，10～12 月龄有配种能力。母牛性周期一般为 18～21 天，发情持续时间多为 24 小时，怀孕期 284 天。平均产犊间隔 432 天。母牛 280 天产奶 3 218 千克，乳脂率 4.2%，干物质 13.1%，乳蛋白 3.6%，高产牛达 4 643 千克。自然放牧条件下 120 天产奶 1 256 千克。科尔沁牛初生重大，公犊为 41.8 千克，母犊为 38.1 千克。在大群饲养水平下母牛能达到 444 千克，120 天平均产奶量 1 256 千克，但在良好的饲养条件下增长潜力很大。

17. 夏南牛的品种特点有哪些？生产性能如何？

夏南牛以法国夏洛莱牛为父本，以南阳牛为母本，采用杂交创新、横交固定和自群繁育 3 个阶段、经开放式育种方法培育而成的肉用牛新品种。夏南牛含夏洛莱牛血 37.5%，南阳牛血 62.5%。育成于河南省泌阳县，是中国第一个具有自主知识产权的肉用牛品种（图 2 –25 和图 2 –26）。

图 2 –25　夏南牛（公）

图 2 –26　夏南牛（母）

（1）外貌特征

毛色纯正，以浅黄、米黄色居多。公牛头方正，额平直，成年公牛额部有卷毛，母牛头清秀，额平稍长；公牛角呈锥状，水平向两侧延伸，母牛角细圆，致密光滑，多向前倾；耳中等大小；鼻镜为肉色。颈粗壮，平直。成年牛结构匀称，体躯呈长方形，胸深而宽，肋圆，背腰平直，肌肉比较丰满，尻部长、宽、平、直。四肢粗壮，蹄质坚实，蹄壳多为肉色。尾细长。母牛乳房发育较好。

（2）体尺体重

农村养殖条件下，公、母牛初生重分别为 38 千克和 37 千克；18 月龄公牛体重达 400 千克，成年公牛体重 850 千克以上；24 月龄母牛体重 390 千克，成年母牛体重大于 600 千克。

（3）肉用性能

未经育肥的 18 月龄夏南公牛屠宰率 60.1%，净肉率 48.8%，眼肌面积 117.7 平方厘米，熟肉率 58.7%，肌肉剪切力值 2.61，肉骨比 4.8∶1，优质肉切块率 38.4%，高档牛肉率 14.4%。20 头体重为 211 千克的夏南牛架子牛，经过 180 天育肥，体重 434 千克，平均日增重 1.1 千克。体重 392 千克的夏南牛公牛，经过 90

天的集中强度育肥，体重达 560 千克，日增重达 1.9 千克。

（4）品种评价

夏南牛体质健壮，耐粗饲，食量大，采食速度快；性情温顺，行动较慢，易管理；耐寒冷，抗逆性强；这些种质特性使得夏南牛既适合农村散养，也适宜集约化饲养；既适应粗放、低水平饲养，也适合高营养水平集约化饲养，在高营养水平条件下，更能发挥其生产潜能。夏南牛初情期 432 天，最早 290 天；发情周期 20 天；初配时间 490 天；怀孕期 285 天；产后发情时间 60 天；难产率1.1%。与夏洛莱牛相比，一是毛色不同，夏洛莱牛为乳白色，夏南牛毛色呈米黄或浅黄色；二是比夏洛莱牛耐粗饲，抗逆性强，适应农村粗放式饲养管理条件下饲养。三是比夏洛莱牛体格略小。夏南牛育肥期平均日增重 1.9 千克，屠宰率 60.1%，净肉率 48.8%，肉用性能与夏洛莱牛相近。与南阳牛相比，夏南牛毛色纯正，体格较大，四肢粗壮，生长发育快，早熟性好，屠宰率、净肉率高，夏南牛肉质脂肪少、纤维细、肌肉嫩度好、肉色纯、口感好，优质肉切块率和高档牛肉率均优于南阳牛，适宜生产优质牛肉和高档牛肉。6 月龄夏南牛平均体重 192.3 千克，比同龄南阳牛高 30.1 千克；18 月龄夏南牛公牛体重 387.1 千克，较同龄南阳牛提高52.5%，18 月龄母牛体重 337.6 千克，较同龄南阳牛提高 35.5%。与未经育肥的南阳牛相比，屠宰率和净肉率分别提高 7.9 和 5.2 个百分点。与一般育肥的 18 月龄南阳牛公牛相比，屠宰率和净肉率分别提高 4.5 和 2.2 个百分点，表明夏南牛早熟性强，产肉率高于南阳牛。夏南牛耐热性能稍差。

18. 延黄牛的品种特点有哪些？生产性能如何？

延黄牛是以利木赞牛为父本，延边黄牛为母本，经过杂交、正反回交和横交固定三个阶段形成的含 75% 延边黄牛、25% 利木赞牛血统的我国第一个高档肉用牛新品种。延黄牛的中心培育区在吉林省东部的延边朝鲜族自治州。

(1) 外貌特征

延黄牛体质结实，骨骼坚实，体躯较长，颈肩结合良好，背腰平直，胸部宽深，后躯宽长而平，四肢端正，骨骼圆润，肌肉丰满，整体结构匀称，全身被毛色为黄色或浅红色，股间色淡，毛长而密，皮厚而有弹力。公牛头短，额宽而平，角粗壮，多向后方伸展，成"一"字形或倒"八"字角，公牛睾丸发育良好；母牛头清秀适中，角细而长，多为龙门角，母牛乳房发育良好（图 2 - 27 和图 2 - 28）。

(2) 体尺体重

成年公、母牛体高分别为 156.2 厘米和 136.3 厘米；体重分别为 1 056.6 千克和 625.5 千克。

(3) 肉用性能

延黄牛屠宰前短期育肥 18 月龄公牛平均宰前活重 432.6 千克，胴体重 255.7 千克，屠宰率 59.1%，净肉率 48.3%，日增重 0.8 ~ 1.2 千克。舍饲短期育肥，30 月龄公牛，宰前活重 578.1 千克，胴体重 345.7 千克，屠宰率 59.8%，净肉率 49.3%，日增重 1.2 千克，眼肌面积 98.6 平方厘米。

(4) 品种评价

延黄牛肉用指数（BPI），成年公牛 5.7 ~ 6.8 千克/厘米，母牛 4.1 ~ 4.6 千克/厘米，分别超出了专门化肉用型牛 BPI 的底线值 5.6 千克/厘米和 3.9 千克/厘米。肉质细嫩多汁、鲜美适口，营养丰富，肌肉脂肪中油酸含量为 42.5%。母牛初情期 8 ~ 9 月龄，性成熟期母牛 13 月龄，公牛 14 月龄。发情周期 20 ~ 21 天，持续时间约 20 小时。初配期公牛 14 月龄，母牛 13 ~ 15 月龄，农村一般延后至 20 月龄。牛群总受胎率 90.7%，妊娠期 283 ~ 285 天，产犊

图 2-27 延黄牛（公）

图 2-28 延黄牛（母）

间隔 360~365 天。公牛初生重 30.9 千克，母牛 28.8 千克。成年母牛泌乳量 1 002.5 千克，乳脂率 4.3%，乳蛋白率 3.7%。

19. 辽育白牛的品种特点有哪些？生产性能如何？

辽育白牛是以夏洛莱牛为父本，以辽宁本地黄牛为母本级进杂交后，在第 4 代的杂交群中选择优秀个体进行横交和有计划选育形成的含 93.75% 夏洛莱牛、6.25% 本地黄牛血统的我国又一个肉牛新品种。

(1) 外貌特征

辽育白牛全身被毛白色或草白色，鼻镜肉色，蹄角多为蜡色；体型大，体质结实，肌肉丰满，体躯呈长方形；头宽且稍短，额阔唇宽，耳中等偏大，大多有角，少数无角；颈粗短，母牛平直，公牛颈脊隆起，无肩峰；母牛颈部和胸部多有垂皮，公牛垂皮发达；胸深宽，肋圆，背腰宽厚、平直，尻部宽长，臀端宽齐，后腿肌肉丰满；四肢粗壮，长短适中，蹄质结实；尾中等长；母牛乳房发育良好。

(2) 体尺体重

辽育白牛成年公、母牛体重分别为 910.5 千克和 451.2 千克；

公、母牛初生重分别为 41.6 千克和 38.3 千克；6 月龄为 221.4 千克和 190.5 千克；12 月龄为 366.8 千克和 280.6 千克；24 月龄为 624.5 千克和 386.3 千克。

(3) 肉用性能

辽育白牛成年公、母牛的肉用指数分别为 6.3 和 3.6；辽育白牛 6 月龄断奶后持续育肥至 18 月龄，宰前重、屠宰率和净肉率分别为 561.8 千克、58.6% 和 49.5%；持续育肥至 22 月龄，分别为 664.8 千克、59.6% 和 50.9%。11 ~ 12 月龄体重 350 千克以上发育正常的辽育白牛，短期育肥 6 个月，体重达到 556 千克（图 2 - 29 和图 2 - 30）。

图 2 - 29　辽育白牛（公）　　　图 2 - 30　正在交易的辽育白牛

(4) 品种评价

辽育白牛群体毛色一致，性情温顺，好管理，宜使役；适应性广，耐粗饲，抗逆性强，特别能抗寒，可抵抗 - 30℃ 左右的低温环境；易饲养，宜育肥，增重快，6 月龄断奶后，持续育肥日增重可达 1.3 千克，300 千克以上的架子牛育肥的日增重可达 1.5 千克；肉质较细嫩，肌间脂肪含量适中，优质肉和高档肉切块率高；早熟性和繁殖力良好，辽育白牛母牛初配年龄 14 ~ 18 月龄、产后发情时间 45 ~ 60 天；公牛适宜初采年龄 16 ~ 18 月龄；人工授精情期受胎率 70%，适繁母牛的繁殖成活率 84.1% 以上。

20. 我国目前引进的肉牛品种主要有哪些？

据统计，世界上现有肉牛品种 60 余种，英国最多，有 17 种；美国、意大利、前苏联以及法国各有 11 个肉牛品种。我国育肥肉牛的品种以本地黄牛与肉用品种的杂种牛为多，广泛应用于杂交对加速我国肉牛生产发展起到了重要作用的主要引进肉牛品种有利木赞牛、夏洛莱牛、安格斯牛、抗旱王牛、皮埃蒙特牛和海福特牛等，以及乳肉兼用品种西门塔尔牛等。

21. 夏洛莱牛的品种特点有哪些？生产性能如何？

夏洛莱牛原产于法国中西部到东南部的夏洛莱省和涅夫勒地区，是举世闻名的大型肉牛品种，早已输往世界许多国家，参与杂交繁育，或在引入国进行纯种繁殖。

(1) 外貌特征

夏洛莱牛为大型肉牛品种，体大而强壮，头短额宽，鼻镜宽广，角细圆，并向前方伸展，角呈蜡黄色。颈粗短，胸深肋圆，背厚腰宽，臀部丰满，体躯呈圆筒状，骨骼结实，四肢粗壮，长短适中。公牛双鬐甲或凹背者多。全身肌肉如后躯、背腰和肩胛部的肌肉鼓突明显，特别发达，尻部肌束沟清晰，腿肉圆厚，丰满充实，并向后和侧面突出而形成"双肌肉"。皮厚适中，柔软，皮肤及黏膜上有肉色的色素。被毛为白色或乳白色，少数为黄白色（图 2 - 31）。

(2) 体尺体重

夏洛莱成年公牛体高、体长、胸围、管围和体重分别为：142.0 厘米、180.0 厘米、244.0 厘米和 26.5 厘米和 1 150 千克；成年母牛分别为：132.0 厘米、165.0 厘米、203.0 厘米与 21.0 厘

图 2 – 31　夏洛莱牛（公）　吴志坚摄

米和 750 千克。初生公犊 48.2 千克，母犊 46.0 千克。

（3）生产性能

①良好饲养条件下，6 月龄公犊体重 234 千克，母犊 210.5 千克，日增重 1.1 ~ 1.2 千克。12 月龄体重公牛 458.4 千克，母牛 368.3 千克。阉牛 14 ~ 15 月龄体重 495 ~ 540 千克，最高 675 千克，育肥期日增重 1 880 克。屠宰率一般在 65% ~ 70%，胴体瘦肉率在 80% ~ 85%。②母牛泌乳量较高，一个泌乳期可产奶 2 000 千克，乳脂率 4.0% ~ 4.7%，可满足犊牛的需要。③母牛出生后 396 天开始发情，17 ~ 20 月龄参与配种。法国原产地要求 27 月龄，体重 50 千克以上配种，3 岁第一次产犊，以降低难产率。④我国饲养的夏洛莱母牛，性周期 21 天，发情持续期 36 小时，产后第一次发情 62 天，妊娠期平均 286 天。

（4）品种评价

夏洛莱牛的优点，一是早熟，增重快，瘦肉多，饲料报酬高；二是皮薄肉嫩味美，肉质好；三是耐粗饲，耐寒抗热，冬季严寒不夹尾、不弓腰，盛夏炎热不热喘、不流涎，采食正常，发病少。缺点是繁殖率低，难产率高达 13.7%，个别牛只会发生蹄、角质变形与蹄裂。用夏洛莱牛改良本地黄牛，夏杂一代牛具有父系品种的特色，体型大，生长速度快，肉质好，杂种优势明显。

22. 西门塔尔牛的品种特点有哪些？生产性能如何？

西门塔尔牛原产于瑞士西部阿尔卑斯山区的河谷地带，而以西门塔尔平原的牛最为出色，因而得该名。西门塔尔牛产乳量高，仅次于荷斯坦牛；生长速度快，产肉性能并不比专门化肉用品种差；役用性能好，是乳、肉、役兼用的大型品种，有"全能牛"之称。许多国家都曾引进西门塔尔牛在本国选育或培育，育成了自己的西门塔尔牛，并以该国国名命名，2002 年中国西门塔尔牛正式命名。

(1) 外貌特征

西门塔尔牛体格粗壮、结实。头较长，嘴宽眼大，颈长中等，与鬐甲结合良好。颈垂发达。胸深，腰宽，体长，尻宽平。前躯较后躯发育好，中躯呈圆筒状，肌肉丰满，四肢结实，蹄圆厚，大腿肌肉发达，乳房发育好。西门塔尔牛角较细而向外上方弯曲，尖端稍向上。被毛浓密，额部及颈上部多卷毛，毛色多为黄白花或淡红白花，背和体侧为有色毛，肩、腰部有条状白带，头部白色或带小块色斑，腹、腿部和尾帚均为白色，鼻镜、眼睑、皮肤为粉红色，蹄为淡黄色或浅褐色（图 2 - 32）。

(2) 体尺体重

西门塔尔牛成年公牛的体高、体长、胸围、管围和体重分别为：147.3 厘米、179.7 厘米、225.0 厘米与 24.4 厘米和 1 150 千克；成年母牛分别为：133.6 厘米、156.6 厘米、187.2 厘米与 19.5 厘米和 725 千克。

(3) 生产性能

①乳肉兼用型产奶量 7 439 千克，乳脂率 4.1%，乳蛋白

图 2-32　西门塔尔牛（公）　吴志坚摄

3.5%；19月龄屠宰育肥公牛，胴体重410千克，净肉增重715克/天，屠宰率57.6%；②肉乳兼用型产奶量4 000~5 000千克，乳脂率约4%，半育肥状况下，一般母牛屠宰率53%~55%，公牛育肥后65%左右，平均日增重1 569克。

（4）品种评价

西门塔尔牛的优点，一是耐粗饲，适应性好，抗病力强，繁殖力高，母牛难产率低；二是早期生长速度快，与其他大型肉用品种相似；三是胴体瘦肉多，肉质好，高等级切块肉占41.3%；四是泌乳性能好，产奶量高，乳脂率高。缺点是皮厚骨粗，净肉率低，较晚熟。用西门塔尔牛改良各地黄牛，杂交一代生产性能普遍提高30%以上，在较好的饲养条件下，西杂一代与西杂二代牛群的平均产奶量均达到3 000~4 000千克，最高7 000千克以上，乳脂率4.2%。西杂一代育肥牛日增重800~1 000克，屠宰率53%。西杂二代育肥牛日增重1 100克以上，屠宰率55%~58%，肉质优良。一代杂种在利用秸秆的情况下，一天可挤奶3.2千克。在相同条件下，西杂一代牛比其他肉用品种（海福特、利木赞、夏洛莱）的杂种一代牛的改良成绩更好，但肉质颜色较淡，结构粗糙，脂肪分布不均匀，略差于上述诸牛种。

23. 利木赞牛的品种特点有哪些？生产性能如何？

利木赞牛原产于法国中部贫瘠的利木赞高原，并因此得名。

(1) 外貌特征

利木赞牛体型较大，但比夏洛莱牛小、骨骼略细。头短额宽、嘴小。公牛角较短，向两侧伸展，并略向外卷，母牛角细，向前弯曲。肉垂发达，胸宽肋圆，背腰平直，尻平，体躯较长，全身肌肉丰满，四肢强健细致，体躯呈圆筒状。被毛浓厚粗硬，适应严酷的放牧环境。毛色为红色或黄色，但深浅不一。口、鼻周围，眼圈四周、腹部、四肢内侧、会阴部及尾帚的毛色较浅，多呈草白色或草黄色，角为白色，蹄为红褐色（图 2 - 33 和图 2 - 34）。

图 2 - 33　利木赞牛（公）　　　图 2 - 34　利木赞牛（母）

(2) 体尺体重

利木赞牛成年公牛体高、体长、胸围、管围和体重分别为：140.0 厘米、172.0 厘米、237.0 厘米与 25.0 厘米和 1 125 千克；成年母牛分别为：130.0 厘米、157.0 厘米、192.0 厘米与 20.0 厘米和 750 千克。

（3）生产性能

8~10月龄日增重1 194克，屠宰率63%~71%，瘦肉80%~85%。

（4）品种评价

利木赞牛的优点，一是适应性强，耐粗饲，早熟，生长发育快，补偿生长能力强；二是母牛难产率低；三是犊牛初生重小，生长快，8月龄犊牛肌肉即现大理石花纹，很适合生产小牛肉；四是胴体瘦肉多，出肉率高；肉色鲜红，纹理细致，肉质细嫩，富有弹性；脂肪沉积薄，大理石花纹适中，风味好。缺点是泌乳性能较差，毛色与体型尚欠整齐。用利木赞牛改良地方黄牛，杂种一代牛比本地黄牛生长快，产肉多，肉质好，肉的大理石纹改善明显。利本杂一代初生重29.4千克，6月龄体重145.8千克，12月龄176千克，18月龄262.5千克，分别比本地黄牛提高34.9%，25.3%，30.9%和30.6%。注意使用该品种与本地黄牛级进杂交，杂种母牛泌乳性能较差，不利用肉用犊牛哺育。

24. 安格斯牛的品种特点有哪些？生产性能如何？

安格斯牛为古老的小型肉用品种，原产于英国苏格兰东北部的阿伯丁与安格斯地区，故而得名阿伯丁—安格斯牛简称安格斯牛，是世界著名的小型早熟肉牛品种。

（1）外貌特征

安格斯牛无角，全身被毛黑色，又称"无角黑牛"。体躯低矮，体质结实，头小而方，额宽，颈短，体躯宽深，呈圆筒形，具有典型肉用特征。四肢短而直，前后裆较宽，全身肌肉发达，腰和臀部丰满，大腿肌肉能延伸到飞节，皮松而薄且富弹性（图2-35和2-36）。

图 2 - 35 安格斯牛 (公)

图 2 - 36 安格斯牛 (母)

(2) 体尺体重

安格斯牛成年公牛体重 700 ~ 900 千克, 母牛 500 ~ 600 千克, 犊牛平均初生重 25 ~ 32 千克, 成年牛体高公、母牛分别为 130.8 厘米和 118.9 厘米。

(3) 生产性能

安格斯牛早熟, 胴体品质高, 肉质好, 出肉多。屠宰率一般 60% ~ 65%, 哺乳期日增重 900 ~ 1 000 克。育肥期日增重 (一岁半以内) 700 ~ 900 克。肌肉大理石纹好。

(4) 品种评价

安格斯牛耐寒、耐热、耐干旱、抗病, 在恶劣环境下, 也能保持良好的肉用性能, 繁殖率高达 95%。安格斯牛对改良本地黄牛肉质效果明显, 缺点是母牛稍具神经质。

25. 皮埃蒙特牛的品种特点有哪些? 生产性能如何?

皮埃蒙特牛因原产于意大利北部的皮埃蒙特地区而得名, 因其具有双肌肉基因, 是目前国际公认的终端父本, 已被世界 20 多个国家引进, 用于杂交改良。

(1) 外貌特征

皮埃蒙特牛为肉乳兼用品种，中等体型，躯体较长，呈圆筒状，全身肌肉丰满，肌块明显暴露，高度发达。头较短小，颈短厚，胸部宽阔，上部呈弓形，复背复腰。腹部上收，胸、腰、髋部和大腿肌肉发达，臀部外缘特别丰圆，双肌肉型表现明显。皮薄骨细，结构紧凑，性情温顺。皮肤软、薄而富有弹性确是制革的上等原料。角型为平出微前弯。毛色特征不完全一致，基本毛色为灰色或白色，鼻周、眼圈、嘴边、肛门边、阴门边、耳尖、尾帚等处有黑毛。各年龄和性别的皮埃蒙特牛在鼻镜，唇，肛门，阴唇，蹄和悬蹄等部位均为黑色，颈部颜色较重。公牛皮肤灰色或浅红色，头部（尤其眼帘和眼窝）、颈、肩、四肢，有时身体侧面和后腿侧面集中较多的黑色素。母牛皮肤为白色或浅红色，有时也表现为暗灰色或暗红色，有的个体眼圈为浅灰色，眼睫毛、耳廓四周为黑色。被毛有"变色"特征，犊牛出生到断奶月龄为乳黄色，生后 4~6 月龄胎毛退去后，被毛渐变为白晕色（呈成年牛毛色）。角在 20 日龄时变为黑色，但成年牛的牛角底部浅黄色约占 1/3，角尖均为黑色（图 2-37 与图 2-38）。

图 2-37 皮埃蒙特牛（公）

图 2-38 皮埃蒙特牛（母）

(2) 体尺体重

皮埃蒙特牛成年公牛体高为 140~150 厘米，体重 800~1 000 千克；成年母牛体高为 130 厘米，体重 500~600 千克。公犊初生重 42~45 千克，母犊 39~42 千克。

（3）生产性能

①皮埃蒙特牛育肥期平均日增重 1 500 克（1 360~1 657 克），公牛 15~18 月龄体重 550~600 千克，母牛 14~15 月龄体重 400~450 千克，屠宰率 72.8%，高于荷斯坦、夏洛莱与利木赞等品种 4~11 个百分点。②皮埃蒙特牛净肉率 66.2%，瘦肉率 84.1%，肉骨比 7.4：1，脂肪 1.5%。③眼肌面积大，同等条件试验下，当夏洛莱牛眼肌面积为 107.9 平方厘米时，皮埃蒙特牛 121.8 平方厘米。④细嫩多汁，风味可口，色泽鲜红，是生产高档牛排的优质原料。⑤胆固醇含量低，每 100 克肉中胆固醇含量仅 48.5 毫克，比一般牛肉的 73 毫克低 30%。⑥皮埃蒙特牛一个泌乳期平均产奶 3 500 千克，乳脂率 4.2%，产奶量虽不及乳肉兼用的西门塔尔牛，但比利木赞与夏洛莱牛的高。

（4）品种评价

皮埃蒙特牛的优点，一是早期增重快，4 月龄日增重 1.3~1.5 千克，周岁体重 400~430 千克，12~15 月龄体重 400~500 千克，生长速度居肉用品种之首，饲料利用率高。二是具有双肌肉基因，全身肌肉发达，肉骨比高。三是性情温顺，能适应各种环境，是目前世界终端杂交的最好父本之一。四是初生犊牛头较短小，颈部较夏洛莱等肉用牛种狭窄，肢骨和管围细，关节细，胎犊的肩、胸、髋部肌肉发达。分娩时，前肢和头容易出来，难产率低。五是抗体内、外寄生虫。皮埃蒙特牛以其高的屠宰率、净肉率以及快的增重速度，最先对我国南阳黄牛进行改良。皮南杂一代初生重平均 35 千克，比南阳牛提高 16.7% 千克；8 月龄平均体重 197 千克，18 月龄 479 千克，日增重 960 克，生长速度达国内领先；屠宰率 61.4%，净肉率 53.8%，肉嫩多汁、口感好，肉品档次高。改良黄牛后代母牛背腰宽广，后躯发达，肌肉明显，乳房发育良好，泌乳能力有较大提高。在组织三元杂交的改良体系时，皮（埃蒙特牛）黄改良母牛再作母本，对下一轮的肉用杂交十分有利。皮埃蒙特公牛配西（门塔尔）黄杂母牛的后代，在生长速度与肉用体型上都具有父本的特征。

26. 海福特牛的品种特点有哪些？生产性能如何？

海福特牛原产于英国英格兰西部的海福特县，是世界上最古老的著名中小型早熟肉牛品种。

(1) 外貌特征

海福特牛头短额宽，颈短厚，颈垂发达。肩峰宽大，胸宽而深，背腰平直而宽，肋骨张开，臀宽大平直而丰满，体躯宽深，肌肉发达，四肢粗短，蹄质坚实，呈圆筒形，为典型的长方形肉牛体型。被毛为深浅不一的红色，具有"六白"特征，即头、颈垂、鬐甲、腹下、四肢下部与尾帚为白色，其余部分均为红棕色。皮肤为橙红色。角呈蜡黄色或白色并向两侧伸展，微向下弯曲（图2-39和图2-40）。

图2-39　海福特牛（公）

图2-40　海福特牛（母）

(2) 体尺体重

海福特牛成年公牛的体高、体长、胸围、管围和体重分别为：134.4厘米、196.3厘米、211.6厘米与24.1厘米和900千克；成年母牛分别为：126.0厘米、152.9厘米、192.0厘米与20.2厘米和 700 千克。

（3）肉用性能

海福特牛生长快，初生重公犊 34 千克、母犊 32 千克。出生后 400 天的屠宰率为 60%～65%、净肉率 57%。哺乳期日增重公牛 1 140 克、母牛 890 克；7～12 个月龄日增重公牛 980 克、母牛 850 克。

（4）品种评价

海福特牛的优点，一是早熟易肥，产肉率高，肉质好，肉质细嫩，味道鲜美，肌纤维间沉积脂肪丰富，肉呈大理石状。二是耐粗饲，增重快，饲料利用率高。三是抗病，抗寒，适应性强，性情温顺，宜牧。缺点是易患裂蹄病与蹄角质增生病，公牛偶见跛行或单睾。海福特牛与我国黄牛杂交，杂种牛初生重、12 月龄体重、育肥期日增重分别比地方黄牛提高 40.3%、133.0% 和 44.7%，特别是 6 月龄前日增重较快。一代杂种阉牛平均日增重 988 克，18～19 月龄屠宰率 56.4%，净肉率 45.3%。

27. 契安尼娜牛的品种特点有哪些？生产性能如何？

契安尼娜牛原产于意大利中西部多斯加尼地区的契安尼娜山谷。

（1）外貌特征

契安尼娜牛体型高大，四肢长，皮肤松弛，腭、前胸、脐部下垂。肋骨开张，肢蹄强健。被毛白色，尾帚黑色。除腹部外，全身皮肤（包括眼睛周围、鼻镜、舌）均为黑色，角尖与蹄亦为黑色。犊牛刚出生时，被毛为深褐色，到 60 日龄时，逐渐变为白色（图 2－41 和图 2－42）。

（2）体尺体重

契安尼娜牛成公、母牛的体高分别为 180 厘米和 160 厘米，体重分别为 1 800 千克和 1 085 千克。

（3）肉用性能

契安尼娜牛生长快，脂肪少，饲料转化率高，初生重公犊 40 千克，母犊 35 千克。6 月龄体重 300 千克，12 月体重 409 千克，平均日增重 1 230 克。18 月龄 800 千克，24 月龄 1 000 千克，屠宰率 60%。

图 2 - 41　契安尼娜牛（公）

图 2 - 42　契安尼娜牛（母）

（4）品种评价

契安尼娜牛的优点：①胴体中骨重占比 17.1%，肥肉 4.1%，大理石纹状明显，一级肉 52.2%，二级肉 26.6%；②脂肪沉积晚，活重 500 千克屠宰，胴体中脂肪 2.1%～4.7%，而其他牛种体重 500 千克时，一般不再快速增长；③母牛一次配种受胎率 85%，且难产率低。契安尼娜牛改良南阳牛，契南杂一代初生重平均 38 千克，比南阳牛增长 26.7%；契南杂一代公牛 18 月龄活重 532 千克，日增重 1 170 克，分别比南阳牛增长 29.4% 和 29.1%。契南杂一代屠宰率 59.2%，净肉率 52.0%。

28. 我国育肥用的杂交牛有哪些？杂交牛育肥有哪些优势？

　　我国育肥用的杂交牛是以上述介绍的地方良种黄牛（含培育牛种）南阳牛、秦川牛、晋南牛、延边牛、鲁西黄牛、渤海黑牛、郏县红牛、蒙古牛、三河牛、草原红牛、新疆褐牛和科尔沁牛等品种为母本，以上述介绍的引进牛种西门塔尔牛、利木赞牛、夏洛莱牛、皮埃蒙特牛、安格斯牛、海福特牛和契安尼娜牛等品种为父本的杂交牛，中国牛肉总量的80%都来自这些杂交牛。杂交牛在育肥中的优势主要的有：①杂交牛一般比本地牛体重大30%左右，有利于提高产肉量。②杂交牛长速快，比本地牛增重提高20%～30%，同样条件下杂交牛的出栏时间比本地牛缩短近一半，饲料报酬高。③经育肥的杂交牛，屠宰率55%，比本地牛提高3～8个百分点，多产肉10%～15%。④杂交牛能生产出供出口和高级饭店用的高档牛肉。⑤二元杂交肉牛的生产性能优于本地黄牛，三元杂交与级进杂交肉牛的生产性能又优于二元杂交肉牛。所以杂交牛育肥的经济效益好，而肉乳兼用杂交牛的经济效益更高，成本更低。

（张吉鹍，张震宇）

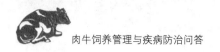

第三章　肉牛的繁殖配种技术

29. 什么叫初情期？什么叫性成熟、体成熟？肉牛初配年龄选在何时比较合适？

初情期是指公牛第一次释放有受精能力的精子并表现出完整性行为和母牛初次出现发情表现并排卵的时期。性成熟是指牛的生殖器官发育基本完成，开始具有繁殖能力，公牛开始产生精子，母牛出现发情、排卵、性欲等，尽管此时配种能繁殖后代，但性成熟只表明生殖器官开始具有正常的生殖机能，其身体仍处在生长发育阶段，如果此时就开始配种，则会影响其身体的发育，降低种用价值，缩短使用年限。牛只达到性成熟再经过一段时间发育，才能达到体成熟。体成熟又称"开始配种年龄"。体成熟的牛只表明其生长发育基本完成，获得了成年牛只应具有的形态和结构。体成熟比性成熟晚，所以性成熟并不是配种繁殖的最适合年龄，而是在达到或接近体成熟时配种最好。肉牛的一般初配年龄：早熟品种，公牛 15～18 月龄，母牛 16～18 月龄；晚熟品种，公牛 18～20 月龄，母牛 18～22 月龄。或以其初配体重达到成年体重 70% 为标准进行配种。

30. 什么叫发情周期？母牛发情周期分为哪几个阶段？

发情是母牛达到性成熟时的一种周期性的性表现，发情周期又叫"性周期"，是指两次发情之间的间隔时间。发情周期受品种、年龄、饲养条件、健康状况及气候条件等因素影响，平均 21 天。母牛的发情周期可划分为四个连续的阶段：前情期、发情期、后情期和间情期。前情期是指一个发情周期末了和新一轮发情期开始之间的过渡阶段，持续 1～3 天，主要是黄体退化，新卵泡进入最后的成熟阶段而为新的发情期做准备的阶段。发情期持续 8～30 小时，是母牛允许公牛爬跨的唯一时期，卵子和卵泡在发情期达到最后的成熟阶段。后情期约持续 3 天，发情期结束后 10～14 小时卵泡被排入输卵管，卵巢排出卵泡后原来的部位形成黄体。间情期可持续 12～15 天，此时黄体体积最大并发挥作用。如果母牛发情配种未孕或未配种，则经过一定时间，子宫内膜产生前列腺素，破坏黄体组织，使黄体逐渐萎缩退化，于是孕酮分泌量下降，促卵泡激素得以大量分泌，母牛进入新一轮发情周期。

31. 肉牛正常发情有何表现？什么时候观察母牛发情比较合适？怎样鉴定母牛发情？

母牛发情时，其行为和生理状况出现一系列变化，主要表现为兴奋不安，食欲减少，互相爬跨，尾根举起，外阴潮红、肿胀，阴户有黏液流出。研究表明爬跨频率在白天最低而夜间最高。为达到 90% 以上的畜群发情监测率，应当在凌晨和傍晚特别仔细观察母牛，白天则可每隔 4～5 小时观察一次。鉴定母牛发情常有 3 种方法，其中的外部观察法可使用一些辅助工具，如"母牛发情检测贴"帮助鉴定发情母牛是否达到配种时机。其工作原理为，该检测贴对压力敏感，内设计时装置，将它贴在母牛的荐骨（即尾根部）处，当其他牛爬跨时胸部会抵在发情母牛的荐骨处造成一定压力，使得检测贴在大约 3 秒后由白色变为红色。通过变色程度，配种员可辨别出静立发情的真假，而静立发情是鉴别母牛是否可以进行配种的标志。

外部观察法即通过观察、记录母牛食欲、行为、外阴等的变化鉴定母牛发情。①发情初期母牛食欲减退、四处张望、走动不安，有时发出叫声。不愿接受爬跨，但不远离爬跨牛。在牛舍内站立不卧，主动接近人。外阴部肿大轻微，皱裂减少，阴道黏膜潮红肿胀，子宫颈口微开，黏液透明。②发情盛期食欲明显减退甚至拒食，大声哞叫，强烈兴奋不安，爬跨其他牛，接受爬跨而站立不动。外阴部肿胀明显，阴道更潮红肿胀。透明黏液的牵缕性强，手压牛背十字部，表现凹腰和高举尾根。③发情末期兴奋性减弱，叫声减少。虽仍有公牛跟随，但已不愿接受爬跨并躲避又不远离。外阴部、阴道及子宫颈的肿胀稍减退，排出的黏液由透明变为稍有乳白色并混浊，黏液黏性减退牵拉呈丝状。④发情后期兴奋性明显减弱，稍有食欲。基本上无牛追爬。外阴部和阴道肿胀消退明显，其黏液少而黏稠由乳白色渐变为浅黄红色。

阴道检查法 即利用专用的开膣器，打开母牛阴道，进行发情检查。此法不能准确判定母牛的排卵时间，只是一种辅助方法。初期：阴道黏膜呈粉红色，无光泽，有少量黏液，子宫颈外口略开展；中期：黏液玻璃棒状流出，阴唇松弛肿胀，阴道黏膜呈潮红色，有强光泽和滑润感，黏液中常带有血丝，子宫颈外口肿胀、松弛、开张，宫口微开，阴唇肿胀；末期：黏膜色泽变淡，黏液黏稠浑浊，宫口收缩并消肿起皱。

直肠检查法 隔着直肠壁触摸卵巢及卵泡的大小、形状和变化状态等，判断母牛的发情程度和排卵时间。直肠检查是判定母牛发情准确和常用的方法。发情初期，卵胞开始发育，体积增大，触摸时，感到只有豆粒大小的软化点；中期卵泡迅速增大，卵巢表面光滑，胞壁变薄，略有波动感，持续期 10～12 小时；发情盛期，卵泡体积不再增大，胞壁变薄，有明显的波动感，母牛的发情症状由微弱逐渐消失，此时输精受胎率最高；发情末期，卵泡破裂，泡液流失，形成一个小的凹陷，排卵后 6～8 小时开始形成黄体，并突出于卵巢表面，此时就不能摸到排卵处的凹陷了。

母牛的发情期短，外部特征明显。生产实际中对母牛的发情鉴定，主要采用外部观察和直肠检查法。

32. 什么是异常发情？常见的异常发情有哪些？如何识别？

正常母牛发情周期平均为 21 天，青年母牛比成年母牛短些，在临床上常因母牛营养不良、劳役过重、泌乳过多、环境温度突变等情况，导致体内激素失调，母牛发情超出发情规律，称为异常发情，导致失配和误配。母牛常见的异常发情主要有以下几种。

(1) 安静发情

母牛在发情时缺乏发情的外部表现，但其卵巢内有卵泡发育成熟且排卵。此类母牛应减少使役，加强饲养管理，饲喂维生素、微量元素、矿物质含量较高的全价料，注意观察，提早配种或输精。

(2) 断续发情

母牛发情时间延长，有时可达 30～90 天，并呈现时断时续的发情。对此类母牛除加强饲养管理外，可注射促排卵 2 号、3 号，在注射激素的同时进行配种或输精，可有效提高发情期受胎率。

(3) 孕期发情

母牛在怀孕期仍有发情表现。30% 左右的怀孕母牛有假发情，尤其是怀孕 3 个月以内的母牛发生率较高。对于此类母牛发情，要采用看黏液、子宫颈变化，配合直检综合判定。直检时要慎重，尤其是怀孕 25～40 天的母牛。

(4) 短促发情

母牛发情期非常短促，如不注意观察，极易错过配种时机。

(5) 二次发情

母牛产后第一次发情，接着又很快出现发情，与第一次发情间隔少则 3~5 天，多则 7~10 天，且发情表现明显。此类母牛要及时根据直检鉴定结果进行第二次输精。

33. 未能监测到发情的原因可能有哪些？如何避免？

未能监测到发情的原因有：①母牛已怀孕；②产犊后未开始下一轮正常的发情周期；③因营养不良、感染或产犊后并发症造成母牛乏情；④卵巢囊肿；⑤安静发情（排卵但无发情表现）；⑥饲养人员经验不足，监测失准。保持精准的繁殖记录，如产犊日期、产犊后第一次发情时间等，是准确监测母牛繁殖状态的最基本要求。要特别关注非典型征兆：食欲和产奶量下降；喜欢弄脏身体，体侧沾有粪便；尾末端变粗糙并可能脱毛。如采食量突然下降，如果不是疾病的原因，配种人员可进行直肠检查卵泡的发育情况。有条件的牧场，可使用一些与挤奶系统牛群管理软件相关联的计步器，以发现那些发情期很短的牛。

34. 什么是肉牛繁殖控制技术？常用的技术有哪些？

肉牛繁殖控制技术即通过人为的手段，改变母牛生理周期，调整母牛的发情、排卵规律，使母牛按照人们的要求，在一定的时间内发情、排卵、配种，并一次得到两个或多个胚胎的技术。主要技术如下。

(1) 同期发情技术

即指用外源激素及类似物对母牛进行处理，诱导母牛在一定时间内发情并排卵的方法。采用同期发情技术可以使配种、产犊、育肥等过程保持基本一致，有利于人工授精的实施，便于生产管理，提高发情率和繁殖率。现行的同期发情技术有两途径，都是通过控制黄体——延长或缩短其寿命，降低孕酮水平，使母牛摆脱孕激素控制的时间一致，从而导致卵泡同时发育，达到同期发情的目的。

实现方法有孕激素法、前列腺素法以及孕激素和前列腺素结合法。同期发情在养牛生产中有利于人工授精，能提高母牛繁殖率，是胚胎移植技术的基础，便于科学、合理地组织生产，提高养牛经济效益。

（2）诱导发情技术

指利用促性腺激素、雌激素和前列腺素等生殖激素和某些生理活性物质（如初乳）以及环境条件的改变和异性刺激等方法，促使乏情母畜恢复正常的发情和排卵的技术。

（3）超数排卵技术

超数排卵是指在母牛发情周期内，按照一定的剂量和程序，注射外源性激素或活性物质，使卵巢比自然状态下生长成熟和排出更多的卵子。其目的是在优良母牛的有效繁殖年限内，尽可能多地获得其后代，用于不断扩大核心母牛群数量。超数排卵的处理主要是利用缩短黄体期的前列腺素或延长黄体期的孕酮，结合注射促性腺激素，从而达到超数排卵的效果。

（4）体外显微授精技术

是指哺乳动物的精子和卵子在体外人工控制的环境中完成受精过程的技术。

（5）胚胎移植技术

是指将母牛的早期胚胎，或者通过体外受精及其他方式得到的胚胎，移植到生理状态相同的其他母牛体内，使之继续发育为新个体的技术。

（6）早期断奶技术

指给予初生牛犊健康的饲养和卫生管理，适度补料，使犊牛消化道得到更好的发育，减少消化道疾病，并使母牛更早地开始新的

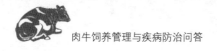

发情周期的技术。

35. 肉牛常用的配种方法有哪些？

肉牛常用的配种方法有自然交配、人工辅助交配和人工授精3种。

（1）自然交配

即将公母牛混合饲养，将公牛（按20头母牛搭配1头公牛）混入到母牛群中饲养，让公牛自由地与发情母牛交配。该法虽然简便省事，但公牛的利用率低，利用年限短，且无法进行个体选配，易造成滥交乱配，母牛缺乏配种记录，难以计算预产期，又易传播疾病，不建议使用。

（2）人工辅助交配

即公母牛分栏饲喂，待母牛发情，将公母牛赶至指定地点或同一栏中进行交配，并在爬跨时，辅助拉开母牛尾根，牵引公牛包皮引导阴茎进入阴道，交配完成后，分开公母牛，以防止二次交配；人工辅助交配和自由交配均属于自然交配。两者相比，辅助交配能人为地控制公牛的配种次数，可以进行个体选配，有利于延长公牛的使用年限。

（3）人工授精

是以人为的方式取得公牛精子，并制成稀释液，通过一定手段输送进母牛子宫内，使卵子受精，繁殖后代，以代替公、母牛自然交配的一种配种方法。牛的人工授精分鲜配（人工采取新鲜精液稀释后直接配种）和冷配（人工采精稀释后冷冻保存再解冻，然后进行配种）。目前牛的人工授精大多是冷配。它的优点在于扩大种公牛的配种头数，提高受胎率，预防因本交而感染的疾病，克服公母牛因体格大小悬殊而带来的自然交配困难，节省或不需要种公牛的饲养费用，能较快地繁殖优良后代进入商品化生产，提高经济效益，尤其是在商品牛养殖业朝着产业化方向发展的今天，更加显示了它的无可替代的重要性和优越性。推荐在人工辅助交配的基础上，追加 1~2 次人工授精，可保证配种成功率在 93% 以上。

36. 如何提高牛冻精改良受胎率？

(1) 做好冷冻精液的运输与保存

①所选精液要来源于正规的供种单位，选择适合本地生长发育和市场需求的优良品种，冻精质量应符合国家标准规定。②在移动液氮罐时应把握其手柄，轻拿轻放，防止碰撞倾斜，保护好真空抽气阀。运输时，要铺垫厚软垫子，适当固定，并根据运输条件用厚纸箱或木箱装好，牢固地系在车上，以免颠簸冲撞。③在冻精保存期间，应经常检查液氮罐的状况，如发现液氮消耗显著增加或容器外挂霜等异常情况，应立即更换；当液氮容量不足 1/2 时，及时补充，最低液氮量不能低于罐子全容积的 1/3，液氮剩余量可用称重法估计，也可以用细木棍插至罐底，10 秒后取出，依据测量的结霜线长度进行估计。④取放冷冻精液时，只能将提放冻精的提桶或包装物提到容器颈的基部，不得提到颈口外，动作要迅速，若经 10 秒尚未取放完，应放回液氮中浸泡一下再继续取放；贮存的冻精需要向另一个容器转移时，在容器外停留时间不超过 5 秒，如需时间较长，应在盛装液氮的容器中处理。

(2) 适时输精

母牛的适时输精时间要依据其外部表现和卵泡变化而定，通常以母牛发情末期或接近发情末期的输精效果最好。为提高受胎率，建议在 1 个情期内输精 2 次，间隔时间为 8~12 小时。

(3) 正确掌握人工输精技术

首先，将受配牛保定于地势平坦、便于操作的保定架内。然后将戴塑胶手套的手握成锥形，并倒石蜡油于手心。于牛肛门处将石蜡油倒下并迅速将并拢的四指塞入肛门，边塞边转动，以使手背和肛门周围充分润滑。注意手臂此时并不伸入直肠，而使成锥形的手指停留在肛门（图3-1），不断撑开手指使空气被肠内的负压吸入，促使直肠因受吸入冷空气的异常刺激努责，从而方便直肠宿粪排出。待排粪完毕，再将右手臂伸入直肠较深处，并在努责停止时由里往外退，摸到子宫角检查卵巢及子宫状况，并顺势握住子宫颈。手握子宫颈轻轻滑动，刺激母牛性兴奋。此时发情盛期的健康母牛会有蛋清样的黏液自阴道流出，根据黏液性状可判定有无子宫疾患、发情状况。此时将手臂拿出，等待片刻以使受刺激的子宫充分收缩，便于直肠把握输精。其次，将戴塑胶手套的手臂再次伸入直肠，待努责过后按上述操作握住子宫颈。手臂继续后退，使拳后口与子宫颈口处于同一切面（亦即用食指、中指及拇指握住子宫颈的外口端，使子宫颈外口与小指形成的环口持平）（图3-2），并向前推子宫颈使阴道伸展。再次，擦净阴道口污物，另一手持输精枪自阴门以35°~45°向斜上方插入5~10厘米，避开尿道口后，再改为平插或略向前下方进入阴道。当输精枪接近子宫颈外口时，把握子宫颈外口处的手将子宫颈拉向阴道方向，使之接近输精枪前端，并与持输精枪的手协同配合，将输精枪缓缓穿过子宫颈内侧的皱褶轮（在操作过程中可采用改变输精枪前进方向、回抽、摆动等技巧），插入子宫颈抵达子宫角分俞处前壁（子宫颈深部2/3~3/4处），注入精液。最后，伸入直肠握子宫颈的手稍稍放松，快速退出输精枪，以防止因母牛骚动伤及宫内黏膜等，然后直肠内手臂缓缓退出，防止再次负压吸气造成母牛努责，导致操作者手臂扭伤。

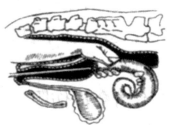

图 3-1　成锥形的手指停留在肛门，准备输精　　　　图 3-2　直肠把握输精

（4）加强冻改牛群的饲养管理

科学饲养母牛，使母牛保持中等体况，在发情到来之前增加光照，加强运动，增加蛋白质饲料的供给，以保证生殖机能的旺盛，从而促进卵子产生及排出，防止胚胎死亡；加强母牛妊娠后期及产后的饲养管理，增加饲料中能量的供给，可提高产后情期受胎率。同时，加强饲养管理对于鉴定是否受胎、防止漏配、流产都具有重要意义。

（5）做好早期妊娠检查，减少流产

母牛配种后，应及时做好妊娠检查工作，以防止母牛空怀，对没有受胎的母牛及时继续进行配种，对已受胎的母牛加强饲养管理，做好保胎工作。

37. 母牛妊娠有哪些表现？常用的妊娠检查方法有哪些？

胎儿在母体子宫内"着床"后，即靠母体血液的营养生活，母体逐渐发生许多变化来适应这种情况。母牛妊娠最主要的表现为配种21天后不再出现发情征兆，性情变得温顺，吃食增加，膘肥皮毛光亮。而缺乏母牛繁殖状况观测记录的时候，认为配种后60

天不再发情视为母牛已怀孕。但是，由于有的母牛生殖器官不健康，虽未怀孕，也可能表现不发情；而有的怀孕母牛，也可能出现假发情。因此，及时准确地对配种后的母牛进行妊娠诊断，特别是早期诊断，对提高母牛的受胎率有重要意义。通常母牛输精后若连续两个情期不发情，可进行妊娠诊断，妊娠诊断应在最后一次输精后 2~3 个月。常用的母牛妊娠诊断有 3 种，即外表观察法、阴道检查法和直肠检查法。

(1) 外表观察法

经配种的母牛，过了两个情期仍不见再发情，则可初步确定为已怀孕。母牛怀孕后的表现：停止发情，食欲增加，性情变得温顺，上膘快，体况变好，被毛光亮，行动谨慎安稳。怀孕 5~6 个月时，腹围增大，腹部不对称，右侧腹壁突出。8 个月左右，右侧腹壁可见到胎动。此方法在妊娠中后期观察比较准确，但不能在早期作出确切诊断。

(2) 阴道检查法

母牛怀孕 20 天左右，阴道黏膜变得苍白、无光泽，血管网不清晰，黏液量少而干燥，阴道收缩较紧。怀孕 3~4 个月后，阴道黏膜增多，变得较为浑浊，颜色为灰黄或灰白色，多集中在子宫颈口附近，形成可以堵住子宫颈口的黏液塞。但空怀母牛卵巢上有持久黄体时，也会有上述症状。因此，阴道检查法的准确率也不是很高。

(3) 直肠检查法

一般认为，直肠检查法是早期妊娠诊断最常用和最可靠的方法。因母牛怀孕后生殖器官会不断发生变化，根据这些变化就可以判断母牛是否妊娠，以及妊娠期的长短。在妊娠初期，子宫角和角间沟无明显变化，一侧卵巢增大，并有突出于表面的妊娠黄体；妊娠 30 天，两侧子宫角不对称，一侧变粗，有波动感；妊娠 2 个月，直肠检查两侧子宫角开始不对称，孕角明显变粗，相当于空角的两倍，孕角基壁柔软，触之有液体流动（即有较明显的波动感），无收缩，卵巢质地柔软光滑，角间沟变平，子宫动脉开始搏动（空角基壁坚硬，触之无液体流动，卵巢质地坚硬，子宫动脉无搏动）；妊娠3个月，角间沟消失，孕角增大如婴儿头，波动感更加明显；妊娠4个月，子宫及胎儿已全部沉入腹腔，此时已摸不到子宫角，但可感觉到子宫动脉的明显波动。

38. 造成母牛流产的因素有哪些? 如何保胎?

流产指的是正常妊娠期结束前母牛排出的死亡胚胎。卵子受精后到胚胎着床之前的流产率最高，而妊娠后40天至正常妊娠期结束之间的流产率为3%~5%。造成流产的因素包括：对妊娠母牛的照管不够精心，以致母牛受伤等；营养不良；饲料中含有毒素、霉菌或高水平雌激素；生殖道细菌感染等。为做好妊娠母牛的好保胎工作，第一，要加强孕牛的饲养管理工作，运动要适度，防止过度劳役、惊吓、挤撞、踢打、猛跑而造成早产、流产；第二，坚持每天梳刮牛体一次，要梳遍牛体全身，保持牛体清洁，预防传染病；第三，临产前2周，母牛要转入产房，专人护理，做好产前产后的消毒护理工作；第四，产后注意观察母牛乳房、食欲、反刍、粪便，发现异常及时处理治疗，用药时不要用泻药或引起子宫收缩的药物。

39. 怎样推算预产期?

因牛的品种、营养、年龄、胎儿性别等不同，妊娠期长短有一定差异性。一般270~285天，平均283天。早熟培育品种、妊娠母牛营养水平高、壮年牛、怀雌性胎儿等妊娠期稍短，反之妊娠期稍长。为了做好分娩前准备工作，必须较准确地计算出母牛预产期。其计算方法如下：按"配种月份减3，配种日期加6"即可。

如果配种月份在1、2、3月份不够减时，需借1年（加12个月）再减。若配种日期加6时，天数超过1个月，减去本月天数后，余数移到下月计算。为便于理解，特举3例。示例1，1号牛2014年5月1日配种受胎，试计算该牛的预产期。月份为：5 - 3 = 2（月），日期为：1 + 6 = 7（日），则该牛的预产期为2015年2月7日。示例2，2号牛2014年2月28日配种受胎，试计算该牛预产期。月份为：2 + 12 - 3 = 11（月），日期为：28 + 6 = 34（日）；再减去11月的30天，即34 - 30 = 4（日），再把月份加上1，即11 + 1 = 12（月），因此该牛预产期为2014年12月4日。示例3，3号牛1998年1月29日配种受胎，月份为：1 + 12 - 3 = 10（月），日期为：29 + 6 = 35（日），再减去10月的31天（35 - 31 = 4），然后将月份加上1（10 + 1 = 11），则该牛的预产期为1998年11月4日。生产实践中，为了减少烦琐的计算，常将母牛预产期制订成母牛妊娠日历表，根据配种日期，便可查得母牛的预产期。

40. 怎样才能最大限度地减少难产?

①加强妊娠母牛的饲养管理。为了保证胎儿的生长发育，母牛所需的营养物质必须大大增加。给母牛配制合理的饲料和进行科学饲养，不仅可以保证胎儿的正常发育，而且能够维持母牛的健康，并减少分娩困难的可能性。怀孕末期，应适当减少蛋白质饲料，以免胎儿过大，引起难产。怀孕母牛要适当运动和使役，一般怀孕前期可使役，以后减轻，产前两个月尽可能停止使役，但仍需有适量运动。运动和适当使役可增强胎儿活力，也可使母牛全身及子宫的紧张性提高，从而降低难产的发生率。②及时进行临产检查。自犊牛从胎膜露出至母牛排出胎水期间，及时进行临产检查，判断胎儿及产道是否有异常，以便及时发现问题，采取措施进行矫正和处理。当胎膜露出时，又未及时产出，就要判断胎儿的方向、位置和姿势是否正常。如果胎位不正，就要把胎儿推回到子宫处进行矫正。如果是倒生，当后肢露出时，应该配合努责，及时把胎儿拉

出。如果母牛努责无力，可以用产绳拴住两前肢的掌部，随着努责左右交替用力，护住胎儿的头部，沿着产道的方向拉出。

41. 母牛分娩后恢复正常发情的时间是多少？

母牛经过妊娠、分娩，生殖器官发生了迅速而剧烈的变化，到重新发情、配种、母牛生殖器有一个复原的过程。分娩后子宫就进入复原过程，包括子宫内膜外层细胞的更新，只有在子宫肌肉和腺体组织完全更新后才能进行新的妊娠。子宫复原的时间需 9 ~ 12 天，水牛较长达 30 ~ 45 天。子宫复原期间有大量分泌物排出，最初为红褐色，以后变为黄褐色，最后变成无色透明，这种分泌物叫恶露。恶露排尽的时间为 10 ~ 12 天，一般认为，恶露排尽，子宫已复原。母牛卵巢中的妊娠黄体于产后才被吸收，所以产后第一次发情时间出现较晚，一般在产后 40 ~ 45 天发情，但往往因母牛产后身体虚弱和大量泌乳的关系，影响脑垂体与卵巢分泌激素的机能，发情征候不明显，呈安静发情。生产实践中，为了让母牛的子宫得到完全复原，一般以在产后 40 ~ 50 天发情时配种为宜。产后 53 天 90% 分娩后的母牛都应该恢复正常的发情周期，而且应能监测到发情征兆。如产后 45 ~ 60 天还没有发现发情，就要对母牛的健康、营养状况、卵巢和子宫进行检查和诊治、预防不孕。因此，了解分娩后母牛的生理变化并配合良好的饲养管理可以避免分娩后发情延迟并及时获得再次妊娠。

42. 如何搞好母牛夏季产后保健？

母牛产后发病率高，夏季更高。夏季母牛产后保健重在产后疾病的预防，要细致观察，将疾病消灭在萌芽中。特别要注意新产牛和肥胖牛，最大限度提高干物质采食量。①分娩地点应选择在通风干燥阴凉处，防止中暑。周边的电源、水源使用方便。②分娩后迅速进行糖钙疗法，补充能量，防止奶牛低钙造成的损失，同时注射新斯的明或氯化铵甲酰甲胆碱注射液，有助于产后平滑肌的蠕动，促进子宫蠕动，有助于胎衣和恶露的排出，益于胃肠道的蠕动，增加奶牛食欲。③产后连续3天注射头孢噻呋钠和氟尼辛葡甲胺，对母牛进行镇痛和消炎，可预防蹄叶炎、子宫炎和乳房炎，增加母牛食欲，增强抵抗力。有条件的可注射盐酸多西环素注射液，防止产后败血症。④连续7天测量体温，如有异常抓紧处理。⑤适当饲喂微生态和发酵饲料，增加瘤胃有益微生物的数量，防治夏季大量喝水造成的瘤胃微生物的稀释。⑥对于食欲差的牛只，监控母牛是否发生真胃移位。⑦饲喂易消化和适口性好的饲料，干净的饮水，优质苜蓿、燕麦等，以及能量较高的膨化大豆等饲料。

43. 什么是母牛的生殖力？评估牛群繁殖力的指标有哪些？怎样计算？

牛的生殖力又称繁殖力，反映了母牛生殖机能的强弱和生育后代的能力，评估牛群繁殖力的指标如下。

(1) 受配率

一个地区牛的受配率表示1年内该地区（或群体）参加配种的母牛数占该区（群）内所有适繁母牛数百分率。由此可以反映出该区（群）内繁殖母牛的发情、配种及其管理状况。受配率的计算公式为：

受配率（%）=（年内与配母牛数/年内存栏适繁母牛数）×100

(2) 受胎率

①总受胎率，一个年度内受胎母牛头数占配种母牛头数的百分率。此项指标反映了牛群的受胎情况，可以衡量年度内的配种计划完成情况。总受胎率=（年内受胎母牛头数/年内配种母牛的总头数）×100%。②情期受胎率，在一定的期限内（通常按年度计算），受胎母牛数占该期内与配母牛配种总情期数的百分率。受胎

母牛至少有一个情期，还有的牛有数个情期可能又未受胎。前一头牛情期为 1，后一头牛是几个情期就按几，逐头累加，求得总情期数。情期受胎率 =（受胎母牛头数/一定期限内配种牛总情期数）×100%。③第一次授精情期受胎率，表示第一次配种就受胎的母牛数占第一情期配种母牛总数的百分率。该指标可反映出公牛精液的受精力及对母牛的繁殖管理水平。第一次授精情期受胎率（%）=（第一次情期受胎母牛头数/第一次情期配种母牛总数）×100

（3）不返情率

不返情率指受配后一定期限内不再发情的母牛数占该期限内与配母牛总数的百分率。不返情率又可以分为 30 天、60 天、90 天和 120 天不返情率。越是期限长，则该比率就越接近实际的受胎率（年）。X 天不返情率（%）=（配种 X 天后未再发情母牛数/配种 X 天内受配母牛总数）×100

（4）配种指数

配种指数指母牛每次受胎平均所需的配种次数。若配种指数超过 2 则意味着配种工作没有搞好。配种指数（%）=（受胎母牛配种的总情期数/妊娠母牛头数）×100

（5）产犊率

分娩的母牛数占妊娠母牛数的百分率。产犊率（%）=（产犊母牛数/妊娠母牛总数）×100

（6）产犊指数

产犊指数又称产犊间隔或平均胎间隔，即母牛连续两次产犊间的时间间隔，以平均天数表示，是牛群繁殖力的综合指标。产犊指数（产犊间隔）=每头牛的每两次产犊的间隔天数总和/计算内的总产犊间隔数

（7）犊牛成活率

犊牛成活率指出生后 3 个月时成活的犊牛数占产活犊牛数的百分率。由此可以看出犊牛培育的成绩。犊牛成活率（%）=（生后 3 个月犊牛成活数/总产活犊牛数）×100

（8）繁殖成活率

繁殖成活率指本年度内所断奶成活的犊牛数占该年牛群中适繁母牛总数的百分率。这是一个总效率的反映，有时也把该指标叫做牛群的繁殖效率。繁殖成活率（%）=（年内断奶成活犊牛总数/年内适繁母牛数）×100

44. 怎样提高肉牛的繁殖力？

（1）做好母牛的发情观察

母牛的发情持续时间短，约 18 小时；25% 的母牛发情征候不超过 8 小时，且多集中在下午到翌日清晨，人工较难发现。母牛发情爬跨的时间大部分（约65%）在下午18时至翌日6时，晚上20时到凌晨3时爬跨活动最为频繁。约80%母牛排卵在发情终止后 7~14 小时，20%母牛属早排或迟排卵。所以，母牛人工授精一定要把握住时间。

（2）做好适时输精工作

牛一般在发情结束后排卵，卵子的寿命为 6~10 小时，故母牛的最佳配种时间为排卵前的 6~7 小时。在实际生产中当母牛发情有下列情况时即可输精：①母牛由神态不安转向安定，即发情表现开始减弱；②外阴部肿胀开始消失，子宫颈稍有收缩，黏膜由潮红变为粉红或带有紫青色；③黏液量由多到少且成混浊状；④卵泡体积不再增大，皮变薄有弹力，泡液波动明显，有一触即破之感。

（3）做好怀孕前后母牛的营养供给

一般如果母牛缺乏某种营养，就会影响其人工授精的成功，而且即使勉强配种成功也很容易流产。如果在母牛怀孕后不提供足够的营养，孕牛的流产率和死胎率也会大大增加。因此，要想提高母牛的繁殖力，必须注意母牛的营养搭配，做好怀孕前后母牛的营养供给。

（4）加强母牛的管理

加强母牛的管理是提高母牛繁殖力的有效措施，管理内容有以下几个方面：①防寒降温。即夏天防暑和冬天防寒工作，夏天高温和冬季低温都会影响牛人工授精的成功率，还会造成孕牛流产。②做好检查和记录。注意记录母牛发情规律，加强流产母牛的检查和治疗，对于配种后的母牛，应检查受胎情况，以便及时补配和做好保胎工作。③要做好牛的接产工作，特别注意母牛产道的保护和产后子宫的处理。给产后母牛灌服初乳或羊水，能促使胎衣排出，对母牛产后的子宫复旧有一定效果，从而缩短产犊间隔。④保持合理的牛群结构。不同生产类型，基础母牛占牛群的比例有所区别，乳用牛为50%～70%，肉牛与乳肉兼用牛为40%～60%比较合理。过高的生产母牛比例，往往使牛场后备牛减少，影响牛场的长远发展；但过低的生产母牛比例，也可影响牛场当时的生产水平，影响生产效益。

（张吉鹍，王珊）

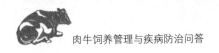

第四章　肉牛饲料及其加工利用技术

45. 肉牛饲料怎样分类？分为哪几类？什么是肉牛的成品饲料？

　　饲料是肉牛养殖的物质基础，它可为肉牛的一切生命活动提供营养物质。①根据营养物质特性，可将肉牛饲料分为青绿饲料、青贮饲料、粗饲料、能量饲料、蛋白饲料、矿物质饲料、维生素饲料和添加剂饲料。②根据肉牛不同生理阶段营养需要，将肉牛饲料分为犊牛饲料、育成牛饲料、青年牛饲料、育肥牛饲料、泌乳牛饲料和干奶牛饲料。③根据饲料营养成分，肉牛饲料又可分为预混料、浓缩饲料、精料补充料、全价配合饲料和代乳料等。肉牛的成品饲料就是将饲料原料按日粮配方，经过机械加工而成的混合饲料，细分的种类与根据饲料营养成分划分的肉牛饲料品种相同。

46. 肉牛常用粗饲料有哪些种类？其营养特点是什么？

　　粗饲料是指自然状态下水分含量低于60%、干物质中粗纤维含量不低于18%、总可消化养分低于70%的一类饲料。

(1) 干草

　　干草是青绿饲料在尚未结籽实时进行刈割，经晒干或人工干燥制成的饲草，水分15%～20%。优质干草质地松软，叶多，适口性好，富含胡萝卜素、维生素D和维生素E。干草营养价值与刈割时期密切相关，刈割过早水分多不易晒干，过晚纤维含量高营养价值低。

（2）作物秸秆

秸秆是农作物收获籽实后的茎秆和叶片部分。①玉米秸。碳水化合物含量大于30%，粗蛋白质3%~6%，粗纤维约25%。同株玉米秸上部营养价值高于下部，叶片价值高于茎秆。②麦秸。营养价值低于玉米秸，木质素含量高，消化率低，适口性差。小麦秸、大麦秸和燕麦秸为常用麦秸。小麦秸粗纤维含量高，含硅酸盐和蜡质，营养价值低。大麦秸适口性和蛋白质含量高于小麦秸，春小麦秸营养价值高于冬小麦秸。燕麦秸饲用价值较好，饲用价值介于玉米秸和小麦秸之间。③稻草。粗蛋白质3%~5%，粗纤维21%~33%；粗灰分约17%，富含硅酸盐，钙磷含量低；可利用能值低于玉米秸，但优于小麦秸。④谷草。质地柔软厚实，适口性好，营养价值高于麦秸和稻草。⑤豆秸。主要有大豆秸、豌豆秸和蚕豆秸。大豆秸木质素含量高达20%~23%，消化率低，粗蛋白质含量高于禾本科秸秆，各类豆秸中以豌豆秸营养价值最高。

（3）青贮饲料

青贮在各种粗饲料加工中保存的营养物质最高，牧草青贮后养分损失仅10%，可解决冬季青绿饲草供应问题。青贮饲料制作简单，成本低廉，在密封状态下，可长年保存。

（4）青绿饲料

青绿饲料指天然水分含量60%以上的青绿多汁植物性饲料。特点：①鲜嫩多汁，水分高达75%~90%，易消化，适口性好。②粗蛋白质含量高，品质好。氨基酸组成合理，富含赖氨酸和色氨酸。③粗纤维和木质素含量较低，干物质中粗纤维不超过30%，叶菜类不超过15%，无氮浸出物含量较高，40%~50%。④无机盐含量差异较大，豆科植物中富含钙、钾等碱性元素，钙磷多集中于叶片。⑤富含维生素，尤其是胡萝卜素，每千克饲料可达 50 ~ 80 毫克。通常禾本科牧草在抽穗初期、豆科牧草在孕蕾及初花期刈割。

（5）块根、块茎饲料

块根、块茎饲料主要包括胡萝卜、甘薯、木薯、饲用甜菜、芜菁、甘蓝和瓜类等。特点：①水分 70% ~ 90%，干物质含量低。②淀粉和糖分等易消化碳水化合物含量较高，干物质消化能 13.81 ~ 15.82 兆焦/千克。③干物质中粗纤维仅含 3% ~ 10%，粗蛋白质只有 1% ~ 2%，富含钾，但钙、磷和钠缺乏。④胡萝卜和南瓜中富含胡萝卜素，甜菜中维生素 C 含量较高，普遍缺乏维生素 D。

47. 秸秆饲料有哪些营养特点？

秸秆是指农作物收获籽实后的茎秆、田间杂草、树叶以及作物藤蔓等。特点：①粗纤维含量高，20% ~ 45%，木质化程度高，可利用养分少，适口性差。②蛋白质含量低，一般豆科 8.9% ~ 9.6%，禾本科 4.2 ~ 6.3%。③干物质消化率低，稻草 40% ~ 50%，玉米秸 47% ~ 51%，小麦秸 45% ~ 50%。④维生素缺乏，粗灰分含量高，但多为无法利用的硅酸盐，且钙磷含量少。秸秆是我国肉牛育肥的主要粗饲料，一般占日粮干物质需要量的 50% ~ 70%，尤其是经揉碎、氨化或微贮的秸秆利用效果更好。⑤尽管农作物秸秆一直是包括肉牛在内的反刍动物的主要粗饲料，但只有经过精细加工处理，秸秆才可以制成营养更高的肉牛饲料，大大提高其单位附加值。这不仅有利于发展养牛业，而且通过秸秆过腹还田，更具有良好的生态效益和经济效益。例如，玉米秸秆含有 30% 以上的碳水化合物、2% ~ 4% 的蛋白质、0.5% ~ 1% 的脂肪。经过物理、化学、生物等方式加工处理制成饲料后，其消化利用率可提高 15% 以上。用秸秆饲料喂牛、羊等，不仅可以降低精饲料的消耗，还可使牛羊的增重速度加快，据测算，5.6 千克青贮玉米秸秆的能量相当于 1 千克玉米。

48. 提高秸秆营养价值的加工调制技术有哪些？

秸秆的加工调制技术主要的有物理处理、化学处理、生物学处理及其组合应用。

(1) 物理处理

秸秆的物理处理就是通过人工、机械、加热和压力等方式改变秸秆的物理结构，使其变短、软化。该法对改善秸秆消化率作用不明显，但可提高适口性，减少浪费。常见的方法有：①铡短。秸秆饲料多为长纤维物质，铡短（1～2 厘米长）可降低动物咀嚼能耗，减少挑食，增加采食量。②粉碎。秸秆粉碎后颗粒变小，与酶的接触面积增大，可改善饲料利用率，易与精饲料混拌，粉碎细度以 8～10 毫米为宜，不应太细（小于 7 毫米），以免影响动物反刍。③揉碎。秸秆经揉碎机切短、揉搓后形成丝条状饲料，可改善适口性，提高饲料利用率，该法尤其适用于玉米秸。④碾青。将秸秆铺在地面上，厚 30～40 厘米，上面铺一层同样厚度且营养价值较高、动物喜食的青饲料（以苜蓿等豆科植物为好），上面再铺一层秸秆，用石碾碾压，青饲料流出的汁液被上下秸秆吸收。此法可提高秸秆适口性和营养价值，减少青饲料晒制时间。⑤制粒。秸秆经粉碎后配成营养均衡的配合饲料，再制成颗粒饲料，既可减少饲料体积，便于贮藏和运输，又能改善适口性、提高采食量。⑥盐化。将铡碎或粉碎的秸秆与等量 1%～2% 的盐水充分搅拌均匀，然后放入容器或水泥地面上堆放 12～24 小时，使秸秆自然软化，亦可现拌现喂。秸秆盐化后可明显提高适口性和采食量。⑦射线照射。秸秆经射线照射处理后可以增加饲料的水溶性成分，进而提高体外消化率和瘤胃挥发性脂肪酸的含量。

（2）化学处理

主要包括氨化、碱化和酸化处理，通过化学方法将纤维素、半纤维素和木质素分离，提高纤维素和半纤维素在瘤胃中的降解率。①氢氧化钠处理。氢氧化钠处理秸秆有湿法和干法。A. 湿法处理。将秸秆铡短到 6～7 厘米，用相当于秸秆重量 10 倍量的 1.5% 氢氧化钠溶液浸泡，3 天后用水洗净饲喂。该法可提高消化率，具芳香味，适口性好。缺点是用水量大，营养物质损失多，污染环境。B. 干法处理。将 30 升 1.5% 的氢氧化钠溶液喷洒到 100 千克铡短的秸秆上，喷洒时不停搅拌，充分混匀，使碱溶液充分渗入秸秆，可直接饲喂。该法可提高消化率 12%～15%，但残碱较多，增加牛的饮水和排尿次数，污染环境。②石灰石处理。石灰石处理秸秆主要有浸泡法和喷淋法。A. 浸泡法。取 3 千克生石灰配成 200 升石灰水，或取 9 千克石灰乳配成 250 升石灰水，浸泡 100 千克秸秆，若再适当添加 0.5% 的食盐可增加适口性，12～24 小时后，摊放在地面 1 天以上，不经水洗直接饲喂。B. 喷淋法。将铡短的秸秆铺放在水泥地面上，用石灰水多次喷洒，堆放后自然软化，1～2 天后直接饲喂。石灰石处理效果不及氢氧化钠，易发霉，但原料来源广，成本低，无污染。③氨化处理。A. 氨源选择及用量：液氨、尿素、碳铵和氨水是氨化秸秆主要氨源。100 千克秸秆（干物质），使用 3 千克液氨、4～5 千克尿素、8～12 千克碳铵或 15～17 千克 15% 的氨水。B. 调控温度：环境温度对氨化效果至关重要，高温会加速氨与有机物反应速度，提高氨化秸秆消化率和含氮量。气温高于 30℃，氨化需 5～7 天；20～30℃ 需 7～14 天；10～20℃ 需 14～28 天；5～10℃ 需 28～56 天；小于 5℃ 氨化需 56 天以上。C. 秸秆氨化主要方法：目前，我国广泛采用堆垛法、窖（池）贮氨化法、氨化炉法和塑料袋氨化法等。a. 堆垛法。在地势高、干燥平整的地面上铺一块无毒的聚乙烯薄膜，再将秸秆堆成垛，同时确保秸秆水分含量在 40%～50%。以尿素或碳铵为氨源时，通常是边堆垛、边施氨、边踩实；采用氨水时，堆垛完成后用氨水直接浇泼；采用液氨时，在堆垛过程中放入一根木杠，通氨时取出，插入注氨管即可。垛好后，用无毒聚乙烯薄膜盖严，踏实封严，防止漏气，要注意密封好注氨孔。使用液氨氨化的人员需经过严格培训，保证安全。b.窖（池）贮氨化法。选择地势高、土质坚硬、地下水位低的地方挖窖，地下式或半地下式、土窖或水泥窖均可，窖壁要修整光滑。将秸秆切成3~5厘米长，按每100千克秸秆（干物质）用4~5千克尿素，或8~10千克碳铵对30~40千克水。向秸秆中均匀喷洒这种配制好的尿素（或碳铵）溶液，边洒边搅拌，亦可一层层均匀喷洒，边装边踩实。窖装满后，在原料上盖一层5~20厘米厚的秸秆或碎草，再用塑料薄膜盖好窖口。在薄膜上覆10~15厘米厚的泥土，压实。封窖时保证原料高出地面50~60厘米，防止雨水渗入。氨化后要经常检查，发现破裂或孔洞需及时修补。现行化学法处理秸秆，主要为手工操作，费工、费时，生产效率低。现在我国已研制出多种型号的秸秆化学处理机，工作原理基本相同，主要由喂料、药液供给、搅拌、风送等部分组成。喂料部分由料槽、带式输送器、输料控制器组成，能将散乱的秸秆均匀喂入机内；药液供应及喷洒部分由药液泵、缓冲罐、传动离合器及药液喷嘴等组成，可根据秸秆化学处理的工艺要求，将化学处理剂以雾化形式连续、定量、均匀地喷洒在秸秆上；搅拌部分由动盘、定盘及壳体等组成，通过搅拌部件对肉牛饲料揉搓、撞击、搅拌作用，可使秸秆沿纵向纤解，纤解率90%以上，搅拌后的成品料由吹送机送出，落于饲料堆放处。所采用的化学处理剂主要有氢氧化钠、石灰、尿素等单一处理液，也可使用复合液及液体添加剂等化学试剂进行处理。秸秆化学处理机加工处理的秸秆饲料，质地松软，气味清香，含氮量可提高1~2倍，粗蛋白质含量可达7%~15%，肉牛采食量可提高10%~40%，并且长期贮存不变质。秸秆化学处理机加工处理秸秆的缺点是需要固定专用机械设备，投资大，成本高，适用于大型肉牛养殖场使用。

(3) 生物学处理

生物学处理就是通过微生物和酶的作用降解秸秆中难以消化的纤维素，转化为肉牛可利用的糖类、脂类和蛋白等，可改善秸秆的适口性、消化率和营养价值。常见的生物学方法有自然发酵法、微生物发酵法和酶解法。目前市场上有很多用于秸秆发酵的制剂，先将秸秆如稻草铡成 5～8 厘米长，加微生物发酵制剂，并按说明发酵即可。

(4) 加工调制技术的组合应用

综合物理、化学和生物学处理相结合的一种加工调制方法，在改善物理性状和适口性的同时，还可达到氨化和碱化的处理效果，利于秸秆储存、运输和利用。

49. 秸秆饲料化为什么要采用工程技术?

秸秆中丰富的碳水化合物，绝大部分为纤维素、半纤维素、木质素和角质，纤维素、半纤维素及无氮浸出物中的戊聚糖可通过瘤胃微生物发酵，生成挥发性脂肪酸，如乙酸、丙酸与丁酸等，被肉牛吸收利用，提供能量。而木质素和角质等不能消化，它们与纤维素、半纤维素紧密地结合在一起，阻碍瘤胃微生物对纤维素、半纤维素的降解。秸秆越成熟，木质化程度就越高，秸秆的消化率就越低。因此，如果单独饲喂未经处理的秸秆，不仅降低适口性，即使肉牛采食，也只能起到饱腹充饥的作用，不能提供肉牛增重所需的营养，导致食入的氮少于排出的氮，出现负氮平衡，肉牛体重下降。为提高秸秆的利用效率，除对秸秆进行加工、调制外，还应搭配部分青绿饲料、优质干草或青贮料，并补充部分精料，精、粗饲料多样化搭配，提高肉牛养殖效益。总之，采用集成技术也就是工程技术，多方提高秸秆饲用价值：一是改善适口性、增加容重，提高肉牛对秸秆的采食量；二是提高瘤胃微生物对秸秆有机物的降解率；三是改善进入肉牛体内的营养物质平衡，包括可发酵氮源，可发酵碳水化合物和过瘤胃蛋白与生葡萄糖物质的提高，添补某些必需的矿物元素等。

50. 什么是秸秆饲料化利用的工程技术？

秸秆饲料化利用工程技术，就是针对秸秆存在的营养缺陷（即适口性差、采食量低、消化率低、某些营养物质缺乏或不平衡）和肉牛营养生理特点，将加工调制技术、营养调控型产品的使用以及配套的饲养管理技术等多种营养技术措施加以系统集成，充分发挥各种技术措施的组合效应，从而达到理想的秸秆饲用效果的成套营养技术。具体内容为"P＋3M"技术。"P技术"为加工调制技术，通过该技术以最大限度地提高肉牛采食量，并在一定程度上改善消化率。"M_1技术"为针对秸秆营养缺陷和肉牛营养生理特点，设计和使用具有营养调控功能的饲料产品，调控日粮营养素平衡及其干物质采食量与瘤胃功能，进而提高日粮营养物质利用率。"M_2技术"为使用一些具有营养调控功能的管理技术，例如，控制饲料粒度，合理的饲喂次数和次序，以提高P技术与M_1技术的整体效果。"M_3技术"即营养检测技术，利用检测肉牛营养状况，改进和提高秸秆高效利用营养工程技术的整体效果。M_1与M_2技术所要达到的目标是：第一，最大限度地发挥肉牛瘤胃作为天然发酵罐的生物优势，使秸秆在瘤胃内发酵达到最佳状态；第二，改善进入牛体内营养物质的平衡，使大量饲用秸秆的牛的生产性能和饲料利用率达到最佳水平。M_3技术就是通过对肉牛营养状况的有效检测，为营养调控和营养决策，提供技术依据，最大限度地提高秸秆饲料化利用工程技术的整体效果。秸秆饲料化利用的工程技术为充分挖掘秸秆的饲用潜力，克服当前在秸秆饲料化利用上单纯依靠加工调制，忽视动物自身存在的营养潜力这一"单打一"思想，提供了可行的技术路线。

51. 营养调控型饲料产品有哪些?

针对秸秆营养缺陷和肉牛营养生理特点,设计和使用营养调控型饲料产品就是为调控秸秆日粮营养素平衡、干物质采食量与瘤胃功能以及提高秸秆的利用率。这类产品市场商品名各异,但其原理还是为瘤胃微生物提供足够的营养源(可发酵氮源、碳源和必需的矿物元素)。按照功能可归为三类:第一类为瘤胃发酵调控剂,如丙酸增量剂、甲烷阻抗剂和原虫控制剂;第二类为组织代谢调控剂,如铜锌、支链氨基酸等;第三类为消化道微生物区系调控剂,如益生素、寡糖等。主要产品如下。

(1) 瘤胃功能促进剂

这类产品通常由易发酵糖、矿物盐和有机酸组成,可以改善秸秆基础日粮中的能量和蛋白质的同步利用,提高肉牛对能量和蛋白质的利用率。①缓冲剂。高精饲料强度育肥肉牛时,因瘤胃内异常发酵,酸度过高,pH 值下降,瘤胃微生物区系受到抑制,消化能力减弱,易发生酸中毒。添加缓冲剂的主要作用就是中和酸性物质,调节 pH 值,增进食欲,提高饲料消化能力,从而提高生产性能。常用的缓冲剂主要的有碳酸氢钠、氧化镁、磷酸盐、碳酸钙等,碳酸氢钠在混合精饲料中添加 0.5% ~ 2.0%,氧化镁为 0.5% ~ 1.0%,将碳酸氢钠与氧化镁合用比单独用更好,其比例为 (2 ~ 3):1。在大量饲喂玉米青贮料的肉牛日粮中使用缓冲剂可显著提高肉牛日粮纤维物质的消化率、日增重和饲料利用率。②泊洛沙林。一种消气药,可作为添加剂加入全价料中,也可以喷洒在其他日粮表面。泊洛沙林具有调控肉牛瘤胃豆科牧草、青绿饲料发酵的功能,能消气止胀,对于肉牛生殖、反刍和泌乳无副作用。单次用药持续有效时间至少 12 小时,可有效预防肉牛放牧时采食过量豆科牧草或其他青绿饲料引发的臌胀症。

（2）矿物质舔砖

现多为复合型有机矿物质舔砖，除含有多种有机矿物质外，还含有微量元素、维生素和氨基酸等，有的还添加有脲酶制剂、碳酸氢钠等。使用有机矿物质舔砖，可以增强食欲，增强瘤胃微生物活力，提高牛的秸秆采食量及其利用效率，提高日增重与饲养效果；改善毛色，消除异食癖，预防尿结石；增强免疫力，降低发病率。

（3）益菌制剂

益菌制剂中的酵母菌为兼性菌，可消耗氧气，维持瘤胃内的厌氧环境，稳定瘤胃 pH 值，预防酸中毒，从而有利于纤维分解菌与乳酸利用菌的生长，促进秸秆饲料的发酵。通过改善微生物的生长，不仅增加菌体蛋白，满足牛对氨基酸的需求，而且能提高秸秆饲料转化效率，产生更多的挥发性脂肪酸供机体利用。现在市场常见的益菌制剂，多为微生态的复合活菌制剂，参照说明书使用。

（4）过瘤胃营养素

主要的有过瘤胃复合维生素，过瘤胃氨基酸（蛋氨酸、赖氨酸等），过瘤胃蛋白质等，使用目的：增强秸秆基础日粮的营养功能，提高日增重；促进钙、磷的吸收，减少骨质疏松、减少繁殖障碍。

（5）过瘤胃脂肪

市场新兴的一种高熔点纯植物脂肪产品，易消化，不含载体，能值高，能满足肉牛特殊养分需要。用于生长育肥饲料，可增加能量摄入量，改善饲料转化效率，提高日增重，缩短育肥期。

（6）丙酸增量剂

此类调控剂主要为莫能霉素（商品名瘤胃素）、盐霉素、拉沙菌素、海南霉素和马杜拉霉素等聚醚类（又称离子载体）抗生素，主要作用是调控瘤胃内挥发性脂肪酸产量，增加丙酸产量，降低乙酸和丁酸的比例，减少甲烷的产量，提高能量利用率，使肉牛增重和饲料转化率得到改善。莫能霉素用量分放牧和舍饲两种情况，放牧牛开始每头每天100毫克，6天后增加到200毫克。舍饲牛每头每天200~360毫克，不得超过360毫克。盐霉素用量一般每吨精饲料添加10~20克，或每头每天饲喂50毫克。拉沙菌素用量基本同瘤胃素。使用时可将每头每天的饲喂量掺入肉牛日粮中，充分拌匀后分次投喂，也可制成预混料使用。

也有将多种复合营养调控型制剂再组合使用的，例如，将复合活菌制剂、复合酶制剂与天然复合电解质组合使用的营养调控型饲料产品。

52. 怎样进行秸秆补饲？

(1) 补饲的原则

一要使秸秆中廉价可利用的碳水化合物的采食量最大，也就是秸秆基础日粮的采食量最大；二要添加非蛋白氮源（尿素或氨），使秸秆基础日粮的可发酵性氮含量达到可消化干物质的3%；三要补饲相当于日粮干物质10%~20%的青绿饲料，最好是鲜豆科牧草；四要补饲相当于日粮干物质10%~20%可消化性过瘤胃养分，为代谢过程提供氨基酸和生糖物质；五要补饲矿物质，可采用复合矿物舔砖。

(2) 各种添加料的补饲技术

①精饲料。秸秆单独饲喂，难以充分满足肉牛的营养需要，用秸秆作基础饲料养牛，需要补充混合精饲料，但不宜过多。若补饲过多的精饲料，会抑制对秸秆的采食量，达不到充分利用秸秆的目的。研究表明，以氨化秸秆养牛，补饲中、低水平（低于日粮30%）的精饲料，其效益要高于高水平的精料补饲。少用精料、适度延长肥育时间，既能降低精饲料用量，又能充分利用秸秆资

源，降低饲养成本。②青绿饲料。因豆科牧草还能提供过瘤胃蛋白，故补饲豆科牧草的效果优于禾本科牧草，有条件的牛场，应尽可能用豆科牧草或豆科与禾本科的混合牧草。青绿饲料的补饲量以占秸秆基础日粮干物质的20%为宜，补饲更少的青绿饲料，也会产生效果。但若补饲量过高，由于替代效应，会降低秸秆的采食量。③过瘤胃养分。过瘤胃蛋白饲料如棉籽饼的补饲，对饲喂秸秆的肉牛具有显著的增重效果，饲料转化效率明显改善。过瘤胃蛋白饲料的补饲量以不超过秸秆基础日粮干物质的25%为宜。④矿物质。复合矿物质舔砖是补充矿物元素的有效方法。对秸秆基础日粮进行营养补饲的养牛模式，不仅可以获得理想的增重与生产效率，且立足当地资源，变废为宝，是农区可持续的养牛模式。

53. 青干草有哪些营养特点？

天然草地青草或栽培牧草，收割后经天然或人工干燥制成的干草，呈青绿色，故名青干草。优质青干草呈青绿色，气味芳香，质地柔软，适口性好，易消化，便于贮存。青干草营养丰富：①粗蛋白质含量7%~17%，个别豆科干草高于20%，粗纤维20%~30%，无氮浸出物40%~54%；②多数青干草消化能值为8~10兆焦/千克，少数优质青干草可达12.5兆焦/千克；③豆科干草富含钙和磷，苜蓿钙含量高达1.2%~1.9%；④维生素D含量16~500毫克/千克，胡萝卜素5~40毫克/千克，优质豆科干草还富含维生素E、维生素K和B族维生素；⑤易消化，有机物消化率46%~70%，纤维消化率70%~80%。

54. 如何调制青干草？

(1) 自然干燥法

①地面干燥法。将刈割的牧草放地面干燥6~7小时，待水分

降至40%~50%，用搂草机搂成草条继续干燥4~5小时，翻晒风干，使水分降至35%~40%，再用集草器集成0.5~1.0米高草堆，2天后水分降到15%~17%，打捆贮存。②草架干燥法。树干、独木架、三脚架、铁丝架和木制长架等均可作为草架。将刈割的牧草放在地面干燥12~24小时后移到（如遇雨天则直接移到）草架上继续干燥，放草要自下而上逐层堆放，顶端朝里，堆成圆锥形或屋脊形，厚度70~80厘米，离地20~30厘米，堆中留通道，以便空气流通。草架需一定倾斜度，以利于采光和排水，待水分低于17%贮存。该法虽费时费力，但干燥速度快，营养损失少。③发酵干燥法。刈割的牧草经翻晒至水分为45%左右时，将牧草逐层夯实压紧堆积，为防止过度发酵可在每层撒上饲草重量0.5%~1.0%的食盐。表层用薄膜或土覆盖，牧草本身细胞的呼吸热和细菌、霉菌活动产生的发酵热在牧草堆中积蓄，草堆温度可达70~80℃，打开草堆，借助通风干燥。发酵干燥法养分损失较多，青干草品质较差。

(2) 人工干燥法

①常温鼓风干燥法。在牧草堆贮场和干草棚中安装常温鼓风机，通过强制吹入空气，干燥牧草，该法干燥速度较快。②低温烘干法。干燥前需建造干燥室、空气预热锅炉、鼓风机和牧草传送装置，借助煤或电力将空气加热到50~70℃或120~150℃，鼓入干燥室，通过热气流干燥。③高温快速干燥法。牧草切碎后放入烘干机，通过高温空气使牧草迅速干燥。④压裂草茎干燥法。为使牧草茎叶干燥一致，降低叶片的干燥损失，常使用牧草茎秆压裂机将茎秆压裂压扁，消除角质层和纤维素对水分蒸发的阻力，加速蒸发速度，使茎秆和叶片同步干燥。⑤化学添加剂干燥。通过在牧草中添加或喷洒化学物质，如碳酸锂、碳酸钠和氯化钾，破坏牧草表皮角质层，加速牧草体内水分蒸发。该法可减少叶片损失，提升干草营养品质。

55. 怎样评定青干草品质?

(1) 青干草品质的感官鉴定

①植物学组成。青干草中,豆科牧草的比例超过5%为优等;禾本科及杂草占80%以上为中等;有毒杂草含量在10%以上为劣等。②叶片保有量。青干草叶片保有量的多少,是其营养价值高低的重要指标,不仅叶片所含的蛋白质、矿物质、维生素等要远远高于茎的含量,而且叶片的消化性也较高。青干草的叶片保有量在75%以上为优等;50%~75%为中等;低于25%的为劣等。③颜色与气味。青干草的颜色与气味是干草调制好坏,贮藏是否合理的重要指标。胡萝卜素是鲜草所含各类营养物质中最难保存的一种成分。青干草的绿色程度越深,不仅表示所调制干草的胡萝卜素含量越高,其他成分的保存也越多。按青干草的颜色与气味,可以将青干草的品质分为四等:优等,色泽青绿,香味浓郁,没有霉变和雨淋;中等,色泽灰绿,香味较淡,没有霉变;较差,色泽黄褐,无香味,茎秆粗硬,有轻度霉变;劣等,霉变严重。

(2) 苜蓿草品质的感观评定

①刈割期。晾晒苜蓿干草最佳的刈割期应在现蕾期,判定苜蓿干草是否在现蕾期刈割,除察看是否富含花蕾外,还要看茎的大小、粗细、质感及叶片的多寡。②叶片保有量。苜蓿干草总可消化营养成分的60%、粗蛋白质的70%、维生素的90%都存在于叶片中。叶片保有量高的苜蓿干草捆明显可见叶多、梗柔软,表明其在刈割、晒干、加工过程中,工艺和设备精良,管理完善。③颜色。质量上乘的苜蓿干草呈青绿色,表示其在晾晒、加工过程中方法得当,没被雨淋过,储存过程中没有霉变和发热。因受雨淋、露水过多或浓雾影响而变色的苜蓿干草呈深褐色或黑色。苜蓿干草若呈褐色,表明青草没晒干而发酵,霉菌滋长而产热,有霉味。④气味。

优质苜蓿干草带有一股草香味，适口性好，胡萝卜素含量高，营养价值高。带有霉味、腐烂味、异味、汽油味或化学药品味的干草品质较差，营养含量和适口性降低。

(3) 青干草品质的整体评定

卢德勋与张吉鹍（2009）等起草的包括青干草在内的牛、羊《饲草营养品质评定 GI 法》（GB/T 23387—2009）是我国首个国家标准，该标准适用于牛、羊饲用的禾本科、豆科、秸秆、青贮等类的饲草营养品质评定与分级，2009 年 7 月 1 日正式实施。GI 对肉牛粗饲料的分级标准见表 4 - 1。

表 4 - 1　GI 对肉牛粗饲料的分级标准

分级	粗蛋白质（%）	酸洗洗涤纤维（%）	中性洗涤纤维（%）	可消化干物质（%）	产奶净能（兆焦/千克）	干物质随意采食量（千克/天）	GI（兆焦/日）
特级	>19	<31	<40	>65	>6.27	>3.0	>53.68
1	17~19	31~35	40~46	62~65	5.83~6.27	2.6~3.0	33.51~53.68
2	14~16	36~40	47~53	58~61	5.28~5.72	2.3~2.5	19.20~29.29
3	11~13	41~42	54~60	56~57	5.06~5.17	2.0~2.2	11.13~16.44
4	8~10	43~45	61~65	53~55	4.72~4.95	1.8~1.9	6.28~10.67
5	<8	>45	>65	<53	<4.72	<1.8	<6.28

注：表中 GI 值以奶牛体重 600 千克估算，在两级 GI 值之间，未达到上一等级下限值者的仍划归该等级

56. 青贮饲料的营养特点有哪些？

青贮饲料是将含水率为 65%~75% 的青绿饲料经切碎后，在密闭缺氧的条件下，通过厌氧乳酸菌的发酵作用，抑制各种杂菌的繁殖，而得到的一种粗饲料。优质青贮饲料的主要营养品质与其青贮原料接近，适口性更好，其肉牛采食量、有机物质消化率和有效能值均与青贮原料相似，青贮饲料的维生素含量和能量水平较高，

营养品质较好。但是，青贮饲料的氮利用率常低于同源干草。青贮原料中含有硝酸盐和氢氰酸等有毒物质，青贮发酵后可大大降低有毒物含量。青贮饲料是肉牛的基础饲料，其喂量一般以不超过日粮的30%~50%。

57. 怎样制作青贮饲料？

（1）青贮原料的适时收割

原料品种和刈割期会影响青贮饲料品质。刈割过早，含水量高，可消化营养物质少；刈割过晚，纤维含量增加，消化率降低，适口性差。豆科植物在孕蕾期和初花期，禾本科植物在孕穗期和抽穗初期，玉米在乳熟期收割较好。对农作物秸秆、藤、蔓和秧青贮时，宜在绿色叶片含有一半以上时收割。

（2）切短

玉米秸秆一般切短至3厘米，水分含量70%~75%。青草和蔓藤较柔软，青贮时切至3~5厘米效果较好。原料切碎后加入2%~3%的糖、甲酸（每吨青贮原料加入3~4千克85%的甲酸）、淀粉酶、纤维素酶、氯化铵和尿素等添加剂可加速发酵。

（3）装填

装填前，在窖底铺一层10~15厘米厚切短的秸秆或软草，用于吸收青贮汁液。窖的四周铺塑料薄膜，以防漏气渗水。逐层装填饲料，每层15~20厘米，每装一层后踩实，直到装满超出窖口60~100厘米。当用长形窖、青贮壕或地面青贮时，可使用马车或拖拉机碾压，小型窖可通过人力或牲畜踏实。

（4）密封

装满窖后，用塑料薄膜封顶，用泥土封严四周，防止漏气渗水。冬季青贮时，可在顶部适当添加湿土或铺放玉米秸保温。

（5）管理

封窖后，青贮料会收缩下沉，经常检查，查看窖顶是否下陷或出现裂缝，发现问题后及时覆土填实。在室外青贮时，应在距窖四周 1 米处挖沟排水。

58. 如何科学利用青贮饲料?

（1）开窖取料

青绿饲料经 40～60 天青贮后即可开窖使用，根据牛只数量和采食量决定开口大小，取样量以日用量为准，不可一次取料，长期饲喂。长方形窖从横断面垂直方向由上至下切取，圆形窖从上往下逐层取料。取料时剔除周围发白长毛、变色或腐烂的青贮饲料。取料后及时用塑料薄膜盖严压实，防止二次发酵。

（2）饲喂原则

开始饲喂时，因有酸味，宜循序渐进，由少到多，使牛逐渐适应。停止饲喂时，则由多到少，逐渐减少，防止暴饮暴食，影响采食。

（3）饲喂量

用青贮饲料饲喂肉牛时，每日的适宜喂量可根据年龄或体重或育肥期确定。3 月龄以下的犊牛不喂；4～5 月龄犊牛自由采食；6 月龄以上幼牛 5～8 千克；成年肉牛 8～12 千克或每 100 千克体重喂给 3～5 千克；育肥后期的肉牛不喂或限喂，以提高牛肉品质。因青贮饲料具有轻泻作用易引起流产，故妊娠母牛喂量要适当，临产母牛则不宜喂。

59. 怎样鉴定青贮饲料的品质？

(1) 感官评定

根据青贮饲料颜色、气味、口味、质地和结构等指标，感官评定青贮饲料品质，可通过"一看二嗅三握"的方法判断。一看：观察青贮料颜色，优质青贮饲料颜色呈青绿色或黄绿色，中等品质呈黄褐色或暗褐色，低品质多为暗色、褐色、墨绿色或黑色。二嗅：嗅青贮饲料气味，优质青贮饲料气味柔和，不刺鼻，具芳香酒酸味；中等品质青贮饲料有刺鼻酸味，香味较淡，稍有酒精味或醋味；低品质青贮饲料具特殊刺鼻腐臭味、霉味或氨臭味。三握：高品质青贮饲料紧密严实，质地柔软，放在手中松散，湿润。品质不好的会黏成团，质地干燥、粗糙而坚硬，水分过多或过少，不适于饲喂。

(2) 实验室评定

pH 值、有机酸和氨态氮含量可作为评定青贮品质高低的重要指标。①pH 值。pH 值越低，青贮品质越好，反之青贮质量较差。pH 值低于 4.2 为优，4.2～4.5 为良，4.6～4.8 为可利用，高于 4.8 的青贮饲料不可用。②有机酸含量。品质好的青贮饲料乳酸含量可达 1.0%～1.5%，乙酸含量低，不含丁酸，丁酸多说明发酵不好，青贮品质差。③氨态氮。氨态氮可衡量发酵过程中的蛋白分解情况，通过氨态氮和总氮比值可反映青贮饲料发酵品质。比值低于 5%，品质为优，5%～15% 为良，15%～20% 为一般，高于 20% 时为劣。

60. 青绿饲料有哪些营养特点？饲喂时应注意哪些问题？

青绿饲料（也叫青饲料、绿饲料）是指可以用作饲料的植物新鲜茎叶，因富含叶绿素而得名。主要包括天然牧草、栽培牧草、田间杂草、菜叶类、水生植物、嫩枝树叶等。

(1) 青绿饲料的营养特点

①鲜嫩多汁，水分含量高。柔嫩多汁，适口性好，牛喜食。陆生植物水分含量为60%~90%，水生植物90%~95%，干物质含量少，能值低。②蛋白质含量高，品质优。富含蛋白质，各种必需氨基酸均衡，尤其是赖氨酸和色氨酸含量较高。非蛋白氮（游离氨基酸、酰胺和硝酸盐）占总氮含量的30%~60%，其中游离氨基酸占60%~70%。③粗纤维含量较低。干物质中粗纤维含量在15%~30%，无氮浸出物40%~50%。粗纤维和木质素含量随植物成熟而增加，粗纤维含量在开花和抽穗前较低，木质素含量每增加1%，有机物消化率将下降4.7%。④钙、磷比例适宜。青绿饲料中矿物质含量受植物种类、土壤和施肥情况影响。矿物质含量占鲜重的1.5%~2.5%，豆科牧草钙含量较高。富含铁、锰、锌和铜等微量矿物质元素，但钠和氯缺乏，放牧时需补充食盐。⑤维生素含量丰富。青绿饲料富含维生素，且种类齐全。每千克饲料中胡萝卜素50~80毫克，B族维生素、维生素C、维生素E和维生素K也较多，但缺乏维生素B_6和维生素D_3。豆科牧草相比于禾本科，胡萝卜素和B族维生素含量更高，且春季牧草高于秋季牧草。

(2) 饲喂青绿饲料须注意的问题

①多样搭配，营养互补。俗话说：牛吃百样草，无料也上膘。不同的牧草品种其营养特点不同，若单独饲喂易导致营养偏失。禾本科牧草富含碳水化合物，豆科牧草富含蛋白质，叶菜类牧草富含维生素、矿物质等。单喂禾本科草易导致矿物质缺乏，单喂豆科草会引发臌胀病。因此应将这几种牧草合理搭配饲喂，若能再配以野生杂草、树叶、水生植物等，则效果更佳。②在最佳营养期收割饲喂。喂牛时，禾本科牧草宜在初穗期收割，豆科牧草宜在初花期，叶菜类牧草宜在叶簇期，此时产量，蛋白质、维生素等各种营

养物含量均较高。③训饲。对一些适口性差、有异味的牧草，如鲁梅克斯 K－1 杂交酸模、串叶松香草等，应训饲。训饲方法是先让牛停食 1～2 顿，将这些牧草切碎后与牛喜食的其他牧草和精饲料掺在一起饲喂，首次掺喂量在 20% 左右，逐渐增多，一般经 3～5 天训饲，牛就能适应，此时可足量投喂。④青干搭配。青绿饲料纤维含量少，不利于反刍，用于饲喂牛、羊等反刍动物时应适当补饲优质青干草。对水分较大的牧草如鲁梅克斯、菊苣等，应晾晒至水分降到 60% 以下时饲喂，否则易引起牛拉稀。⑤防中毒。一要防青饲料氢氰酸中毒。高粱、玉米、苏丹草等牧草苗期株内含有氰苷配糖体，在唾液和适当温度条件下，通过植物体内脂解酶的作用即可产生氢氰酸，在瘤胃中经瘤胃微生物的作用，氢氰酸进入血液引起中毒。因此以上牧草的幼苗不能喂牛，长到 1.5 米以上才收割第一茬。也不能在秋天到长有高粱、玉米二茬苗的地里去放牧。二要防有机农药中毒。刚喷过农药的牧草、蔬菜、青玉米及田间杂草，不能立即喂牛，要经过一定时间（1 个月左右）或下过大雨后，使药物残留量消失才能饲喂。⑥不得饲喂玉米棒上的软皮。秋天玉米棒收获后剥下来的软皮质软味甜，牛喜食，特别是饥饿时常大口整片地吞咽。一些养殖户因农活忙，为节约时间，不铡短、不掺草、直接用整片的玉米棒软皮喂牛，这样做非常危险。这是因为玉米棒软皮含有大量粗纤维，韧性强，不易咀嚼和消化，在瓣胃中聚集引起阻塞，时间久了会发酵、腐败、产气，并产生有毒物质，导致牛因机体酸中毒死亡。

61. 肉牛常用的栽培牧草有哪些？

栽培牧草指的是经过人工播种栽培的各种牧草，种类较多，豆科和禾本科牧草因产量和营养价值较高，占据着主要地位。

(1) 豆科牧草

①紫花苜蓿。产量高、品质好、适应性强，被冠以"牧草之

王"。初花期时刈割，干物质中蛋白质含量18%～22%，必需氨基酸含量合理，其中赖氨酸高达1.34%。含钙量1.5%～3.0%，富含维生素和微量元素，胡萝卜素可达161.7毫克/千克。②三叶草。栽培较多的有红三叶和白三叶。新鲜红三叶含干物质27.5%，粗蛋白质4.1%，粗纤维8.2%，无氮浸出物12.1%。白三叶草丛矮，耐践踏，再生性好，适于放牧。新鲜白三叶干物质17.8%，粗蛋白质5.1%，粗纤维2.8%，无氮浸出物7.2%。③毛苕子。茎枝柔嫩，多汁，多叶，适口性好，宜青饲、青贮或放牧饲喂。干物质中粗蛋白质含量23.1%，粗纤维27.5%，无氮浸出物34.6%。④沙打旺。产量高，适应性强，耐寒、耐旱。茎叶鲜嫩，营养丰富，干物质中粗蛋白质含量23.5%，粗脂肪3.4%，粗纤维15.4%，无氮浸出物44.3%，钙1.34%，磷0.34%。

(2) 禾本科草

①黑麦草。生长快，分蘖多，可多次刈割，茎叶柔嫩，适口性好，开花前期营养价值最高。干物质中粗蛋白质含量15.3%，粗脂肪3.1%，粗纤维24.8%，无氮浸出物48.3%。可青饲，调制干草，放牧或青贮，牛喜食。②无芒雀麦。茎少叶多，适口性好，幼嫩无芒雀麦粗蛋白质含量不亚于豆科牧草。抽穗期刈割，干物质中粗蛋白质含量16%，粗脂肪6.3%，粗纤维30%，无氮浸出物44.7%。③羊草。我国北方优良品种，干草产量高，营养丰富。抽穗时调制成干草，颜色浓绿，气味芳香，干物质中粗蛋白质14.82%，粗纤维34.92%，无氮浸出物41.63%。④苏丹草。品质好，产量高，可青饲、青贮或调制成干草，适口性好，抽穗期刈割营养价值高于开花期和结实期。因幼嫩茎叶中含少量氢氰酸，需待株高达50～60厘米时方可刈割，以防动物采食后中毒。

62. 块根、块茎类饲料有哪些营养特点？

块根、块茎类饲料包括木薯、甘薯、马铃薯、胡萝卜、饲用甜菜、芜菁、甘蓝、南瓜等，在国外，这类饲料有不少被干制成粉后用作能量饲料原料。块根、块茎类饲料的营养特点：①水分含量高。水分达70%～90%，干物质含量较低，单位重量的鲜样中营养物质不高，搭配其他粗饲料饲喂，可提高肉牛采食量和消化率。②易消化碳水化合物含量高。淀粉和糖分等易消化碳水化合物含量较高，干物质消化能高达13.81～15.82兆焦/千克，甚至高于谷实类饲料。③维生素含量差异大。胡萝卜和南瓜中富含胡萝卜素，每千克干物质高达500毫克，甜菜中维生素C含量最高，但普遍缺乏维生素D。④粗蛋白质和纤维含量低。干物质中粗纤维仅含3%～10%，粗蛋白质含量只有1%～2%，且一半以上为非蛋白氮。⑤矿物质含量不均衡。无机矿物质中，钾和氯含量丰富，钙、磷、钠含量缺乏。

63. 肉牛常用的块根、块茎类饲料有哪些?

(1) 胡萝卜

营养物质大部分为无氮浸出物，含蔗糖和果糖，有甜味，适口性好，是维生素A的重要来源。水分含量高，容积大，生产中不作为能量供给物质，主要在冬春季节作为多汁饲料和胡萝卜素的供给。宜生喂，熟喂会造成胡萝卜素、维生素C和维生素E的破坏。

(2) 甘薯

又名山芋、红芋、红薯、白薯、地瓜、番薯等。水分高达75%，甜而爽口，适口性好。淀粉含量高，是一种很好的能量饲料。粗蛋白质含量4.5%，品质较差。可生喂或熟喂，但生喂易导致腹泻。

(3) 马铃薯

干物质含量17%～26%，其中80%～85%为无氮浸出物。粗蛋白质含量9%，主要是球蛋白。钙磷缺乏，胡萝卜素含量极少。

可生喂，也可熟喂，日参考用量：育肥牛 20~30 千克，妊娠母牛 8~15 千克。发芽马铃薯中茄素含量多，才有可能引发中毒（后躯痉挛、麻痹等），并引起消化障碍、瘤胃臌胀、呕吐及流产等，所以要喂给成熟、新鲜的马铃薯，不喂发芽的马铃薯。

（4）饲用甜菜

又名甜萝卜、糖菜等，柔软多汁，粗纤维含量低，含糖量不足 1%，干物质含量 10%~12%。每天可饲喂肉牛 40kg，但不宜单独饲喂，以防腹泻。

（5）南瓜

又名番瓜、饭瓜等，肉质细密，适口性好，能量、蛋白质和矿物质含量均较高，富含维生素 A、维生素 C 和胡萝卜素，可替代部分精饲料。

64. 应用菜叶、块根、块茎与瓜类茎饲喂肉牛应注意哪些事项？

（1）饲喂方式

①马铃薯茎叶不可直接饲喂，宜用开水烫过后饲用，青贮时应与其他青饲料混合青贮。②木薯中含有氢氰酸，为防止中毒，在打成粉后还需蒸煮，方可放心饲喂。木薯叶中富含蛋白质，晒干粉碎后饲喂效果更好。③红薯藤叶可整喂或切碎喂牛，煮熟后饲喂，可改善适口性，提高消化率。④瓜类饲料喂前一定要切成小块，不可整个喂给，尤其是地瓜、胡萝卜和土豆等，以免发生食道梗阻。

（2）饲喂量

菜叶、块根、块茎与瓜类茎饲料不能完全代替精饲料，只能作为青绿饲料和能量饲料补充饲喂。饲喂时应由少到多，逐渐适应，出现拉稀或中毒症状应立即停饲。

(3) 预防中毒

①饲喂蒸煮过的菜叶时，禁止过夜，防止里面的硝酸盐在细菌作用下还原为有毒的亚硝酸盐。②严禁肉牛采食含有黑斑病的红薯、薯干、薯皮以及喝到煮过黑斑病红薯的水。③木薯在饲喂前均需去除有毒物质氢氰酸，木薯加工后的残渣毒性较轻，可直接饲喂。④饲喂甘薯不宜冷冻，不能饲喂黑斑甘薯，含毒性酮，防止中毒。⑤未成熟、发芽或是腐烂的马铃薯含毒素较多，要除芽煮熟方可饲喂，禁止用蒸煮过马铃薯的水去搅拌饲料。

65. 如何利用水生类青绿饲料饲喂肉牛？

水生类青绿饲料主要指生长在水中或潮湿土壤中的草本植物，如水花生、水葫芦、水浮莲、绿萍和水芹菜等。该类饲料茎叶柔软、细嫩多汁、水分达 90%～95%，富含胡萝卜素和微量矿物质元素。饲喂水生类青绿饲料时，最好青贮发酵、制成干粉或煮熟后饲喂，效果更好，煮熟后饲喂不宜过夜，以防亚硝酸盐中毒。此外，要补充青干草、谷物饲料（玉米、高粱等）和蛋白质饲料（豆粕、花生饼等），防止水生类饲料因饲喂太饱，无法满足肌肉生长和脂肪沉积的需要。同时要做好水塘消毒工作，以防水生类青绿饲料带来猪蛔虫、肝片吸虫和姜片吸虫等寄生虫病。

66. 能量饲料有哪些营养特点？包括哪些种类？

干物质中粗纤维含量低于 18%，粗蛋白质含量低于 20% 的饲料称之为能量饲料，一般消化能在 10.5 兆焦/千克以上。

(1) 谷实类

①无氮浸出物含量 70%～80%，粗脂肪约 2%，粗纤维低于

6%，消化率高。②粗蛋白质含量 8%～13%，氨基酸组成不均衡，缺乏赖氨酸、蛋氨酸和色氨酸。③钙少磷多，富含维生素 B_1 和维生素 E，缺乏胡萝卜素和维生素 D。④在育肥期肉牛日粮中可占 40%～70%。

(2) 糠麸类

①谷物饲料加工副产品，包括麦麸、米糠、玉米糠、高粱糠和小麦糠等，主要为谷实种皮和糊粉层，含少量胚和胚乳。②粗蛋白质含量 12%～15%，粗纤维 9%～14%，磷 1%，但多为植酸磷，利用率低。富含 B 族维生素，缺乏胡萝卜素和维生素 D。③易吸水，导致发霉变质，难贮存。

(3) 其他能量饲料

①油脂。能量是碳水化合物和蛋白质的 2.25 倍，适口性好，添加油脂可提高日粮能量浓度，促进脂溶性营养成分的吸收。②棉籽。高蛋白能量饲料，代谢能与玉米相当（14.1 兆焦/千克），粗蛋白质含量 24%，粗纤维 21.4%，可不经任何加工直接饲喂肉牛。③糖蜜。制糖发酵副产品，饲用糖蜜主要包括甘蔗糖蜜和甜菜糖蜜，具黏性，适口性好。粗蛋白质含量少（3%～6%），钾、钠和镁等矿物质含量高，具轻泻作用。④块根块茎。含水量 70%～90%，蛋白质和纤维素含量低，干物质中富含淀粉和糖分，能值与禾本科籽实类饲料相当。

67. 肉牛常用的谷实类能量饲料有哪些？

(1) 玉米

①肉牛饲料中使用量最大的原料，称为"饲料之王"。粗蛋白质 9.7%，粗纤维 2.3%，淀粉 72%，干物质代谢能 13.9 兆焦/千克。②富含不饱和脂肪酸，粉碎后易酸败变质，宜整粒贮存。③压

片后，饲喂肉牛效果更好。易吸水、结块、霉变，不宜长期保存。④感观鉴定：色泽鲜艳，一般黄玉米的颜色为淡黄色至金黄色，白玉米呈白色，通常凹玉米比硬玉米的色泽较浅。颗粒饱满、整齐、均匀、质地紧密、味道略具玉米的甜味，初粉碎时具有生谷味道，正常的玉米无酸味或霉味、无霉变、无虫害和杂质。胚芽部分发黑往往是发霉的第一征兆。

（2）高粱

①粗蛋白质平均含量10%，粗纤维少，能值相当于玉米的90%~95%。富含烟酸，胡萝卜素和维生素D缺乏。②种皮部分含单宁，味苦，影响适口性，肉牛宜饲喂单宁含量少的白色高粱或黄色高粱。③高粱经粉碎、压片、蒸煮或膨化后饲喂，效果更好。

（3）燕麦

①蛋白质含量约10%，品质优于玉米，粗纤维超过10%，淀粉在33%~43%。②粗脂肪含量高达5%，多为不饱和脂肪酸，单独饲喂或过量饲喂易导致牛肉脂肪变软，降低肉品质。③燕麦粉碎即可喂牛，易氧化酸败，不宜长久保存。

（4）大麦

粗蛋白质含量11%~14%，品质优，氨基酸组成合理，含赖氨酸量0.6%；粗纤维7%，可促进胃肠道蠕动；压扁或粗粉碎饲喂肉牛效果更好，但不宜过细，也不能整粒饲喂。

（5）小麦

营养价值与玉米相当，粗蛋白质含量11.0%~16.2%，肉牛精料中含量不宜超过50%，否则易造成消化障碍；饲喂时需粗粉碎或压片，不能整粒饲喂。

(6) 稻谷

①稻谷种子外壳坚硬，粗蛋白质含量8%，粗纤维含量10%。②去壳后稻谷称糙米，粗纤维2%，营养价值高于稻谷，肉牛日粮适宜添加量为25%~50%。③感观鉴定：正常稻谷外壳呈黄色、浅黄色、金黄色，颜色鲜艳，有光泽。形态完整，颗粒饱满，具有纯正的稻香味。劣质稻谷色泽暗，发霉，外壳呈褐色、黑色、有霉菌菌丝，有结块，颗粒霉变，有虫害，质地疏松，颗粒不完整。

68. 肉牛常用的糠麸类能量饲料有哪些？

(1) 麦麸

①俗称麸皮，营养价值受麦类品种和加工方式影响。②粗蛋白质含量高，品质好，赖氨酸含量丰富。能值低，无氮浸出物约58%，粗纤维8.9%。③质地疏松，容积大，适口性好，具轻泻作用。④易腐败、霉变。饲喂时应控制在日粮干物质总量的20%以内。⑤感观鉴定：麦麸依小麦的品种、等级不同而呈淡黄褐色至红灰色。新鲜麦麸具有小麦的清香味，正常麦麸的形状为细碎屑状，无发酵、霉味及其他异味，无虫害、发热和结块等现象。劣质麦麸色泽暗、呈灰黑色，有结块、霉变和虫害等，具酸败味、霉味及其他异味。

(2) 米糠

①糙米加工成精米过程中的副产品，主要由种皮、糊粉层和胚组成。大米精制程度越高，米糠营养价值越高。②粗蛋白质含量13.4%，无氮浸出物低于50%，粗纤维10.2%，钙磷比不平衡，约为1:15。③粗脂肪高达14.4%，富含不饱和脂肪酸，易酸败，饲喂酸败米糠会导致采食量下降和腹泻。④肉牛育肥期可饲喂新鲜米糠，但用量不宜超过25%，过多会造成体脂松软，肉品质下降。⑤感观鉴定：米糠的颜色为淡黄色或黄褐色，色泽新鲜一致，成粉

状，略呈油感，含有微量的碎米、粗糠，正常的米糠不应结块，应具有米糠特有的气味。劣质米糠色泽暗，呈灰黑色，结块、霉变和虫害，有酸败、霉味和其他异味。

（3）其他糠麸类饲料

主要有玉米糠和高粱糠等。玉米糠是玉米制粉过程的副产品，主要包括外皮、胚和少量胚乳，粗纤维含量较高，可代替麸皮，但实际产量较少。高粱糠因含单宁，适口性差，易引起便秘，应限量饲喂，但搭配适量青饲料喂牛效果较好。

69. 肉牛日粮中使用油、脂类能量饲料要注意哪些事项?

反刍动物日粮中已禁用动物脂肪，大豆油、花生油、棉籽油、菜籽油、葵花籽油、玉米油和胡麻籽油是肉牛饲料中添加的常用植物脂肪，常温下均为液态。在高温、高湿季节，油脂易氧化酸败，应添加抗氧化剂，常用的抗氧化剂为丁羟甲氧基苯和丁羟甲苯。植物脂肪在肉牛日粮适宜添加量不宜超过 3%，过多会造成牛的钙、镁缺乏症，并伴随母牛激素分泌紊乱和不孕。日粮中添加油脂后能量水平提高，为保持营养素的平衡，需考虑增加蛋白质和氨基酸的供给。油脂在贮存过程中的氧化会影响维生素含量，可适当补充维生素 A 和维生素 E。

70. 肉牛蛋白质饲料有哪些种类?

蛋白质饲料是指干物质中粗纤维含量不超过 18%，粗蛋白质含量大于 20% 的饲料。

(1) 植物性蛋白

主要为植物种子脱油或去淀粉后的残余物，包括籽实类饲料、饼粕类饲料以及糟渣类蛋白饲料。蛋白质含量较高，但必需氨基酸不平衡，并含不同程度的抗营养因子。

(2) 动物性蛋白

蛋白质饲料的一种，主要包括鱼粉、肉粉、血粉、羽毛粉、乳、乳制品、水解蛋白，其他动物产品等。在我国，除乳及乳制品外的动物性蛋白饲料已禁止在反刍动物日粮中使用。

(3) 非蛋白氮

非蛋白氮指的是饲料中蛋白质以外的含氮化合物总称，包括游离氨基酸、蛋白质降解的含氮化合物、氨及其铵盐、酰胺类等，如尿素、氯化铵、磷酸脲、缩二脲和亚异丁基二脲等。其中，尿素因经济、实用、效果好，在生产中最为常用。

71. 豆科籽实类蛋白饲料的营养特点有哪些？饲喂肉牛时应注意哪些事项？

豆科籽实类原料的蛋白质含量高达20%~40%，脂肪16%，能值较高。矿物质和维生素含量与谷实类饲料相当，磷多钙少，且比例不均衡。饲喂肉牛时应注意：①生长、妊娠或泌乳牛，添加豆科籽实类蛋白饲料可提高日粮营养价值，但不宜多喂，否则易造成消化障碍和肉牛脂肪组织变软，肉品质下降。②当日粮中精饲料由禾本科和豆科籽实组成时，要补充钙，调节钙磷比。③豆科籽实含胰蛋白酶抑制因子、血凝集素和皂角苷等抗营养因子，饲喂前需加热（110℃，3分钟），去除毒性。④豆科籽实经粉碎或压扁后饲喂，消化率更高，饲喂效果更好。

72. 肉牛常用的饼粕类蛋白饲料有哪些？其营养特点如何？饲喂肉牛时应注意哪些事项？

饼粕类饲料是指油料籽实经榨油或溶剂提油后的产品，饼类蛋白质含量低于粕类，但脂肪和能量更高。

(1) 大豆（饼）粕

①粗蛋白质含量 40% ~ 45%，浸提或去皮后豆粕粗蛋白质含量高于 45%，氨基酸组成较平衡，尤其富含赖氨酸，异亮氨酸亦较高（豆粕的赖氨酸、异亮氨酸是所有粕类饲料中最高的，分别为 2.4% ~ 2.8%、1.8%）。②粗脂肪含量低，钙少磷多，缺乏胡萝卜素和维生素 D。③肉牛在幼年、妊娠和泌乳期，可在日粮中添加大豆饼粕，但育肥后期不宜饲喂，以免影响肉品质。④含脲酶、胰蛋白酶抑制因子、凝血素、大豆球蛋白、β－伴球蛋白、植酸等抗营养因子，饲喂前需经去毒处理。⑤经微生物发酵处理的豆粕，最大程度地消除了豆粕中抗营养因子，提高了豆粕蛋白的溶解度，减少了豆粕中蛋白的分子量，其中的一部分还被降解为无抗原的优质小肽蛋白源，可以直接为动物所吸收。发酵豆粕中含有益生菌及其次级代谢产物、寡肽、酵母核苷酸、谷氨酸、乳酸、维生素、UGF（未知生长因子）等活性物质，使得发酵豆粕具备原豆粕所没有的保健功能。优质发酵豆粕既可为饲料提供优质蛋白源，又可提供有益微生物及发酵产物，具有营养和提高免疫力的双重作用，是来源丰富、无动物源性饲料疫病传染风险特点可与优质鱼粉媲美的优质蛋白原料。目前，豆粕是发酵量最大、应用最广的饼粕类植物源性蛋白饲料。⑥感观鉴定：正常大豆（饼）粕具有炒黄豆的香味，无发酵、霉变、虫害现象，不含杂质，无异味。大豆饼呈黄褐色，形状为饼状或小片状；大豆粕呈淡黄褐色至淡黄色，形状为不规则的碎片状。

(2) 棉籽（饼）粕

①棉籽经脱壳后压榨或浸提的残渣，粗蛋白质含量 32% ~ 43%，未去壳处理的棉籽（饼）粕粗蛋白约 22%，完全脱壳的棉仁所制成的饼粕，其营养价值与豆粕相似。②氨基酸组成不平衡，精氨酸含量过高（3.7%），赖氨酸含量过低（1.4%）。③含有毒

物棉酚，但在瘤胃内可溶性蛋白可与棉酚结合为稳定的化合物，对肉牛影响较小。④饲喂量宜逐渐增加，妊娠牛可喂 2 千克/天，在分娩前停止，成年牛饲喂量不能超过 4 千克/天。额外添加微量的亚硫酸铁，有助于肉牛生长。⑤感观鉴定：新鲜正常的棉籽（饼）粕为黄褐色，无发酵、霉变、虫害现象。棉籽饼呈饼状，棉籽粕呈碎片状。以粗蛋白质、粗纤维和粗灰分作为质量指标，可将棉籽（饼）粕分为一、二、三级。棉籽（饼）粕中的游离棉酚、环丙烯脂肪酸是重点检测指标。

(3) 菜籽（饼）粕

①粗蛋白质含量 32% ~ 38%，粗纤维 12%，无氮浸出物约 30%，钙和磷较高，富含硒（约 1 毫克/千克），味辛辣，适口性差。②含芥子苷（硫代葡萄糖苷），在芥子酶作用下水解为有毒物质异硫氰酸盐和噁唑烷硫酮，饲喂前需加热或使用脱毒剂去毒。③肉牛饲喂量不宜超过 20%，且在幼牛和妊娠母牛日粮中应尽量少用或不用。④感观鉴定：菜籽粕通常为红褐色、灰黑色或深黄色，具有一定的油光性；菜籽饼一般为褐色。菜籽粕呈碎片或粗粉末，用手抓时有疏松感觉；菜籽饼呈片状或饼状。菜籽（饼）粕具有菜籽油香味。菜籽（饼）粕以粗蛋白质、粗脂肪、粗纤维和粗灰分作为质量指标，分为一、二、三级。菜籽（饼）粕中的硫葡萄糖苷、芥子碱等是重点检测的指标。

(4) 花生（饼）粕

①大部分为去壳花生（饼）粕，粗蛋白质含量 36% ~ 47%，精氨酸 5.2%。钙磷含量低，富含 B 族维生素。②贮藏过程中易感染黄曲霉，产生黄曲霉毒素，肉牛饲喂后易中毒。③不可作为单一植物性蛋白饲料来源，宜与其他（饼）粕混合使用。④感观鉴定：花生饼通常为黄褐色小瓦片状或圆扁块状；花生粕是脱壳花生经浸提或预压浸提取油后的产品，呈黄褐色或浅褐色的碎屑状。品质正常的花生（饼）粕具有花生的特殊香味，要求质地一致，无发酵、

霉变、虫害、结块现象。花生（饼）粕以粗蛋白质、粗纤维、粗灰分为质量指标，可分为一、二、三级。花生饼粕中的黄曲霉毒素是该类饲料原料的重点检测指标。

（5）亚麻籽（饼）粕

①又称胡麻子（饼）粕，粗蛋白质含量32%~37%，粗纤维9%，钙0.4%，磷0.83%。②亚麻籽饼粕含黏性物质，可吸水膨胀，进而提高在瘤胃内的停留时间，具保护肠黏膜和润滑肠壁的作用。③用量小于20%，过多饲喂易造成体脂变软，肉品质下降。

（6）葵花（饼）粕

①葵花（饼）粕饲用价值取决于脱壳程度，完全脱壳的葵花饼粕营养价值高。粗蛋白一般在28%~32%，可利用能量低，赖氨酸含量低于大豆（饼）粕、花生（饼）粕和棉仁（饼）粕，为1.1%~1.2%，蛋氨酸0.6%~0.7%。②牛采食葵花（饼）粕有利于降低瘤胃内容物酸度，可作为牛的优质蛋白质饲料来源，日粮中饲喂量可达20%以上。

73. 肉牛常用的蛋白类糟渣饲料有哪些？其营养特点如何？饲喂肉牛时应注意哪些事项？

糟渣类饲料是用甜菜、禾谷类、豆类等生产糖、淀粉、酒、醋和酱油等的工业副产品，如甜菜渣、淀粉渣、白酒渣、啤酒糟、醋渣、酱油渣、饴糖渣和豆腐渣等，都可作牛的饲料。糟渣类饲料的特点是水分含量高，干物质中蛋白质含量因原料而异，其中粗蛋白质含量大于20%的糟渣饲料即为蛋白类糟渣饲料，如啤酒糟、豆腐渣。糟渣类饲料适口性好，来源广，价格低廉，但新鲜时水分大，易发霉腐败，营养不平衡，单独饲喂效果不好，牛只易患消化障碍病和营养缺乏病。只有科学搭配，合理利用才能节约精饲料用量，并收到好的饲养效果。由于啤酒糟、豆腐渣的营养价值相当，折干物质计，粗蛋白质均在25%以上，无氮浸出物大于40%，粗纤维9%~19%，易消化，与麦麸相似，都是比较优良的蛋白类糟渣资源（啤酒糟还含有丰富的过瘤胃蛋白、啤酒酵母与B族维生素），可代替部分蛋白质饲料。所以，将它们合在一起介绍：①蛋白类糟渣饲料多为鲜喂，因含水量较高（一般75%~90%），极易腐败变质，以致饲喂时须尽可能保持新鲜，冬季要求在4~5天内喂完，春、秋季节则要求在2~3天内喂完，夏季须在当日喂完。②蛋白类糟渣饲料与精、青粗饲料搭配饲喂效果好，同时增加精饲料营养浓度，补充钙、磷，调整比例。饲喂时先将干草铡短后与蛋白类糟渣饲料混拌饲喂，先粗后精，待牛采食粗饲料达七八成饱时再喂精饲料，促其饱食。也可以先给粗饲料，后喂精饲料，待精饲料吃完后再喂给糟渣类饲料，槽中可以酒糟不断，让牛自由采食。③不喂腐败、发霉和冰冻的糟渣类饲料，轻微发酵酸败的糟渣类饲料，可加入一些熟石灰或石灰水，以中和醋酸、降低毒性。④啤酒糟粗蛋白质的降解率低，单独饲喂，易导致瘤胃内降解氮不足，使粗纤维消化率低。因此，在啤酒糟日粮中，加入一定比例的尿素，会取得好的增重效果。⑤在用啤酒糟育肥肉牛时，由于啤酒糟中的营养成分不全面，尤其缺乏维生素A和维生素D，故适当补充维生素A、维生素D尤为重要。否则，肉牛进入舍饲育肥2个月后，就可能出现缺乏症、尤其是软骨病，对育肥效果和效益均产生不良影响。据报道，按每100千克体重添加5000国际单位维生素A，300国际单位维生素D，可提高育肥效果。此外，饲喂新鲜啤酒糟时还应每天添补150克小苏打（或按精饲料量的1%添加）。如果是普通育肥牛，育肥中、后期可全用啤酒糟替代粗饲料。如果是优质育肥牛，不能把啤酒糟作为唯一的粗饲料。啤酒糟以占日粮的35%~45%为好，最高不超过日粮的60%~70%，啤酒糟过多，会影响胴体品质，影响牛肉的大理石花纹。⑥鲜生豆腐渣中含有抗胰蛋白酶、致甲状腺肿因子及皂角素、红细胞凝集素等有害物质，限制了其营养作用的充分发挥，并影响到动物的健康生长，使得鲜生豆腐渣的饲喂量不能太高，一般日喂量2.5~5kg。用大量生豆腐渣喂牛，轻则导致母牛营养不良、食欲减退与腹泻，重则导致母牛不孕、流产及死胎，犊牛不易成活。⑦啤酒糟不能饲喂种牛、繁殖母牛和犊牛。喂种牛容易造成性欲减退，精液品质下降。喂繁殖母牛容易造成流产，胎衣不下，影响发情。喂犊牛容易造成失明。⑧啤酒糟残留的酒精，有利于牛食后安心趴卧和反刍，促进育肥，但不可过量饲喂，长期喂过量饲喂啤酒糟，牛易患酸中毒，胃肠炎，真胃溃疡等症。⑨经微生物发酵处理的蛋白类糟渣饲料原料，消除了其（主要是豆腐渣）中的抗营养因子，含有众多的生物功能性物质、乳酸菌等高附加值益生菌以及多维、小肽等免疫增强物质，保存时间长达月余，每次取用如能压紧压实、严格密封，甚至可达一年。

74. 在肉牛日粮中长期使用发酵糟渣饲料的好处有哪些?

(1) 不用添加抗生素

只要发酵糟渣饲料占肉牛日粮干物质的20%以上，就不必在肉牛日粮中添加抗生素促长剂。之前人们在动物日粮中添加抗生素，主要是因为某些抗生素有促生长的功能，在利益的驱使下，形成了长期在日粮中添加抗生素的恶习，造成了极大的社会危害，主要有：①耐药菌甚至超级病菌的产生，以致此类感染无法根治。②肉中残留的抗生素对人类构成直接威胁。③动物免疫力降低，长期处于亚健康状态，肉质风味变差。④动物内脏器损坏严重，脏器功能退化，二重感染不断增加。

(2) 净化牛场，降低成本，改善肉质

①牛场内的耐药菌会因长期不用抗生素而逐渐减少，以致最终消失，即使存在病菌也多是一些不含耐药因子的病菌，病牛易治愈康复。②节省添加抗生素及其他添加剂如益生素、酸化剂、除植酸酶外的酶制剂、免疫增强剂的成本。③用发酵饲料育肥上市的肉牛外表美观，皮毛红润有光泽，肌肉紧凑，肌间脂肪沉积增多，大理

石纹明显，肉质好，口味佳。④牛场基本无臭味，养殖环境大为改观，牛呼吸道疾病减少。⑤发酵糟渣类饲料除了自身价格低廉所带来的直接成本的降低外，还具有益生菌、酸化剂、酶制剂、免疫增强剂（如阶段性于饲料中添加的免疫肽、抗菌肽、核糖核酸以及一些中草药制剂等）、促生长剂与无抗饲料的功能，并能促进与之一起饲喂的其他精饲料的消化吸收，从而提高整个日粮的饲料转化率，改善幅度高达 3%~8%。

（3）具有营养速补功能，快速解除牛应激

牛在应激时，往往需要快速补充大量小分子营养物质，如氨基酸、有机酸（供应能量）、核苷酸、小肽（特别是小肽可以直接通过小肠壁进入血液循环）、维生素和有机微量元素。由于发酵产品含有丰富的极易消化的小肽和氨基酸、能量也是以极易消化的有机酸、单糖、低糖状态存在，能直接地进入三羧酸循环快速供应能量。所以，具有能量速补功能。产品中的氨基酸和小肽等，也能在应激状态下，迅速补充牛代谢所需要的代谢氮源。

75. 什么是初乳？为什么说初生犊牛必须及时吃到初乳？饲喂初乳应注意哪些事项？

母牛分娩后最开始挤出的浓稠、奶油状和黄色的牛奶称之为初乳，严格地讲为第一次分泌的乳汁，分娩后 4 天挤出的奶为过渡奶。初生犊牛必须及时吃到初乳，这是因为：①初乳中富含免疫球蛋白，可提高犊牛机体免疫力，预防疾病的发生。②初乳黏度大，含有镁盐、溶菌酶和 K-抗原凝集素，可保护胃肠道，利于胎便排出，抑制有毒细菌的侵袭。③初乳乳糖含量较低，饲喂初乳可降低腹泻率。④初乳中富含维生素 A、维生素 D 和维生素 E，而初生犊牛体内极为缺乏这些营养物质。⑤含多种激素和生长因子，可刺激犊牛消化道生长和发育。饲喂初乳时，必须注意的事项：①确保质量。可用肉眼或初乳测定仪测定初乳质量，绿色最好，黄色次之，

红色最差。优质初乳可提高犊牛免疫力和成活率，不能饲喂带血或患乳房炎牛的初乳，头胎牛和 5 胎以上经产牛初乳不宜使用。②尽早饲喂。这是因为初乳中的抗体（即免疫球蛋白）与养分随分娩时间的延长而迅速下降，同时犊牛胃肠对初乳中抗体的吸收能力，也是每小时都在下降，到生后 36 小时已不能完全吸收完整的抗体蛋白大分子。所以，犊牛出生后 30 ~ 60 分钟必须吃到初乳，最晚不超过 2 小时。③控制喂量。出生第 1 天的 12 小时内，应给犊牛饲喂体重 8% ~ 10% 的初乳，或至少饲喂 4 千克初乳，以后每天增加 0.1 千克至第 3 天，每天分 3 ~ 4 次饲喂。饲喂时应定时、定量、定温（39℃），不宜过多，以防腹泻。

76. 犊牛培育中常乳的喂量是多少，怎样使用脱脂乳降低犊牛培育成本？

　　常乳是指母牛产犊后 1 周分泌的乳汁，其饲喂天数从第 4 天持续到第 45 天断奶。犊牛饲喂初乳到第 5 天时，可在初乳中添加 1/3 常乳，第 6 天添加 2/3，到第 7 天可完全用常乳替代。2 周龄犊牛可饲喂常乳 7 千克，3 周龄上升到 9 千克，此后几周逐渐递减，到 7 ~ 9 周时饲喂 3.5 千克。脱脂乳是含除乳脂和脂溶性维生素以外的全部鲜奶的营养物质，合理使用脱脂乳对犊牛的生长发育和今后产奶量无显著影响，可节省全乳用量、降低培育成本。使用脱脂乳饲喂犊牛，应从第 4 周后开始。初始饲喂时要将脱脂乳同全乳混合，搅拌均匀，饲喂量由少到多，逐步替代，直到 7 ~ 8 周，方可全面使用脱脂乳。

77. 为什么肉牛饲料中可以使用一些非蛋白质含氮饲料？常用的有哪些种类？

　　非蛋白质含氮饲料指的是可饲喂动物的含氮的非蛋白质物质、可为瘤胃微生物合成蛋白质提供氮源，节省蛋白质饲料的一类饲料。非蛋白氮是一类非蛋白态的含氮化合物的总称，在脲酶作用下分解为二氧化碳和氨，氨可与碳水化合物分解后形成的酮酸生成氨基酸，进而被瘤胃微生物合成菌体蛋白，经真胃和小肠内酶消化后形成游离氨基酸，最终沉积为体蛋白及相关产品。肉牛生产中常用的非蛋白氮饲料主要包括四大类：①尿素及其衍生物，如尿素、尿酸、缩二脲、异丁基二脲等。②氨及其铵盐，包括液氨、硫酸铵、碳酸铵、磷酸铵、醋酸铵、硝酸铵、亚硝酸铵等。③氨基酸及其衍生物，常用的有氨基酸和酰胺等。④新型非蛋白氮饲料，目前作为添加剂使用的主要是羟甲基尿素。当前国内外使用的非蛋白氮主要是尿素和缩二脲，其中尿素因成本低，效果好，使用最为普遍，是节约蛋白质饲料的有效途径。

78. 怎样正确使用尿素？为什么说夏秋喂牛不宜添加尿素？

(1) 控制喂量

通常尿素（杂质不含氮元素）含氮44.8%，折合蛋白质当量为280.0%（44.8%×6.25）。尿素在瘤胃内可转化成高价蛋白，如果尿素中的氮全部被瘤胃微生物合成蛋白质，则1千克尿素相当于2.8千克蛋白质，即相当于6.5~7千克豆粕（假定豆粕的粗蛋白质含量在40.0%~43.1%）。根据饲料中蛋白质含量其添加量可占日粮干物质的1%或混合精饲料的2%~3%；若以活体重计，每100千克体重可添加尿素20~30克；或每头牛每天50~100克。

(2) 注意事项

①当肉牛日粮中粗蛋白质含量达到或超过12%时，添加尿素效果较差，此时瘤胃氨浓度可达5~8毫克/100毫升，瘤胃微生物无法有效利用尿素，不但不促进增重，反而降低增重。②尿素不能单喂或溶于水中喂，应与精饲料或青贮饲料混喂，且需混合均匀，

防止牛采食过量发生中毒，也不能在饲喂后大量饮水。③饲喂尿素时，尤其是以粗饲料为主的日粮，需保证日粮中有足够的易发酵碳水化合物，以保持日粮的能氮平衡，防止氨过量引起中毒和浪费。通常每千克尿素补饲6~7千克谷物类饲料。切忌将尿素与生豆饼、生豆类和苜蓿籽等富含脲酶的饲料共同饲喂。④饲喂尿素需1~2周的适应期，喂量由少到多，逐渐增加。⑤每日分2~3次饲喂，饲喂中出现中毒时，可用5%的醋酸加葡萄糖灌服，对小牛亦可采用此方法，但是灌服剂量应适当减少。⑥禁止在3月龄以下瘤胃发育不全的犊牛料中添加尿素。

（3）夏秋不宜喂尿素

给牛喂尿素，只适用于以麦秸、玉米秸、稻草等劣质饲料为主的冬春季节。以青草为主的夏秋季节不宜添喂尿素。这是因为利用尿素喂牛时，饲料中所含的粗蛋白质水平不能过高。试验证明，肉牛日粮中粗蛋白质含量在11%以下时，尿素在瘤胃的利用率约为70%，增重效果明显；随着日粮中粗蛋白质含量的提高，加喂尿素，提高肉牛增重的效果降低；当日粮中粗蛋白质含量超过12%时，加喂尿素已没有提高增重的作用，反而开始影响增重或减重。夏秋季节，牛常以青草和植物的籽实为食，这些饲料的营养物质较全面，尤其粗蛋白质含量较高，一般在12%~20%。

79. 肉牛生产中常用的缓释型非蛋白质含氮饲料有哪些?

尿素缓释产品是肉牛生产中常用的缓释型非蛋白质含氮饲料，通过改变化学成分或在尿素表面包涂半透水或不透水物质，放缓尿素释放速度，进而提高尿素利用率。

（1）磷酸脲

由磷酸和尿素作用生成的磷酸盐。可增加瘤胃乙酸和丙酸含量及脱氢酶活性，促进对氮、磷、钙的吸收。氨的释放速率是尿素的

75%，毒性小，无致畸变效应和致突变作用，分解出的磷酸根还能降低瘤胃 pH 值、中和血液或瘤胃中过剩的氨。肉牛日粮中适宜添加剂量为每 100 千克体重 40 克。

（2）缩二脲

溶解慢，毒性小，适口性优于尿素，饲喂时需 10 天适应期，肉牛日饲喂量 100～150 克。

（3）尿素颗粒饲料

主要由尿素、苜蓿草粉、糖蜜和沸石组成，尿素在瘤胃中降解的氨可通过沸石吸附后缓慢释放出来，进而被微生物利用合成菌体蛋白，可占肉牛精饲料的 10%。

（4）糊化淀粉尿素

在一定温度、湿度和压力条件下，尿素和粉碎谷物经膨化处理后得到糊化淀粉尿素，既可提供能源与氨，还可对尿素起到包被作用，但与尿素相比氮的利用率并没有提高。成品中粗蛋白质含量约 75%，可替代日粮中 25%～30% 的总氮含量。

（5）包被尿素

由特殊材料（羟甲基纤维素钠或脂肪酸脂等）将尿素颗粒包裹后制粒而成，通过包被物避免尿素与脲酶接触。包被尿素改善了以往产品适口性差、氨味重、性质不稳定等缺点，在肉牛精饲料中的比例可适当提高。

（6）脲酶抑制剂

通过一些重金属离子（如铜、铁、锌）和某些有机化合物（如苯脲、磷酸苯酯二胺、甲醛、羟甲基脲）抑制脲酶活性，降低尿素在瘤胃中的水解速度，减缓尿素释放氨的速度，进而提高尿素利用率。

(7) 尿素舔砖

尿素舔砖是把尿素和所需维生素和矿物质混合，再加上固化剂，做成砖的形态。主要根据肉牛营养需要和当地饲料原料所含营养物质的差异制定添砖配方，肉牛中常用的是糖蜜尿素舔砖，它在补充非蛋白氮的同时，还可控制肉牛过量食入尿素造成的氨中毒。

80. 肉牛常用的矿物质饲料有哪些？适宜用量是多少？

(1) 食盐

①可刺激唾液分泌，促进消化酶的消化，增进肉牛食欲，抵消牧草中钾含量过高带来的不良影响。②缺乏食盐会使牛精神萎靡，营养不良，被毛粗糙，体重及母牛受胎率下降，犊牛生长停滞等。③肉牛的食盐添加量一般每头牛 25～50 克/天，或占日粮干物质的 0.25%～0.3%，或按混合精饲料用量的 2%～3% 添加。④肉牛喂青贮饲料时要比喂干草时多喂食盐，喂高粗日粮要比喂高精日粮时多喂食盐。

(2) 石粉

即碳酸钙，含钙 34%～38%，来源广泛；肉牛混合精饲料中可添加 1%～1.5%。

(3) 贝壳粉

由 90%～95% 的碳酸钙组成，含多种氨基酸，可促进骨骼生长和血液循环；日粮中可等量替代石粉，石粉和贝壳粉常作为微量元素预混料中稀释剂或载体，配料时需考虑其钙含量。

(4) 磷酸氢钙

①白色或灰白色粉末，常用的磷酸氢钙含钙不低于 23%，含

磷在18%以上，可溶性好，吸收利用率较高。②可作为钙、磷补充饲料，可预防因日粮中钙、磷含量不足造成的软骨病（成年牛）和佝偻病（犊牛）。

（5）天然矿物质饲料

①常见的天然矿物质饲料有沸石、麦饭石、膨润土等。富含微量元素，易于吸收。②可吸附对肉牛有害的有毒物质铅、汞、砷等，并可抑制大肠杆菌。③肉牛日粮中添加麦饭石和沸石有助于营养物质的消化吸收，饲料利用率和产肉率提高。

81. 什么是肉牛的微量元素添加剂？如何正确购买、使用？

肉牛的微量元素添加剂是指在配合饲料中补充微量元素不足的营养性物质，主要包括无机和有机微量元素，微量元素氨基酸螯合物和缓释微量元素添加剂，后两者更易被机体吸收，生物学利用率高。购买微量元素添加剂需综合考虑使用目的、饲料生产工艺、制剂加工特性及价格等因素。使用前需充分拌匀，防止与高水分原料混合，防止凝集、吸潮，影响混合均匀度。使用时应根据肉牛营养需要，严格控制添加剂量，尽量使用高效微量元素添加剂，降低使用剂量，有助于降低排泄量，减少环境污染。使用时还需考虑元素间的协同和拮抗作用，控制微量元素间的适宜比例有助于提高吸收率和饲料转化率，降低养殖成本。复合微量元素添加剂一般可占肉牛配合饲料的 0.5% ~ 1.0%。

82. 肉牛配合饲料中需添加哪些维生素？怎样购买、正确使用维生素添加剂？

成年牛瘤胃中巨大的微生物区系能够合成足够的 B 族维生素和维生素 K，肝脏和肾脏可以合成维生素 C，因此，肉牛配合饲料中需要添加的维生素主要有维生素 A、维生素 D 和维生素 E。不同厂家添加剂因制作工艺不同造成效能不一，购买时宜选用成分、含量都公开的厂家，确保产品安全。维生素添加剂会随时间延长效能降低，使用前要注意添加剂的保存环境和生产日期，宜现购现用，以防积压浪费。维生素添加量甚微，添加时应以添加剂饲料的形式添加到精饲料中，搅拌混匀。注意需求量和供给量的区别，实际饲喂时，维生素供给量一般是需求量的一倍左右。注意某些维生素和微量元素之间存在拮抗作用，以防降低维生素的生物学效能，如维生素 K、维生素 B_1、维生素 B_6 和叶酸等不宜与氧化物和碳酸盐形式的微量元素配合使用。犊牛瘤胃功能未健全之前，需在代乳料中添加脂溶性维生素和水溶性维生素。

83. 为什么要在肉牛饲料中使用氨基酸添加剂？怎样购买、正确使用？

肉牛饲料中添加的氨基酸添加剂是牧草中缺乏的必需氨基酸，主要包括赖氨酸和蛋氨酸。添加氨基酸可以提高肉牛日增重，改善肉品质，增强对外界因素的抗应激能力。氨基酸添加剂价格较高，购买时需对产品的包装、外观、颜色和气味仔细观察，认真鉴别，防止假冒，宜选用国外进口或大公司产品，降低购买风险。使用前需掌握氨基酸有效含量和效价，根据产品说明书计算氨基酸的有效含量和效价，防止添加过量或不足。首先要满足第一限制性氨基酸的需要，再考虑其他限制性氨基酸的需要。

84. 什么是饲料间的组合效应？常见的组合效应有哪几种？

肉牛的采食水平，日粮中蛋白质补充料、易降解纤维、易发酵碳水化合物和脂肪的添加，以及饲料间的不同搭配、加工调制和一些营养调控措施等均会改变日粮中单个饲料的消化率和利用率，以至配合日粮的表观消化率并不等于日粮中各单个饲料组分表观消化率的加权和值，饲料间的互作使得某一饲料或日粮的采食量或利用率获得提高或降低。这种不同饲料源营养物质之间的整体互作效应就是所谓的日粮配合中的组合效应。常见的组合效应有 3 种：若饲料间的整体互作使日粮内某种营养素利用率或采食量高于各单个饲料相应指标的加权和值或对照值，称之为"正组合效应"；反之，若低于各单个饲料相应指标的加权和值，则为"负组合效应"；若等于各单个饲料相应指标的加权和值，即为"零组合效应"。衡量组合效应的指标有肉牛的采食量、消化率、利用率与生产性能。由于日粮各组分在消化代谢方面存在着组合效应，而现行研究方法还难以对可吸收养分代谢与营养素在体内的分配作出准确估计，所以现行的营养价值评定体系还不能准确地预测饲料在肉牛体内的组合效应，而肉牛生产性能则较好地反映了日粮在肉牛体内的互作结果以及某些营养素的分配情况。因此，肉牛生产性能是衡量其饲料间组合效应的重要可靠指标。配制肉牛日粮时需特别关注发生在瘤胃中的两种组合效应，一种是淀粉或糖与纤维的组合效应，另一种是蛋白质与淀粉或其他可发酵碳水化合物的组合效应。

85. 怎样通过日粮设计调控肉牛饲料的组合效应、发挥其潜在经济价值？

(1) 消化道层次组合效应的调控

秸秆是我国肉牛现阶段主要的基础日粮，在这种情况下，瘤胃发酵产生的丙酸在总挥发性脂肪酸中所占的比例较低，从而限制了生糖物质（即丙酸）的生成，也就限制了肉牛的生产性能。要提高以低质秸秆类粗饲料为基础日粮的肉牛的生产性能，最为关键的是要改善瘤胃的微生态环境、提高低质秸秆类粗饲料细胞壁物质的消化率，而通过补饲最大限度地激发饲料间的正组合效应、增加生糖物质的产量是极为重要营养调控措施。为避免负组合效应，在设计肉牛日粮时，必须确保足够的来源于粗饲料的日粮纤维与粗饲料颗粒大小，以提高日粮物理有效中性洗涤纤维的浓度，以促进咀嚼与唾液分泌，改善瘤胃内环境，维持瘤胃的正常发酵，确保反刍动物健康与正常生产。

（2）组织代谢层次组合效应的调控

给肉牛日粮中添加离子载体类添加剂如莫能菌素时，能够抑制瘤胃产甲烷菌的生成，并改变瘤胃发酵终产物，提高丙酸的产量与丙酸的利用率，使得组织的合成代谢加强从而提高了饲料的利用效率。在设计肉牛日粮时，要注重使用离子载体类添加剂，通过激发组织代谢层次的正组合效应来提高饲料的营养价值。

（3）利用生糖前体物质调控组合效应

给饲喂甘蔗渣为基础日粮的肉牛添补尿素和蛋白，比添补玉米（占1%体重）增重快，饲料利用率高；若补给与玉米等能值的糖蜜时反而降低了饲料利用率。这个例子说明饲料间的组合效应是正还是负取决于所补饲的碳水化合物的组成。添补玉米会出现正组合效应，可能与添补玉米能够增加生糖前体物质有关。因为玉米淀粉不易为瘤胃微生物所降解，部分能够通过瘤胃在小肠水解成葡萄糖为畜体吸收利用。添补糖蜜会出现负组合效应，可能与添补糖蜜不能增加生糖前体物质有关。因为糖蜜极易为瘤胃微生物所降解，很少能够通过瘤胃在小肠水解成葡萄糖为畜体吸收利用。通过分别给仅饲喂干草（低生葡萄糖能力）以及干草与精饲料混合物（高生葡萄糖能力）的肉牛瘤胃灌注乙酸来调控日粮能量的沉积力，发现饲喂高生葡萄糖日粮的肉牛其所灌注的乙酸在组织中所贮存的能量要高于饲喂低生葡萄糖日粮的肉牛。因此，在设计肉牛日粮时，要根据肉牛的基础饲料，正确选用添补料，提高瘤胃丙酸（生糖前体物质）的产量。

（4）利用营养措施调控组合效应

①去原虫激发饲料间的正组合效应。若因饲料原料限制，所配制的日粮能蛋比不是很理想的低蛋白（多以尿素氮的形式存在）富含淀粉或糖日粮，可以通过去原虫激发饲料间的正组合效应来提高其营养价值，这是因为去原虫后提高了瘤胃微生物蛋白的合成速率和丙酸产量。而对于高纤维日粮，去原虫除能够提高真菌与纤维分解菌在纤维物质上的附着力，加速细胞壁纤维物质的降解外，还可以调控日粮的能氮比。②改变补饲方式激发饲料间的正组合效应。木薯渣作为能量添补饲料，用于本地黄牛、杂种牛的育肥补饲时，可以通过改变补饲方式与增加饲喂次数这样的营养措施来激发饲料间的正组合效应，从而提高动物的生产性能。

（张吉鹍，徐俊）

第五章 肉牛营养需要及其日粮

配制技术

86. 牛胃有哪些特殊结构？瘤胃有哪些消化特点？饲养中应注意哪些事项？

(1) 牛的复胃结构

牛为复胃反刍动物，具有 4 个胃室，即瘤胃、网胃、瓣胃、真胃。饲料按顺序流经这 4 个胃室，其中一部分在进入瓣胃前返回到口腔内再咀嚼。这 4 个胃室并非连成一条直线，而是相互交错存在。瘤胃、网胃、瓣胃没有胃腺，不分泌胃液。真胃有胃腺，可分泌胃液。犊牛出生时前 3 个胃体积很小，基本不具备消化功能，随着犊牛的生长和采食植物性饲料的增加，前 3 胃不断发育，功能逐渐形成，12 月龄才完全达到成年水平。网胃位于瘤胃前部，实际上这两个胃并不完全分开，因此饲料颗粒可以自由地在两者之间移动，通过各种微生物（细菌、原虫和真菌）的作用进行充分的消化。网胃内皮有蜂窝状组织，故网胃俗称蜂窝胃。网胃与瘤胃共同参与饲料的发酵，其消化作用与瘤胃相似。当它收缩时，饲料被搅和，部分重新进入瘤胃，部分则进入瓣胃。瓣胃是第三个胃，其内表面排列有组织状的皱褶。瓣胃的作用就是吸收饲料内的水分，将瘤胃、网胃送来的食糜挤压和进一步磨碎，然后移送真胃。真胃又称为皱胃，占 4 个胃总容积的 8%，可分泌消化液与消化酶，消化在瘤胃内未消化的饲料和随着瘤胃食糜一起进入真胃的瘤胃微生物。真胃的消化作用与单胃动物的胃一样。饲料离开真胃时呈水状，然后到达小肠，进一步消化，未消化的物质经大肠排出体外，整个消化过程约需 72 小时。

（2）瘤胃发酵

瘤胃的容积大，成年牛可达 190 升，约占牛胃总容量的 80%。瘤胃具有贮存、加工和发酵饲料的功能，在牛的消化过程中起着特别重要的作用。瘤胃内存在着大量与牛共生的细菌和原虫等微生物，这些微生物占瘤胃内容物的 3.6%，其中细菌和原虫各半。虽然微生物小，但数量多，1 克瘤胃食糜中大约有 100 亿个细菌和 100 万个原虫。在瘤胃微生物的作用下，饲料中 70%~80% 的可消化干物质、50% 以上的粗纤维在瘤胃内消化，产生挥发性脂肪酸、氨与二氧化碳，合成微生物自身需要的蛋白质、B 族维生素和维生素 K，瘤胃的这一消化过程叫做瘤胃发酵。事实上瘤胃就是一个大的生物"发酵罐"。

（3）瘤胃消化特点及其对日粮精、粗比例的要求

瘤胃微生物有多种，其中纤维素分解菌、淀粉分解菌和蛋白质分解菌对饲料发酵起重要作用。①纤维素分解菌能够分解粗饲料中的纤维素和半纤维素，产生以乙酸和丁酸为主的挥发性脂肪酸，约占肉牛能量营养来源的 60%~80%。这类细菌的特点是，对瘤胃的酸度敏感。酸度升高时，其活性及生长繁殖受到限制，因而降低粗饲料的消化率。可以说，这类细菌使肉牛具备了消化粗饲料的能力。这就是肉牛能够利用秸秆等粗饲料的原因。淀粉分解菌可将饲料中的淀粉和一些糖类转化为丙酸，提高瘤胃酸度。这类细菌对瘤胃的酸度不敏感。当日粮中精饲料比例增加或粗饲料比例减少时，肉牛的反刍活动和唾液分泌减少，导致瘤胃酸度增加，最终影响纤维素分解菌的活性，造成粗饲料消化率下降，严重时可使牛发生酸中毒。所以，肉牛日粮必须保持一定的精、粗比例。一般粗饲料应占日粮的 50% 以上。这样不仅可以保持瘤胃正常发酵，而且还可降低饲料成本。②蛋白质分解菌可以将饲料蛋白质在不同程度上分解为氨基酸、氨和二氧化碳，还可将一定数量的尿素等非蛋白质氮

分解为氨和二氧化碳。瘤胃细菌和原虫可以利用这些产物，合成本身的蛋白质。这些细菌和原虫随食物通过瓣胃进入真胃和肠道被消化吸收，成为牛的蛋白质来源。所以，只要为瘤胃微生物提供充足的氮源，就可以适当解决牛对蛋白质的需要。经过瘤胃发酵后，饲料中的纤维素、半纤维素和淀粉被转化为乙酸、丙酸和丁酸等挥发性脂肪酸，瘤胃内容物的气味正是这些酸的气味。除了部分发酵产物在瘤胃中被吸收以外，剩余的部分和没有被消化的饲料一起流入肉牛的后消化道。乙酸、丙酸和丁酸被肉牛吸收后，可被用作能量。微生物蛋白质富含肉牛需要的各种必需氨基酸，是优质蛋白质，可在肉牛的小肠中被分解为氨基酸消化吸收。由此可见，瘤胃微生物对于消化粗饲料、提高粗饲料的利用率有重要作用。这也正是肉牛等反刍动物与猪等单胃动物消化特点有差异的原因。瘤胃微生物的生长状况对肉牛的饲料利用率有直接影响。所以，在配合牛肉日粮时，应合理搭配精饲料和粗饲料的比例，以保持瘤胃的正常发酵和瘤胃微生物的活力，提高肉牛对饲料的利用率。③当牛吃完草料后或卧地休息时会不停地反刍，每次 1~2 分钟，每天反刍 6~8 小时。反刍能使大量饲草变细、变软，较快地通过瘤胃到后消化道中去，使牛能够采食更多的草料。④因食物在消化道内发酵、分解，产生大量的二氧化碳、甲烷等气体，这些气体会随时排出体外，这就是嗳气。嗳气也是牛的正常消化生理活动，一旦失常，就会导致一系列消化功能障碍。

（4）瘤胃微生物的营养需要

为了保持瘤胃的正常功能和合成 B 族维生素及蛋白质，瘤胃细菌和原虫需要不断从日粮中获得营养物质，包括：①能量，除粗纤维等缓慢释放的能量外，牛还需要一定量的快速释放能量，如糖、糖蜜或淀粉。牛在饲养中必须考虑适当的精粗比来配合日粮，才能使饲料利用率达到最高值。②氮源，分为降解速度快的氮源（如尿素）和降解速度慢的氮源（如豆粕）。两者比例合适才能使微生物生长速度最快。生产中一般要求前者占 25%，后者占 75%。

③无机盐，以钠、钾和磷为最重要，如果饲料中使用尿素，也需考虑硫和镁。对微生物生长比较重要的微量元素是钴，因为钴不但有利于微生物的生长，还是合成维生素 B_{12} 的原料。④未知因子，也叫生长因子，对于牛，有两个重要的未知因子来源，一是苜蓿，二是酒糟，两者都能刺激瘤胃微生物的生长。

(5) 饲养中应注意的事项

饲喂时必须注意：①日粮组成多样化，以满足牛体和瘤胃微生物的营养需要。②更换肉牛饲料时对饲料发酵分解起着重要作用的瘤胃微生物亦随之改变，故更换牛饲料时应逐渐进行，要有 10 ~ 15 天的过渡期。③瘤胃内容物中水占 85% ~ 90%，这些水除部分来自饲料、唾液和瘤胃壁渗入外，主要依靠饮水供给。所以必须供给清洁饮水，以满足牛体及瘤胃水代谢的需要。

87. 肉牛的营养需要有哪些？

(1) 水分

各种营养物质在牛体内的溶解、吸收、运输以及代谢过程所产生的废物的排泄、体温的调节等均需要水。所以水是生命活动不可缺的物质。缺水会引起代谢紊乱，消化吸收发生障碍，蛋白质和非蛋白质含氮物的代谢物排泄困难，血液受阻，体温上升，结果导致发病，甚至死亡。水对幼牛和产奶母牛更为重要，产奶母牛因缺水而引起的疾病要比缺乏其他任何营养物质来得快，而且严重。

(2) 能量

牛需要的能量来自饲料中的碳水化合物、脂肪和蛋白质，但主要来自碳水化合物。碳水化合物包括粗纤维和无氮浸出物。在瘤胃中经微生物作用，分解产生挥发性脂肪酸、二氧化碳、甲烷等，挥发性脂肪酸被胃壁吸收，成为牛能量的主要来源。一般把牛的能量

需要分成维持和生产两部分。维持能量需要，是指牛在不劳役、不增重、不产奶，仅维持正常生理机能必要活动所需的能量。在满足能量需要时采食量是一个非常重要的因素，一般讲当日粮消化率在65%~70%时对干物质的采食量最大，当消化率低于此限时瘤胃容积限制采食量，当消化率高于此限时化学调节对采食量发挥作用。牛的干物质采食量与饲草中的中性洗涤纤维含量呈负相关，牛对豆科牧草的采食量比禾本科（如羊草）高20%，是因为禾本科牧草中含有更多的中性洗涤纤维。牛对发酵饲料采食量亦偏低，如牛只能采食占其体重2.2%~2.5%的青贮玉米，但却可采食占其体重3.0%的豆科牧草。

（3）蛋白质

牛对蛋白质的需要，实质就是对各种氨基酸的需要。氨基酸有20种，其中有些氨基酸是在体内不能合成或合成速度和数量不能满足牛体正常生长需要，必需从饲料中获得，这些氨基酸称为必需氨基酸，如蛋氨酸、色氨酸、赖氨酸、精氨酸、脱氨酸、甘氨酸、酪氨酸、组氨酸、亮氨酸、异亮氨酸、缬氨酸、苯丙氨酸、苏氨酸等。牛体本身不能合成氨基酸，但瘤胃微生物能合成的10种必需氨基酸，只能满足中等或较低生产性能牛的需要。对于哺乳犊牛，特别是3月龄前的犊牛，瘤胃的发育及微生物合成氨基酸的功能不完善，要供给必需氨基酸。随着瘤胃的发育成熟，可逐渐减少日粮中的必需氨基酸。瘤胃微生物的最大产量为发酵饲料的10%~20%，而这些微生物又降解日粮中易发酵的蛋白质，使高质量的蛋白质不能到达小肠。因此，生长和增重快的幼牛、产奶量高及妊娠后期的母牛，瘤胃微生物提供的氨基酸不够，必须由日粮供给。喂牛时用多种饲料搭配，比单一饲料好，是因为多种饲料可使各种氨基酸起互补作用，提高其营养价值。蛋白质饲料较缺的地区，可以用尿素或铵盐等非蛋白质含氮物喂牛，代替部分蛋白质饲料，但需补充钙、磷、铁、钴、锌、锰等的不足，且氮与硫之比应在（10~14）∶1。牛能利用尿素是因为瘤胃内的微生物分解尿素，产生氨和二氧化碳，瘤胃内的微生物可利用氨和瘤胃内的有机酸合成氨基酸，并进一步合成微生物蛋白质，这些微生物最后随饲料进入真胃和肠道而被消化吸收。瘤胃微生物蛋白的品质次于优质的动物蛋白，与豆粕、苜蓿叶蛋白的相当，优于大多数的谷物蛋白。常用的进入真胃的瘤胃非降解蛋白补充料主要有炒大豆、棉籽粕、玉米蛋白粉、干酒糟等，总体而言大豆的效果较好，玉米蛋白粉的效果较差，这主要是因为玉米蛋白粉增加过瘤胃蛋白的同时，降低了瘤胃降解蛋白的数量并改变了可吸收氨基酸模式，而炒大豆能较好地满足氨基酸平衡。

(4) 矿物质

矿物质是牛生长发育繁殖、产肉产奶、新陈代谢所必需的营养物质。在牛体内有大量的钙、磷、钾、钠、氯、硫、镁等元素，也有微量的铁、铜、锌、锰、碘、钴、硒、钼、铬等元素。①钙和磷。钙和磷是体内含量最多的矿物质，它们是构成骨骼和牙齿的重要部分。钙不足使牛发生软骨病、佝偻病，骨质疏松易断。磷缺乏则出现食癖，爱啃骨头或其他异物，同时也会使繁殖力和产量下降，生产不正常，增重缓慢等。日粮中钙和磷的比例以 1.5∶1 至 2∶1 最好，这有利于两者的吸收利用。维生素 D 可促进钙磷吸收，所以适当补充维生素 D 有好处。②钠与氯。钠和氯广泛分布于牛体软组织和体液中，起调节酸碱平衡和代谢过程的作用。钠和氯是食盐的主要成分，既是营养品，又是调味品，能刺激食欲，促进消化，提高饲料利用率。食盐是维持牛的健康、生长和泌乳的重要营养因素之一。缺盐可由牛的反刍和舔食各种异物表现出来。长期缺乏则表现食欲下降，消化机能减退，犊牛生长受阻，母牛消瘦，精神萎靡，被毛蓬乱。严重缺盐会发生肌肉颤抖，四肢运动失调，心律不齐，最后可因极度衰竭而死亡。植物性饲料中含钠和氯均少，在牛的日粮中需要补充食盐。牛对食盐的耐受性较强，即使日粮中含有较多的食盐，只要保证足够的饮水，一般不致产生有害后果。但如果饮水不足，特别是水中含有高浓度钠盐时，则易引起中毒。

犊牛对食盐过量比成年牛敏感，实践中要注意控制，特别是母牛、犊牛同栏饲养，从盐槽中自由舔食食盐时，要注意防止犊牛或断乳幼牛的食盐中毒。③镁。镁是形成骨骼、牙齿的成分之一是多种酶的活化剂，在糖和蛋白质代谢中起重要作用。镁是神经系统正常作用所必需的物质。如果犊牛生长期喂奶而不喂干草和精饲料，会表现缺镁症（又称牧草痉挛症或牧场抽搐症）。此外，牛在早春放牧时，因贪青而采食大量镁含量低的幼嫩牧草时，或在施入较多钾肥、氮肥的草地上放牧时均易得此症。④硫。硫是组成含硫氨基酸的原料，它通过含硫氨基酸起作用，它对牛瘤胃纤维素的消化有影响。目前用尿素喂牛已逐渐普遍，为了满足瘤胃微生物合成氨基酸的需要，以提高尿素的利用效率，应对喂尿素的日粮补充一定量的硫，一般每100克尿素可给3克无机硫。⑤碘。碘是甲状腺素的主要成分之一，参与牛的基础代谢，可调节细胞的氧化速度。日粮缺碘可使牛体甲状腺增生肥大，基础代谢率降低，犊牛生长缓慢，骨架矮小。成年牛则发生黏膜水肿，繁殖机能紊乱。长期采食缺碘地区的饲料，或大量采食能抑制碘吸收的十字花科植物等都会发生缺碘症状。缺碘可用碘化食盐或碘化钾进行补充。碘化食盐可按食盐量添加，碘化钾可按每100千克体重添加$0.46 \sim 0.6$毫克。⑥钴。钴是瘤胃微生物合成维生素B_{12}的必需元素，B_{12}有促进红细胞成熟的作用。钴还与蛋白质和碳水化合物代谢有关。长期缺钴，肉牛瘤胃中微生物数量减少，区系发生变化，使某些营养物质的合成受阻。肉牛表现为食欲不良，精神萎靡。幼畜生长停滞，成畜消瘦，有时伴有贫血现象，类似于营养不良家畜。动物性饲料中钴的含量丰富，植物性的饲料中钴的含量与土壤中钴的含量有关。缺钴地区每100克食盐中加入60克硫酸钴效果较好。⑦硒。硒是谷胱甘肽过氧化酶的主要成分，它通过谷胱甘肽过氧化酶起抗氧化作用，而保护体细胞。此外，硒对肉牛的生长有刺激作用。日粮中缺硒可使犊牛发生白肌病，出现营养性的肌肉萎缩，生长受阻，母牛缺硒可引起繁殖机能障碍和难孕，但若食入过量也可引起中毒。急性中毒表现为感觉迟钝，呼吸困难，腹泻，呼出的气体带有蒜味，严重时衰竭而死。慢性表现消瘦，贫血，迟钝，蹄壳变形或脱落。土壤含硒量对植物性饲料中硒的含量影响较小，主要取决于土壤的 pH 值。碱性土壤中硒呈水溶性化合物，易被吸收。而在酸性土壤中，硒与铁元素结合形成植物难以吸收的化合物，这类地区的犊牛易患白肌病。缺硒时用亚硒酸钠加入矿物质食盐中供牛舔食，补充量可按每千克日粮干物质补充 0.1 毫克硒。

（5）维生素

维生素是牛维持正常生理机能所必需的一类低分子有机化合物。缺乏维生素可引起代谢紊乱，生长迟缓，严重时导致死亡。肉牛最易缺乏的是：①维生素 A，维生素 A 能保持各种器官系统的黏膜上皮组织的健康及其正常生理机能，维持牛的正常视力与繁殖机能。它的缺乏会引起一系列的黏膜上皮组织抵抗能力减弱的疾病和妊娠方面的疾病，如流产、死胎等。肉牛饲喂以秸秆为主的基础日粮，最易缺乏维生素 A，每 100 千克体重每天应补充 6 600 国际单位维生素 A。②维生素 D，主要功能是调控钙、磷的吸收，代谢和骨骼的生长发育。缺乏时引起犊牛的佝偻症和成母牛的软骨症。一般认为犊牛与生长牛的需要量以每 100 千克体重 660 国际单位。泌乳牛每千克体重 30 国际单位。例外的是产前的泌乳牛（特别是高产牛）应从产前半个月开始注射维生素 A、维生素 D、维生素 E 混合制剂对预防产后疾病作用明显。③维生素 E，主要作用是生物抗氧化剂和清除游离基，可以提高机体的免疫力。犊牛缺乏维生素 E 时以肌肉营养不良为特征。成年牛从天然饲料中可以获得足够量。长期贮存的饲料其维生素 E 的含量会随贮存时间的延长而减少。维生素 E 的需要量（以日粮干物质计）为：（0～3 月龄）犊牛 50 毫克/千克，生长牛 150 毫克/千克，育肥牛 250 毫克/千克。舍饲条件下，长期不饲喂青绿饲料或青刈牧草时，日粮中必须添加维生素 E。缺硒地区所产饲料也缺乏硒，更应注意补充维生素 E 及硒。由于维生素 E 的抗氧化作用，肉牛在育肥后期，日粮中添加维生素 E，能维持肌肉细胞膜完整，延长牛肉的新鲜色泽及货架寿命。

88. 什么是日粮学？具有哪些特征？包含着哪六大营养学原理？

所谓日粮学就是利用系统科学的理论和方法，特别是组合学技术研究饲料原料的营养组成和营养特性及其科学利用，在此基础上研究日粮设计、配合和评价技术体系及其在饲养实践中运用的科学。日粮学已为系统动物营养学和饲料科学共同开启一个新的研究领域。日粮学理论和技术体系的基本框架具有这样几个特征：①现代系统科学思维方式的整体思维方式是日粮学理论和技术体系最鲜明的科学特征。②实现营养调控是日粮学理论和技术体系的根本技术目标。③系统集成型的技术体系是日粮学区别于传统日粮配合技术的根本标志。在这个基本框架中，日粮学包含着整体取性原理、全方位论效原理、动态转化原理、组学原理、兼性原理（底物和营养活性兼顾原则）以及营养平衡原理。

89. 什么是日粮营养平衡原理？日粮营养平衡的指标分哪四个层次？

日粮营养平衡原理包括这样几层含义：①动物机体营养平衡是保证动物获得较好的日粮利用效率和理想的生产性能以及良好的健康状况的重要的技术指标。②日粮营养平衡是动物机体营养平衡的启动平衡，具有全局性影响。③日粮营养平衡理论涉及日粮和动物消化道两个层次。由日粮营养平衡引起的组合效应有3种，即正组合效应、负组合效应和零组合效应，其中零组合效应只是一种特例。营养物质在产生组合效应时存在一种剂量效应。④日粮营养平衡的指标分4个层次，即日粮原料平衡、日粮表观养分平衡、可吸收养分平衡和代谢可利用的养分平衡。日粮营养平衡指标不是一个固定值，而是一个范围。⑤日粮三大营养评定指标体系包括营养物质浓度、营养物质采食量与营养物质平衡参数。

90. 什么是日粮的整体取性原理?

日粮的整体取性原理可简要地概括为"饲料原料有个性之特长，日粮有集成之妙用"。所谓整体取性是指无论是饲料原料还是日粮，其营养性能均是从饲料原料或日粮的整体水平取定。日粮的整体功效不等于日粮内各个单一饲料原料和饲料原料内各种组成成分的功效简单相加。日粮的一个突出特点是人为干预性。它由营养师按照特定的技术设计和配合，形成具有整体功效的饲料实际利用形式。日粮的整体功效通过不同饲料原料之间的配比设计和加工处理而产生。

91. 什么是肉牛的饲养标准? 其本身存在哪些缺点? 怎样合理应用?

肉牛饲养标准是根据生长育肥牛、妊娠期母牛、哺乳母牛等不同年龄、活重、生理状况和生产水平，通过多次试验和长期实践制定的1头牛每昼夜应给予的能量、蛋白等各种营养物质的定额，是配合肉牛日粮的依据，养牛业发达的国家都制定了适合本国的肉牛饲养标准。我国2000年1月出版了新的《肉牛营养需要和饲养标准》。根据饲养标准配制肉牛日粮，有其一定的科学性和必要性。但现行饲养标准还不够完善，只是一个营养物质水平的标准，并未包含日粮适口性、物理特性，以及可能引起的消化紊乱或特殊营养活性等内容。对肉牛个体差异、管理差异和应激影响所引起的营养物质水平和比例的变化难以考虑进去，忽视饲料组合效应带来的问题，因而具有历史局限性。此外，实际生产中除各地、各季节不同的生态环境条件外，同一品种饲料的品质、成分、适口性亦会因饲料产地、收割时机、加工工艺、贮存等不同而有差异。不同品种的个体或牛群对环境中的应激因素如气候、气温、饲养人员的行为和饲养管理操作规程等的突然变化以及噪声、有害气体等所引起的应激反应也不同，都会影响到日粮的饲喂效果。因此，按饲养标准配合的饲料，在养牛生产中，也可以根据实际饲喂效果，进行合理调整，使其营养物质及各种饲料的日喂量更加适合相应牛群。

92. 什么是肉牛日粮？什么是肉牛的日粮配合？

牛的日粮指的是1头牛1昼夜所采食的1组混合饲料，通常包括：精饲料、粗饲料和添加剂饲料。而肉牛的日粮配合便是根据肉牛饲养标准和饲料的营养价值来合理组合各种饲料形成日粮，从而使日粮中能量、蛋白质及各种营养物质的种类、数量及其相互比例都能满足肉牛的需要，同时又不造成浪费，这样配制的日粮又称为全价日粮或平衡日粮。只有合理地配合全价日粮方能满足肉牛的生产和维持需要，充分发挥肉牛的生产潜力，提高经济效益，该过程并非简单地把几种饲料混合在一起即可，必须遵循一些配合原则。

93. 配合肉牛日粮应遵循的原则和应注意的问题是什么？

①配合日粮时必须以不同生理时期牛的饲养标准为基础，灵活应用，结合当地实际，酌情修正。不能简单认为一种精饲料配方、一种配合日粮可以饲喂不同生理时期的牛，更不能认为日粮中各种营养物质高于标准，增重或生产性能就一定会提高。由于育肥用肉牛多为改良型杂交品种，美国国家研究委员会（NRC）新版饲养标准推荐的肉牛营养需要量可作为改良型品种肉牛日粮配方设计的主要参考依据。②必须满足肉牛对能量的需要，在此基础上再考虑对蛋白质、矿物质和维生素的需要，注意能量与蛋白质的比例，如将肉牛营养需要量以百分比表示，则能量为86%～93%、蛋白质为6%～12%、矿物质和维生素为1%～2%。③饲料组成要符合肉牛的消化生理特点，合理搭配，肉牛属反刍草食动物，必须保证反刍，粗纤维含量一般不低于7%，以15%～20%为宜。④肉牛每日干物质采食量为体重的2%～3%，配合日粮时要符合肉牛的采食

能力，也就是说肉牛日粮组成既要满足肉牛对营养物质的需要，又要考虑日粮的容积，让牛吃得下、吃得饱。⑤原料及配合出的日粮必须安全、环保。a. 配合的日粮对牛必须是安全的。因此，酸败、发霉、污染和未经处理的含毒素的饲料原料不能使用，必须按国家标准与规定来选购各种饲料原料。b. 在设计配方时，对于允许添加的添加剂应严格按规定添加，防止这些添加成分通过动物排泄物或动物产品危害环境和人类的健康。对禁止使用的添加剂，应严禁添加。c. 高效标准化养牛在我国还处于起始阶段，肉牛在将饲料养分转化为产品的过程中，有很多食入养分未吸收而被排入到环境中去，形成对土壤、空气、水源造成巨大污染。因此，养牛需要综合运用营养平衡技术和新型饲料添加剂产品，研究开发低氮、低磷、低微量元素排放饲料配方技术，推广环保型饲料产品，促进污染物减排。d. 综合利用微生物制剂、植物提取物等新型安全饲料添加剂产品以及微生物发酵饲料，减少甚至杜绝抗生素等药物饲料添加剂的使用。⑥日粮组成要多样化，以发挥营养物质的互补作用，使营养更加全面，适口性更好，同时要注意饲料间的组合效应。俗话说：牛吃百样草，无料也上膘。不同的牧草品种其营养特点不同，若单独饲喂易导致营养偏失。禾本科牧草富含碳水化合物，豆科牧草富含蛋白质，叶菜类牧草富含维生素、矿物质等。单喂禾本科草易导致矿物质缺乏，单喂豆科牧草会引发臌胀病。因此应将这几种牧草合理搭配饲喂畜禽，若能配以野生杂草、树叶、水生植物等，效果更佳。在肉牛的日粮配制中，已知粗饲料和精饲料补充料之间的组合效应表现最为明显，粗饲料和精饲料之间的组合方式不仅影响肉牛的采食量和日粮营养物质在瘤胃内发酵，而且影响进入肉牛体内组织代谢层次上的营养物质平衡。在优化混合粗饲料基础上，设计精饲料配方时，应注意精饲料与粗饲料之间的组合效应，通过调配不同的饲料组合，充分发挥正组合效应，避免或减少负组合效应。⑦精粗饲料比例依牛的类型和粗饲料的品质优劣而不同，一般按精粗比（30~40）：（60~70）搭配。⑧饲料成本一般占肉牛养殖总成本的70%以上，为将饲料成本控制在占总成本的60%以下，配合饲料时要从当地自然条件和饲料资源出发，尽量就地取材，要充分合理利用当地野草等饲草资源、饼粕（含糟渣）等各类农副产品以及农作物秸秆，以降低成本。饲草要尽可能就地生产，少用商品饲草，有条件的牛场要尽可能种植消耗量最多的青、粗饲料，或就地、就近收贮饲草，既减少运输费用，价格又便宜。同时根据养分余缺设计精料补充饲料配方，组成"肉牛精料补充饲料"，并确定喂量。确保不同地区、不同季节采用不同的日粮配方。

94. 什么是肉牛的精料补充饲料？

肉牛的精料补充饲料又称精料混合饲料，是为补充肉牛青粗饲料的营养不足而配制的饲料，由能量饲料、蛋白质饲料、矿物质饲料、维生素饲料和添加剂饲料按一定比例混合而成。精料补充饲料针对肉牛的不同生理时期有不同的配方，犊牛期不能用育成期的，育肥牛不能用繁殖期的。如果粗饲料品质差，应购买粗蛋白质、能量含量高，质量好的精料补充饲料。饲喂肉牛时应以青粗饲料为主，精料补充饲料为辅。精料补充饲料可直接饲喂，也可以与青粗饲料混合饲喂，主要功能是补充肉牛青粗饲料的营养不足，防止营养缺乏。

95. 什么是肉牛的预混料？购买时应注意哪些问题？

在实际生产中，添加剂繁多，用量极少，直接向配合饲料中添加，较难混匀。因此在向配合饲料添加之前先将添加剂与合适的载体或稀释剂，通过一定的加工工艺混合均匀，以增大体积，提高其在配合饲料中的添加量，使微量添加剂的有效组分能够在配合饲料中分布均匀。这种由一种或多种添加剂与载体和（或）稀释剂均匀混合后的混合物叫添加剂预混料，简称预混。肉牛的预混料包括单一预混料（如微量元素或维生素添加剂）和复合预混料（包括维生素、微量元素、非营养性添加剂等）。是一种不完全饲料，不能直接饲喂肉牛，预混料在肉牛精饲料中的用量一般为1%～5%。养殖户购买时应了解预混料所含成分，按肉牛生产阶段营养需要购买。为方便使用，可购买复合预混料。但由于复合预混料中的微量元素对维生素的破坏作用，因此购买时应选购在产品有效期内的产品，并且出厂时间越短越好。使用时应根据产品说明使用。因预混料占的比例较小，因此同精料补充饲料混合时，应采取由少到多逐级稀释再混匀的办法。

96. 什么是肉牛的浓缩饲料？怎样使用？

肉牛的浓缩饲料是指由蛋白质饲料、矿物质饲料（钙、磷和食盐）和添加剂预混料按一定比例配制而成的平衡用配合饲料。浓缩饲料不能直接饲喂肉牛，使用前要按标定含量配一定比例的能量饲料（主要是玉米、麸皮）成为精料混合料后才能饲喂。肉牛浓缩饲料中各种原料配比，随原料的价格，性质而异。通常蛋白质饲料40%～80%，矿物质饲料15%～20%，添加剂预混料5%～10%。因浓缩饲料在精料混合料中的使用比例以及不同阶段肉牛的营养需要不同，因此浓缩饲料的营养成分也有较大差异，养殖户可以根据自己的能量饲料（玉米、麸皮）和肉牛的生理阶段酌情购买使用。

97. 什么是肉牛的全混合日粮？

全混合日粮（TMR）是一种将粗饲料、精饲料、矿物质、维生素和其他添加剂混合均匀，能够提供足量均衡营养以满足肉牛需要的饲养技术。TMR克服了传统饲养方法精粗分开、营养不平衡、挑食、难以定量的难题，确保了肉牛所采食的每一口日粮，都是精粗比例稳定、营养浓度一致的全价日粮。TMR体现了先进设备与科学技术的系统集成，充分发挥了先进设备与科学技术间的正组合效应。

98. 常用的肉牛日粮配方设计方法有哪几种?

配制肉牛日粮的目的是实现经济合理的饲养,用最低成本获取最高效益。肉牛日粮配比的计算方法分借助计算器的手工和计算机计算法2种。其中借助计算器的手工计算法在农村养殖户中应用较广,常用的有试差法、对角线法与代数法。只有2~3种饲料时,用对角线法较简便,但此法只考虑了粗蛋白质含量,未考虑能量、矿物质等。现在最先进的方法是利用计算机软件设计肉牛日粮,方法是将肉牛的体重、日增重以及饲料的种类、营养成分、价格等输入计算机,计算机程序会自动将日粮配方计算好,并打印出来。用于肉牛配方设计的软件很多,具体操作各异,但原理基本相同:主要有线性规划法、多目标规划法、参数规划法等,其中最常用的是线性规划法,可优化出最低成本饲料配方。配方软件主要包括两个管理系统:原料数据库与营养标准数据库管理系统、优化计算配方系统。多数软件都包括肉牛全价混合饲料、浓缩饲料、预混料的配方设计。对熟练掌握计算机应用技术的人员,除购买现成的配方软件外,还可应用 Excel(电子表格)、SASS 软件等设计配方。目前较大的规模牛场都采用计算机配合肉牛日粮,方法简单、快速准确,能充分利用当地饲草资源降低配方成本。

99. 怎样应用试差法设计肉牛日粮配方?

(1) 试差法计算肉牛日粮配比的优点

试差法是较为常用的一种计算肉牛日粮配比的方法,可用于日粮中多种营养指标的计算,而不受到饲料原料种类的限制。此外,该法简单易学,仅用纸笔、计算器,即可计算出配方,非常适用于农村养殖户肉牛全混日粮及浓缩饲料配比的计算。该法不足之处是计算量较大,要设计出符合要求的全混日粮,一般要经过多次试算，较为盲目，投入时间和精力较大。

（2）试差法设计肉牛日粮的思路

首先，根据经验拟出各种原料的大致比例，用各自的比例去乘以该原料所含的各种营养成分的百分比，将同种营养成分相加，即得该配方的每种营养成分总含量；将所得结果与饲养标准比较，如有任一营养成分不足或超过，可通过增减相应的原料调整，再重新计算，直到接近饲养标准为止。

（3）试差法设计肉牛日粮的具体步骤

①在设计肉牛日粮配方前，要掌握好育肥牛（架子牛）体重（最好是实际测量的数据）、育肥阶段（如育肥初、中、末期；一般育肥；强度育肥）、增重目标、结束体重和育肥目标（高档型、优质型、普通型），并进一步确定饲养标准。②根据饲喂标准，选择可使用原料，并根据原料营养成分表，确定这其中营养成分的含量。③拟定配方。通常，能量和蛋白质是全价混日粮的两个重要指标。拟定配方前，一定要确定日粮中能量需求与蛋白质之间的关系比例。一般情况下，把能量需求和蛋白质含量指标设计到96%，这样可留下4%左右的比例添加其他矿物质或添加剂。采用这种方法拟定配方，可在满足能量需求和蛋白质含量指标在饲料中所占比例要求的前提下，适量补充矿物质、氨基酸和微量元素添加剂等，可有效避免多种指标同时计算的麻烦。配方拟定之后，再进行反复计算，将结果与饲养标准比较，调整，直到结果与饲养标准接近。④补充矿物质。矿物质补充过程中，首先应考虑磷的补充，因为在磷添加适量的饲料中必定也含有足量的钙，补足磷后，再计算钙。对于食盐的添加，可根据饲养标准计算，一般不考虑饲料中的含量。⑤补充氨基酸添加剂。最后可根据需求量确定氨基酸的添加，一般在以玉米、大豆等为主要原料的大料配方中，可根据饲养标准来确定氨基酸的添加量，差多少补多少。目前可用于氨基酸补充的添加剂主要有赖氨酸和蛋氨酸，由此，在计算中只要确定这两种氨

基酸的添加比例即可。

（4）试差法设计肉牛日粮举例

现将实际工作中，设计育肥牛全混日粮的计算过程介绍如下。

试用青干草、青贮玉米秸、玉米、麸皮、豆粕、磷酸氢钙、石粉、食盐、添加剂等为体重 400 千克日增重 1 000 克的育肥牛群设计饲料配方。

第一步：确定营养需要。

根据《肉牛营养需要表（饲养标准）》中生长育肥牛（体重400 千克、日增重 1 000 克）的营养需要，确定该育肥牛群饲养标准（表 5-1），其中 RND 为肉牛能量单位。

表 5-1　体重 400 千克、日增重 1 000 克育肥牛饲养标准

干物质（千克）	净能（兆焦）	RND	粗蛋白质（克）	钙（克）	磷（克）
8.56	50.63	6.27	866	33	20

第二步，选定饲料原料。

根据牛场及当地饲料情况，选定饲料原料，查出营养成分（表 5-2）。

表 5-2　选用饲料营养成分表（每千克干物质含量）

饲料	干物质（%）	净能（兆焦）	RND	粗蛋白质（克）	钙（克）	磷（克）
野干草	87.9	4.03	0.5	106	3.8	0
青贮玉米秸	25	2.44	0.3	56	4	0.8
玉米	88.4	9.12	1.13	97	0.9	2.4
棉籽饼	89.6	7.39	0.92	363	3	9
麸皮	88.6	6.61	0.82	163	2	8.8
磷酸氢钙	99.8				218.5	186.4
石粉	99.1				325.4	

第三步，确定粗饲料的用量。

粗饲料一般按每千克活重喂给干草或麦秸 1~2 千克，3~4 千克玉米青贮相当于 1 千克干草。粗饲料用量确定后，计算出其营养物质含量，并从饲养标准中减去，不足的营养物质由精料补充饲料补足（表 5-3）。实际饲养中，玉米青贮饲料喂量可增加 10%，秸秆可自由采食。

表 5-3　肉牛粗饲料所能提供的养分

饲料	用量（千克）	干物质（千克）	净能（兆焦）	RND	粗蛋白质（克）	钙（克）	磷（克）
野干草	2.5	87.9	4.03	0.5	106	3.8	0
青贮玉米秸	8	25	2.44	0.3	56	4	0.8
粗饲料供给量		4.20	13.74	1.70	344.94	16.35	1.60
营养需要量		8.56	50.63	6.27	866	33	20
与标准比较		-4.36	-36.89	-4.57	-521.07	-16.65	-18.40

第四步，确定混合精饲料的用量，应用试差法补充混合精饲料。见表 5-4。

表 5-4　肉牛精饲料的补充方法（试差法）

饲料	用量（千克）	干物质（千克）	净能（兆焦）	RND	粗蛋白质（克）	钙（克）	磷（克）
玉米	3.5	88.4	9.12	1.13	97	0.9	2.4
棉籽饼	0.5	89.6	7.39	0.92	363	3	9
麸皮	1	88.6	6.61	0.82	163	2	8.8
精饲料补充量		4.43	37.38	4.63	607.16	5.90	19.25
精饲料要求供量		4.36	36.89	4.57	521.07	16.65	18.40
与标准比较		0.07	0.49	0.06	86.09	-10.75	0.85

第五步，与饲养标准相比，调整营养成分余缺。

所计算的养分含量与饲料标准相比，钙不能满足肉牛的营养需要，需要补充。钙可由石粉提供：10.75÷32.54%÷99.1% = 33.3（克），所以每天补充 33.3 克的石粉即可满足肉牛对钙的需要。另按饲养标准规定每天补充50克食盐和50克添加剂。

第六步,整理配方。

综合以上计算结果,整理该肉牛每天应提供的各种饲料量见表5-5。

表5-5 该肉牛每天需提供的饲料量

饲料	用量(千克)	饲料	用量(千克)	饲料	用量(千克)
野干草	2.5	棉籽饼	0.5	食盐	0.05
青贮玉米秸	8	麸皮	1	添加剂	0.05
玉米	3.5	石粉	0.033	合计	15.58

第七步,列出精料混合饲料配方。

由于生产中一般要预先配制精料混合饲料,所以其配方中各种饲料的百分比计算见表5-6。

表5-6 各种饲料的百分比

饲料	用量(千克)	比例(%)	饲料	用量(千克)	比例(%)
玉米	3.5	68.19	食盐	0.05	0.97
棉籽饼	0.5	9.74	添加剂	0.05	0.97
麸皮	1	19.48	合计	5.08	100.00
石粉	0.033	0.64			

由于配方中各种原料的添加比例为计算值,对于大宗原料加工时不易准确称量,所以应适当调整(表5-7),使配方更加实用。

表5-7 调整后的配方

饲料	调整后比例(%)	饲料	调整后比例(%)	饲料	调整后比例(%)
玉米	68	石粉	1	添加剂	1
棉籽饼	10	食盐	1	合计	100
麸皮	19				

100. 怎样应用代数法设计肉牛日粮配方?

现以体重 300 千克,预期日增重 1.5 千克,育肥目标 400 千克的育肥牛群为例,说明如何用代数法设计肉牛日粮、计算日粮配比。

第一步,计算肉牛所需每千克干物质营养物质含量。

选定肉牛营养标准,并根据日增重适当调整 (表 5-8)。再根据此标准计算肉牛所需每千克干物质营养物质含量是:肉牛能量单位 (RND) 0.9,粗蛋白质 111.7 克、钙 4.3 克、磷 2.3 克。供选用的原料营养物质含量 (表 5-9)。

表 5-8　营养标准

体重 (千克)	日增重 (千克)	干物质采食量 (千克)	RND	粗蛋白质 (克)	钙 (克)	磷 (克)
300	1.5	8.75	7.89	977	38	20

表 5-9　原料中营养物质含量

原料名称	干物质 (%)	RND	粗蛋白质 (%)	钙 (%)	磷 (%)
玉米秸	90	0.50	6.6	—	—
酒糟	37.7	1.00	24.7	—	—
玉米	88.4	1.13	9.7	0.09	0.24
麦麸	86.6	0.82	16.3	0.20	0.88
棉籽粕	88.3	0.92	36.3	0.30	0.90
石粉	92.1	—	—	33.98	—
磷酸氢钙	风干	—	—	23.2	18.6
盐	95	—	—	—	—

第二步,计算粗饲料的营养浓度。

先根据经验确定拟配日粮中各种粗饲料原料占粗饲料总量的百分比,再计算出每千克粗饲料干物质 (其中玉米秸占 60%、酒糟占 40%）的营养浓度（表 5 - 10）。

表 5 - 10   粗饲料的营养浓度（每千克干物质含量）

原料	占干物质 （%）	RND	蛋白质 （克）	钙 （克）	磷 （克）
玉米秸	60	0. 3	39. 6	—	—
酒糟	40	0. 4	98. 8	—	—
合计	100	0. 7	138. 4	—	—

第三步，计算精饲料的营养浓度。

线性规划法求出拟配日粮中各种精饲料原料所占精饲料总量的百分比，计算出每千克精饲料干物质的营养浓度（表 5 - 11）。

表 5 - 11   精料的营养浓度（每千克干物质含量）

原料	占干物质 （%）	RND	蛋白质 （克）	钙 （克）	磷 （克）
玉米	82. 9	0. 94	80	0. 75	2
麦麸	15. 2	0. 12	24. 7	0. 30	1. 34
棉籽粕	1. 9	0. 02	6. 9	0. 17	0. 17
合计	100	1. 08	111. 6	1. 22	3. 51

第四步，计算出精、粗饲料比例。

按肉牛营养标准规定的能量浓度计算出粗、精料比例。

设：混合粗饲料占日粮比为 X，则混合精饲料占日粮比为 1 - X。

列方程式：X × 0. 7 + （1 - X）× 1. 08 = 0. 9；X = 47. 4% 。

即：混合粗饲料占日粮的比例为 47. 4%，混合精饲料占日粮的比例为 52. 6% 。

第五步，计算出日粮中各种原料的配比。

玉米秸 60% × 47. 4% ≈ 28. 4%，酒糟 40% × 47. 4% ≈ 19%，玉米 82. 9% × 52. 6% ≈ 43. 6%，麦麸 15. 2% × 52. 6% ≈ 8%，棉籽粕 1. 9% × 52. 6% ≈ 1%，合计 ≈ 100% 。

第六步，计算出每千克干物质中粗蛋白质含量。

按上述日粮组成计算出每千克干物质中粗蛋白质含量约为124.3 克（138.4×47.4% ＋ 111.6×52.6%），比标准高 12.6 克（124.3 － 111.7）。日粮营养物质含量较营养标准的余缺情况见表5－12。从表 5－12 可知，拟配日粮钙缺 32.91 克，磷缺 3.91 克，此日粮尚需再平衡。

表 5 – 12　日粮组成及营养含量余缺情况

原料	占干物质比例（%）	干物质采食量（千克）	饲料采食量（千克）	RND	粗蛋白质（克）	钙（克）	磷（克）
玉米秸	28.4	2.5	2.8	1.25	165	—	—
酒糟	19	1.7	4.5	1.7	419.9	—	—
玉米	43.6	3.8	4.3	4.29	368.6	3.42	9.12
麦麸	8	0.7	0.8	0.57	114.1	1.4	6.16
棉籽粕	1	0.09	0.1	0.08	32.67	0.27	0.81
合计	100	8.79	12.5	7.89	1 100.27	5.09	16.09
与标准相差（±）	—	+0.04	—	0	+123.27	-32.91	-3.91

第七步，平衡日粮。

用磷酸氢钙调整钙、磷不足。3.91 克磷需要的磷酸氢钙量约为 0.021 千克（3.91÷186）。磷酸氢钙的钙以 23.2%、磷以18.6% 计，则 0.021 千克磷酸氢钙约含钙 4.87 克（0.021×232），尚缺钙 28.04 克，即（32.91－4.87）。用石粉补充所缺的 28.04 克钙，石粉的钙含量以 33.98% 计，则约需 0.083 千克（28.04÷339.8）石粉。盐按日粮干物质的 0.22% 添加，则盐的用量为 19.6克（0.22%×8.91）。平衡后的日粮组成见表 5－13，多维、微量元素按说明书添加。经平衡的肉牛育肥期日粮组成：玉米秸 2.8 千克、酒糟 4.5 千克、玉米面 4.3 千克、麦麸 0.8 千克、棉籽粕 0.1千克、磷酸氢钙 0.021 千克、石粉 0.083 千克、盐 0.02 千克，合计 12.6 千克。此日粮营养浓度符合标准要求，肉牛能量单位为7.89 RND，钙、磷与标准一致，粗蛋白质比标准高 123 克。

表 5 - 13　育肥肉牛（300 ~ 400 千克）平衡日粮组成

原料	干物质采食量（千克）	饲料采食量（千克）	RND	粗蛋白质（克）	钙（克）	磷（克）
玉米秸	2. 5	2. 8	1. 25	165	—	—
酒糟	1. 7	4. 5	1. 7	419. 9	—	—
玉米	3. 8	4. 3	4. 29	368. 6	3. 42	9. 12
麦麸	0. 7	0. 8	0. 57	114. 1	1. 40	6. 16
棉籽粕	0. 09	0. 1	0. 08	32. 67	0. 27	0. 81
磷酸氢钙	0. 021	0. 021	—	—	4. 87	3. 91
石粉	0. 083	0. 09	—	—	28. 04	—
盐	0. 0196	0. 02	—	—	—	—
合计	8. 91	12. 6	7. 89	1 100. 27	38	20
与标准相差（ ± ）	+0. 16	—	0	+ 123. 27	0	0
相对差（ ± % ）	+1. 8	—	0	+ 12. 62	0	0

101. 怎样设计肉牛预混合饲料配方?

(1) 设计方法和步骤

①根据肉牛饲养标准和添加剂使用指南确定各种添加剂的用量。通常以饲养标准中规定的微量元素和维生素需要量作为添加量，还可参考实际研究结果和应用实践进行权衡，修订添加的种类和数量。②原料选择。综合原料的生物效价、价格和加工工艺要求选择微量元素原料。主要查明微量元素含量，同时查明杂质及其他元素，以备应用。③根据原料中微量元素、维生素及有效成分含量或效价，预混料中的需要量等计算在预混料中所需商品原料量。其计算方法是：

纯原料 = 某微量元素需要量/纯品中元素含量（ % ）

商品原料量 = 纯原料量/高品原料有效含量（或纯度）

④确定载体用量。根据预混料在全混日粮中的比例，计算载体用

量。一般认为预混料占全混日粮的 0.1% ~ 0.5% 为宜。载体用量为预混料量与商品添加剂原料量之差。⑤列出肉牛预混合饲料的生产配方。

（2）肉牛微量元素添加剂预混合饲料配方设计实例

以育肥肉牛微量元素预混料的配方设计为例：①根据饲养标准确定微量元素用量。由我国肉牛饲养标准中查出育肥肉牛的微量元素需要量，即每千克日粮中的添加量：铜为 8 毫克，碘 0.5 毫克，铁 50 毫克，锰 40 毫克，硒 0.1 毫克，锌 30 毫克，钴 0.1 毫克。②微量元素原料选择。生产中有许多微量元素饲料添加剂，其化学结构，分子式，元素含量，纯度等均有差别，根据实际情况进行选择。③计算商品原料量。每千克全混合日粮商品原料量 = 某微量元素需要量/纯品中该元素含量/商品原料纯度，每吨全混合日粮中商品原料量 = 每千克全混合日粮商品原料量 × 1 000。④计算载体量。若预混合饲料在全混合日粮中占 0.2% 时，则预混合饲料中载体用量等于预混合饲料量与微量元盐商品原料量之差。即：2 千克 – 0.546 29 千克 = 1.453 71 千克。

（3）肉牛维生素添加剂预混合饲料配方设计实例

①需要量和添加量的确定。查肉牛饲养标准可得泌乳母牛对维生素的需要量，并考虑预混合饲料生产过程以及饲喂过程中可能的损耗和衰减量来决定实际加入量。标准需要量为维生素 A 3 200 国际单位，维生素 D 1 200 国际单位，根据饲养管理水平，工作经验等进行调整给出的添加量为：维生素 A 6 400 国际单位，维生素 D 2 400 国际单位，维生素 E 30 国际单位。②根据维生素商品原料的有效成分含量计算原料用量。商品维生素原料用量 = 某维生素用量/原料中某维生素有效含量。③抗氧化剂。选用 BHT（二丁基羟基甲苯），添加量为 0.8 克/吨。④计算载体用量并列出生产配方。载体用量根据设定的维生素添加剂预混料在全混日粮中的用量确定，在此设多维用量为 500 克/吨。

（4）复合预混合饲料配方设计

复合预混合饲料设计步骤与设计微量元素或维生素预混合饲料配方时基本相似，即确定添加量，选择原料，并确定其中有效成分含量，计算各原料和载体用量及百分比。

102. 如何配制人工初乳及犊牛精料补充饲料？

若母牛产后死亡，要给犊牛饲喂同期分娩的其他健康母牛的初乳，也可饲喂该牛群产的常乳或市售鲜牛乳，但要在常乳中每日添加鱼肝油 20 毫升或适量维生素 A 制剂，蓖麻油 50 毫升，起轻泻作用；也可配制人工初乳饲喂。人工初乳配方：鸡蛋 2 ~ 3 个，食盐 9 ~ 10 克，鱼肝油 15 毫升，40 ~ 50℃温开水 1 升，混合搅匀后饲喂初生犊牛，每千克活重喂给 8 ~ 10 毫升。

自然哺乳和人工哺乳犊牛，在哺食常乳不进行早期断奶的条件下，应喂给精料补充饲料。该料以豆饼，玉米，小麦麸和食盐，矿物质等组成，至少含有 14% 的粗蛋白质，2% 的脂肪，含钙 0.60%，磷 0.42%，镁 0.07%，钾 0.8%，铁为 100 毫克/千克干物质，另添加维生素 A，维生素 D 和维生素 E。配方 1 ~ 3 为典型犊牛精料补充饲料配方，其中"配方 1"引自王加启的《肉牛的饲料与饲养》；"配方 2"与"配方 3"引自李本亭、张凤祥、王建民的《肉牛规模饲养配套技术》。

配方 1（%）：燕麦 39.60、玉米 15.80、小麦麸 9.90、大麦 8.90、干甜菜渣 9.90、豆饼 9.90、糖蜜 4.90、食盐 0.50、磷酸氢钙 0.50、微量元素添加剂 0.04、维生素 A（3 万单位/克）0.06；

配方 2（%）：玉米 55 ~ 60、小麦麸 10 ~ 15、豆饼 20 ~ 25、鱼粉 0 ~ 5、骨粉 2、食盐 1、微量元素添加剂"因地制宜"；

配方 3（%）：玉米 50 ~ 55、小麦麸 10 ~ 15、豆饼 25 ~ 30、鱼粉 0 ~ 5、骨粉 2、食盐 1、微量元素添加剂"因地制宜"、维生素 A（万单位/千克）10 ~ 20。

103. 怎样配制肉用犊牛早期断奶饲料？

(1) 人工乳

早期断奶一般指犊牛 35 日龄断奶。一般饲喂人工乳前期一定要让犊牛吃足初乳，并饲喂一段时间的常乳，再逐渐用人工乳代替常乳。人工乳也叫代用乳，其组成包括乳品加工副产品，如脱脂乳，脱脂乳粉，乳酪，乳清等，约占 8%，动物和植物油脂占 17% ~ 20%，大豆等植物蛋白占 1% ~ 3%，矿物质（镁，铁，锰，钴，锌等）和维生素等。为提高人工乳的适口性，还加入适量的调味剂。优质人工乳含粗蛋白质不少于 22%，且 2/3 最好是乳蛋白，植物蛋白和鱼粉蛋白不超过 1/3，粗脂肪含量不低于 10%。高脂人工乳有利于预防犊牛腹泻和提高日增重，且犊牛对动物性脂肪如鱼肝油等的消化吸收较好。两例经实践验证的人工乳参考配方示例如下。

配方 1（%）：脱脂乳 70、鱼粉 5、玉米粉 4、氢化植物油 2.5、鱼肝油 2.5、维生素 2、微量元素 2、磷酸钙 1、碳酸钙 1、水 10（包括溶化盐类及加工中的消耗）。

配方 2：每 50 千克液体人工乳中含大豆粉 5 千克、氢化植物油 750 毫升，乳糖 1 460 克，蛋氨酸 44 克，复合维生素 124 克，微量元素 37 克，丙酸钙 304 克，5%的金霉素溶液 8 毫升。将除维生素、抗生素外的人工乳配方中的主要原料混合、搅拌均匀后，经 85 ~ 90℃，10 ~ 20 秒钟杀菌。原料中的盐类（包括微量元素）用水溶化后加入，在人工乳温度降至 50℃ 以下时，再加入维生素和抗生素。也可将液体人工乳加工成人工乳粉，喂前按 1：(5 ~ 6) 的比例，用 50 ~ 60℃ 温水溶解、稀释后饲喂犊牛。

(2) 犊牛料

又叫开食料，是由常乳或人工乳（液体饲料）过渡到精料补充饲料时专门配制的精饲料，其营养价值要高于犊牛精料补充饲料，但也不同于人工乳（不是液体饲料）。犊牛料以适口性好的高能量籽实和优质植物性高蛋白饲料（如发酵豆粕）为主要成分，也可添加少量鱼粉、苜蓿粉和其他豆科草粉，并添加犊牛需要的矿物质、维生素等。犊牛料要求粗蛋白质含量不低于 16% ~ 18%，粗纤维不高于 6% ~ 7%。因此，犊牛料适口性好、营养丰富和容易消化吸收。犊牛料有粗粉状和颗粒状 2 类，颗粒状犊牛料的颗粒不宜过大。可在 1 周龄后训练采食犊牛料，先将犊牛料置于饲槽或喂奶桶中任其采食，并逐渐增加喂量，在 1 月龄内尽量使犊牛多采食犊牛料，每日采食量稳定在 1 千克时即可断奶。犊牛料喂至 8 周龄以后，即可逐渐转换为精料补充饲料或普通混合精饲料。几例经实践验证的犊牛料配方示例如下。

配方 1（%）：豆饼 23、玉米 40、燕麦 25、糖蜜 8、矿物质和维生素添加剂 4。

配方 2（%）：豆饼 15、玉米 32、燕麦 20、鱼粉 10、糖蜜 20、矿物质和维生素添加剂 3。

配方 3（%）：玉米 42、高粱 10、优质鱼粉 4、豆粕 20、麸皮 12、脱脂米糠 2、苜蓿粉 3、糖蜜 4、矿物质和维生素添加剂 3。

配方 4（%）：豆饼 35、玉米 22、麸皮 20、高粱面 20、骨粉 1、食盐 1、生长素 1，并添加四环素。

104. 怎样配制放牧妊娠母牛精料补充饲料？如何配制舍饲妊娠母牛饲料？

利用草地放牧妊娠母牛，可降低饲养成本，但在营养上要注意，初春牧草产量低、水分含量高；冬季牧草含纤维素高、质量差，均可造成妊娠母牛能量、蛋白质及矿物质摄入不足，需补饲，使妊娠母牛保持中等膘情，不带犊哺乳的母牛妊娠期总增重达到 45 ~ 70 千克，为产后哺乳和下一胎发情配种贮备营养，但不宜过肥以免影响乳腺发育、降低产后泌乳量。对妊娠后期和进入冬季枯草期的妊娠母牛（多数在妊娠的最后 3~4 个月）补饲时，特别要注意补充胡萝卜，每头日喂量 1 千克。无胡萝卜时，应按每千克混合精饲料中加入维生素 A 1 万单位。精料补充饲料的参考配方（%）：玉米 50、麦麸 10、豆饼 30、高粱 7、石粉 2、食盐 1，每头牛日喂量 0.8~1.1 千克。在缺乏饼（粕）类饲料或植物性蛋白质饲料时可补饲尿素，每头日喂量 50~80 克。除在舍内补饲精饲料外，还要补饲一定量的干草，使妊娠母牛在冷季保持一定的增重。据报道，这一时期增重良好的妊娠母牛，所产犊牛的初生重、断奶重均较高，而且哺乳期缩短 1 周。

舍饲妊娠母牛的粗饲料由麦秸、稻草和玉米秸等组成时，蛋白质含量低，缺乏维生素 A。所用精料补充饲料参考配方（%）：玉米 50、麦麸 10、豆饼 30、高粱 7、石灰石粉或贝壳粉 2、食盐 1。每千克混合精饲料中加入维生素 A 1 万单位。精料补充饲料日喂量为妊娠 1~6 个月 0.75~0.85 千克，6 个月以后 1~1.5 千克。舍饲妊娠母牛的粗饲料由青刈牧草、青贮饲料（不包括豆科牧草）组成时，要适当补充能量及蛋白质饲料。所用精料补充饲料参考配方（%）：玉米 68、麦麸 10、豆饼 5、高粱 14、石灰石粉或贝壳粉 2、食盐 1。精饲料日喂量为妊娠 6 个月以后 0.5~1.05 千克。妊娠母牛的粗饲料由豆科牧草，如苜蓿、紫云英、三叶草等的青草或干草组成时，精饲料中不必添加饼（粕）类饲料、尿素等蛋白质丰富的饲料，仅补充由玉米、麸皮、高粱等组成的混合精饲料即可。

105. 什么是肉牛日粮的全方位论效原理？生产中怎样通过日常观测验证日粮配方的饲喂效果？

肉牛日粮全方位论效原理指对肉牛日粮营养效果的判定依据和标准具有多靶点、多层次、多角度的全方位特点，具有更强的针对性、可变性与适应性。肉牛日粮与其营养效果间的对应关系不完全是直接关系，也不完全是特异性关系，而是非线性关系。全方位论效包含着更加深刻的生物学机制和规律。对于理论上符合饲养标准，满足肉牛营养需要的日粮配方还需通过日常的一般观测和饲养试验来验证其效果。饲养试验比较复杂，生产实践中通常根据一般观测来验证日粮配方效果。只有这样才能做到饲喂效果可靠，避免损失，获得高的经济效益。一般观测的具体内容有：①观察牛的采食情况。观察日粮有无剩余及剩余量。观察牛左肷窝（腰椎侧、臀部与最后一肋骨为三边的三角形凹陷）的充满程度。若凹陷平坦或充满，说明牛已吃饱；若凹陷明显，说明牛未吃饱，还应加喂饲草。②观察牛的反刍情况。采食结束 1 小时后，牛在安静或卧息条件下，群体中大部分牛出现反刍，说明日粮中精、粗饲料比例基本合理。若群体中反刍的牛数不足一半，表示粗饲料特别是干草、秸秆喂量不足，需增加。③观察牛的粪便。肉牛粪便一般干湿中等，落地呈半球形，具正常牛粪气味。如具有异臭或粪中混杂有未消化的谷物碎粒，说明日粮中精饲料过多，应适当调整。粪便过干、结构较硬，应在粗饲料中适当增加青贮、青绿饲料，并注意多供饮水。粪便过稀，落地不成形，流散于圈地，可适当减少青绿、多汁饲料或糟粕饲料，相应增加干草或秸秆。粪便上带有血液式黏液（母牛发情正常出血除外）粪呈黑色或灰色的稀糊状应及时请兽医诊治。④育肥牛每月称重。按牛群大小，随机选择适当数量的牛，编号和称重。每次称重应在上午未饲喂前，并及时统计分析增重情况，分析影响增重的原因。

106. 肉牛育肥效果较好的配方有哪些?

(1) 体重 300 千克架子牛过渡期日粮配方示例

架子牛在育肥开始前要有一短暂的过渡期（又称适应期），时间约 5 天。过渡期内，架子牛日粮以青贮饲料、干粗饲料为主，使架子牛在较短时间内适应新的生活环境条件。架子牛过渡期日粮配方示例见配方 1～5。

配方 1（%）：玉米 20.6、棉籽饼 13.9、甜菜干饼 6.9、全株玉米青贮 45.0、玉米秸秆 13.6，另加添加剂 1.0、食盐 0.2、石粉 0.3。

配方 2（%）：玉米 8.5、玉米胚芽饼 20.9、玉米酒精蛋白饲料（湿）14.6、全株玉米青贮 48.3、玉米皮 4.5、小麦秸 3.2，另加添加剂 1.0、食盐 0.2、石粉 0.4。

配方 3（%）：玉米 14.3、棉籽饼 13.2、全株玉米青贮 49.0、玉米秸秆 23.5，另加添加剂 1.0、食盐 0.2、石粉 0.3。

配方 4（%）：玉米 4.7、玉米胚芽饼 14.8、玉米酒精蛋白饲料（湿）15.3、玉米酒精蛋白料（干）5.4、全株玉米青贮 36.6、玉米秸秆 15.8、玉米皮 5.0、小麦秸 2.4，另加添加剂 1.0、食盐 0.2、石粉 0.3。

配方 5（%）：棉籽饼 3.6、麦麸 9.7、玉米酒精蛋白料（干）10.4、全株玉米青贮 43.2、苜蓿 8.2、玉米秸秆 18.1、玉米皮 6.8，另加添加剂 1.0、食盐 0.2、石粉 0.2。

（2）体重 300～350 千克架子牛育肥期日粮配方示例

体重 300～350 千克架子牛经过渡期饲养后，立即进入育肥期饲养，育肥日粮配方示例见配方 1～5。

配方 1（%）：玉米 31.2、棉籽饼 6.4、棉籽 3.4、全株玉米青贮 44.1、玉米秸秆 3.4、甜菜干粕 10.0、添加剂 1.0、食盐 0.2、石粉 0.3。

配方 2（%）：玉米 18.4、玉米胚芽饼 13.2、玉米酒精蛋白料（湿）18.6、全株玉米青贮 27.0、玉米秸秆 10.7、玉米皮 4.4、小麦秸 6.2、添加剂 1.0、食盐 0.2、石粉 0.3。

配方 3（%）：玉米 17.3、玉米胚芽饼 14.1、玉米酒精蛋白料（湿）15.0、全株玉米青贮 40.0、玉米秸秆 10.6、玉米皮 1.5、添加剂 1.0、食盐 0.2、石粉 0.3。

配方 4（%）：玉米 21.1、棉籽饼 9.4、全株玉米青贮 50.0、玉米秸秆 18.0、添加剂 1.0、食盐 0.2、石粉 0.3。

配方 5（%）：玉米 16.9、玉米胚芽饼 15.4、棉籽饼 2.3、玉米酒精蛋白料（干）10.7、全株玉米青贮34.1、玉米秸秆7.0、玉米皮12.0、添加剂1.0、食盐0.2、石粉0.4。

（3）体重350~400千克架子牛育肥期日粮配方示例

见配方1~5。

配方1（%）：玉米26.4、棉籽饼7.2、棉籽3.6、菜籽饼3.6、全株玉米青贮41.0、甜菜干粕7.0、玉米秸秆10.7、食盐0.2、石粉0.3。

配方2（%）：玉米30.7、棉籽饼9.8、棉籽3.3、全株玉米青贮48.4、玉米秸秆7.4、食盐0.2、石粉0.2。

配方3（%）：玉米31.2、棉籽饼7.0、棉籽3.5、全株玉米青贮44.0、甜菜干粕13.6、食盐0.3、石粉0.4。

配方4（%）：玉米34.0、麦麸2.9、玉米胚芽饼2.0、棉籽饼3.6、玉米酒精蛋白料（干）18.0、玉米秸秆19.3、苜蓿草5.0、玉米皮14.7、食盐0.2、石粉0.3。

配方5（%）：玉米46.4、棉籽饼7.7、棉籽2.3、全株玉米青贮32.0、甜菜干粕11.0、食盐0.2、石粉0.4。

（4）肉牛育肥后期日粮配方示例

见配方1~5。

配方1（%）：玉米40.7、大麦8.0、棉籽饼8.1、全株玉米青贮26.0、甜菜干粕16.0、添加剂1.0、食盐0.2。

配方2（%）：玉米35.9、玉米胚芽饼16.0、玉米酒精蛋白料（干）7.2、全株玉米青贮25.1、苜蓿草4.6、玉米秸秆2.6、玉米皮7.3、添加剂1.0、食盐0.3。

配方3（%）：玉米24.7、玉米胚芽饼17.8、玉米酒精蛋白料（干）4.1、全株玉米青贮32.6、玉米秸秆9.2、玉米皮10.0、添加剂1.0、食盐0.2、石粉0.4。

配方4（%）：玉米30.4、玉米胚芽饼17.0、玉米酒精蛋白料（湿）17.0、全株玉米青贮18.0、玉米秸秆9.0、小麦秸5.0、玉米皮1.8、添加剂1.0、食盐0.3、石粉0.5。

配方5（%）：玉米48.5、大麦8.6、棉籽饼6.0、棉籽2.5、全株玉米青贮21.0、甜菜干粕12.2、添加剂1.0、食盐0.2。

（5）适用于7～18月龄的生长育肥牛配方实例

①混合精饲料（%）：玉米57、麸皮29、豆饼14（70克尿素用水拌入玉米面中）。粗饲料（%）：青贮玉米秸73、麦秸27。另外添加贝壳粉60克，食盐20克和小苏打粉10～15克。在充分饲喂粗饲料的情况下，每日饲喂混合精饲料1.5～2.0千克。

②混合精饲料（%）：玉米40、麸皮20、棉籽饼40（玉米面中加水拌入尿素40克）。粗饲料（%）：干地瓜秧36、麦秸28、干花生秧36。另外添加贝壳粉50克，食盐26克。棉籽饼用1%硫酸亚铁水溶液浸泡6小时再用。混合精饲料每日可喂1.5～1.8千克。

③混合精饲料（%）：玉米68、麸皮16、豆饼16（玉米面中加水拌入尿素60克）。粗饲料（%）：青贮玉米秸67、花生秧13、麦秸20。另外添加贝壳粉60克，食盐20克和小苏打粉5克。混合精饲料每日可喂1.8千克左右。

④混合精饲料（%）：玉米60、麸皮20、花生饼20。粗饲料（%）：氨化麦秸33，青贮玉米秸67。另外，添加贝壳粉60克、食盐20克和小苏打粉5克。混合精饲料每天可喂1.5～2.0千克。

⑤混合精饲料（%）：玉米83（加水拌入尿素70克）、豆饼17。粗饲料（%）：稻草9、青贮玉米秸82、麦秸9。另加贝壳粉60克、食盐20克和小苏打粉5克。混合精料每天可喂1.5～21.8千克。

（6）适用于成年老残淘汰牛育肥的饲料配方

混合精饲料（%）：棉籽饼60、玉米40。粗饲料（%）：青贮玉米秸70、氨化麦秸30。

107. 传统日粮配合技术基本特征是什么？存在着哪些技术缺陷？

传统日粮配合技术仅仅是传统饲料科学和技术体系中的一项具体实用技术，没有形成完整的理论与技术体系，具有如下3个基本特征：①以现行饲养标准为日粮配合的根本技术依据。②将动物营养需要量作为固定不变值看待是日粮配合的营养学原则。③以不承认饲料之间或饲养措施之间的组合效应为日粮配合计算方法的前提。由于这些基本特征，使得传统日粮配合技术存在着如下技术缺陷：①日粮配合技术与营养管理技术脱节。②日粮配合技术的优化决策功能不完整。③缺乏对日粮生产效果的预测功能。

108. 什么是优化饲养设计技术？较之传统日粮配合技术有哪些针对性技术创新？

优化饲养设计技术就是围绕一定的生产目标和营养调控目标，根据当地可利用的饲料资源和其他因素（动物、饲料和环境）在对动物的营养需要量优化决策基础上，对日粮优化设计。通过日粮优化设计，在优化加工工艺的基础上给动物提供一个能在满足其营养需要的前提下具有特殊营养调控功能、饲养安全、工艺质量合格、经济合算的日粮，并使之与相配套的动物营养管理技术加以系统集成，通过使用营养检测技术形成一种优化的饲养方案，其基本特征是系统整合与动态优化。优化饲养设计技术，实现了以下五个方面的技术创新：①针对"以静制动"的缺陷，引进了动态优化原则。②针对狭义的"可加效应"缺陷，引入了现代组合效应与营养素平衡理论原则，作为日粮优化设计的理论依据。③针对营养检测技术滞后的缺陷，引入了现代营养检测技术体系作为不断优化的技术依据。④针对缺乏营养预测功能的缺陷，引入了现代营养预测技术体系，提高日粮配合技术的决策功能。⑤针对日粮配合与其他营养技术脱节的缺陷，提出日粮设计同其他营养管理技术系统整合、优化饲养方案设计的新思路。

109. 怎样科学搭配肉牛日粮?

肉牛日粮组成的多样化，要求科学搭配肉牛日粮，也就是对肉牛日粮整体优化，首先优化搭配粗饲料，再与精饲料二次优化，以充分利用粗饲料之间、粗饲料与精饲料之间以及营养技术之间的组合效应。

(1) GI (粗饲料分级指数) 优化粗饲料搭配的技术

首先，将粗饲料按一定比例两两组合，采用体外批次发酵评定各组合的组合效应，将组合效应最大的组合再与第三个粗饲料按一定比例组合，再将组合效应最大的组合与第四个粗饲料按一定比例组合，并计算出各组合的 GI。生产中，为方便操作，肉牛日粮粗饲料品种一般不超过 3 个。选择粗饲料时，为充分利用当地资源，节约成本，一般以秸秆为基础粗饲料，再搭配优质干草。当然，也可以不用秸秆。优质干草可选用苜蓿干草、东北羊草等，青贮则应以玉米青贮为主。第二步，在设定能优化体外各发酵指标的组合效应值后，遵循成本较低，GI 较大的原则，选出一组或几组理想的粗饲料配方，再与精饲料优化组合。

(2) 经 GI 优化的混合粗饲料与精饲料的二次优化

二次优化所要达到的目的是在同等生产水平情况下饲养成本最低，或者同等饲养成本情况下生产水平最高，二者居其一即为理想日粮。二次优化时，有两种方法，一种是将经 GI 优化的混合粗饲料以不同比例与精饲料（精饲料中又可通过改变能量饲料，如玉米与蛋白质饲料如菜籽粕的比例而得到不同能氮水平的组合）组合，进行体外批次发酵，组合效应最大的组合就是最适精饲料添补料。另一种是利用"康奈尔净碳水化合物—蛋白"（CNCPS）体系优化日粮。在用 CNCPS 优化日粮时，根据蛋白质来源不同设计多种精饲料，利用 CNCPS 软件分析与经 GI 优化的混合粗饲料搭配的不同精饲料构成的组合，以获得最适精饲料组合。利用 CNCPS 优化日粮，既充分体现了饲料之间的正组合效应，又充分体现了 GI 优化粗饲料搭配技术与 CNCPS 日粮优化技术间互作的正组合效应与系统集成。

（3）肉牛日粮整体优化技术与传统配方技术的关系

肉牛日粮传统配方技术是肉牛日粮整体优化技术的基础，肉牛日粮整体优化技术是肉牛日粮传统配方技术的继承与发展。

110. 什么是系统集成型的饲料饲用技术？

系统集成型的饲料饲用技术是针对长期以来，饲料科学中饲用技术薄弱，"料"与"养"脱节而提出的。具有两个鲜明的技术特征。第一，系统集成与动态优化。这个新技术模式的主要技术关键就是系统集成与动态优化。在这一饲料饲用技术体系中，主要涉及以下技术：饲料粒度控制技术、阶段饲养技术、分群饲养技术、TMR 技术和肉牛福利（主要是肉牛舒适度）保护技术以及抗热应激技术等，这些饲用技术是充分发挥饲料或日粮饲用效果的重要保障。实施这一技术体系时的基本技术要求：①精心选择与所使用的饲料产品或自行配合的日粮相配套的饲用技术并与之集成。②注意检测和优化这些配套饲用技术之间的集成。③检测和优化这些饲用技术内部各个环节的集成。④以动物营养检测技术作为对这些饲用技术之间或内部的系统集成化程度的评价手段，动态优化这些技术之间或内部的系统集成。第二，全面体现科学的饲用原则。具体为：①人性化原则。②精细化原则（个体化原则）。③营养平衡原则。④优化原则。⑤科学的经济原则。⑥安全原则。⑦环境友好原则。其中，人性化、精细化和优化原则，近来更是越来越引起广泛关注。人性化原则是动物福利现代科学理念在饲料利用方面的具体体现，其具体含义是在饲料利用和动物养殖中要善待动物，坚持健康养殖。在饲料利用坚持人性化原则上，一要科学、安全利用饲料资源和饲料产品；二要发展与之配套的系统集成型的饲养技术体系。只有坚持人性化原则才能做到现代养殖四大优化决策目标统筹，实现养殖业可持续发展的目标。饲料利用的精细化原则包括两个方面含义，一是根据肉牛生理阶段和性别优化设计饲料利用方案，二是根据肉牛生产水平等个体差异优化设计饲料利用方案。饲料利用的精细化原则是对传统饲料科学和传统动物营养学中唯饲养标准论的初级技术理念的一种重要的理论和技术的补充和发展。饲料利用的优化原则强调的是在饲养实践中，应根据实际情况达到较为理想的目标，而非一味追求最佳的目标。营养检测技术是评估饲料利用优化原则的基本技术依据。

（张吉鹍，吴文旋）

第六章　肉牛的育肥技术

111. 什么是肉牛育肥？影响肉牛育肥的因素有哪些？

(1) 肉牛育肥

肉牛育肥就是使肉用牛变得肥胖或丰满的养殖过程。我国的肉牛育肥，一般是将产自饲养条件较差地区的成年牛集中育肥，也有直接从幼仔断奶就开始育肥。通常肉牛的育肥，按饲养方式可分为放牧与舍饲育肥。舍饲育肥方式有持续育肥（一贯育肥）和后期集中育肥（架子牛育肥）。按牛的年龄又可分为犊牛育肥、育成牛育肥和架子牛育肥。

(2) 影响肉牛育肥的因素

①品种和类型。不同用途和不同品种的牛产肉性能差异较大，是影响育肥效果的重要因素之一。肉用牛比肉乳兼用牛、乳用牛和役用牛能较快地结束生长，因而能早期育肥，提前出栏，节约饲料。并且能获得较高的屠宰率和胴体出肉率，肉的质量也好，胴体中所含不可食部分（骨和结缔组织）较少，能够较均匀地在体内贮积脂肪，使肉形成大理石纹状，因而肉味鲜美，质量高。其屠宰率在育肥后 60% ~ 65%，高者达 68% ~ 72%，而兼用品种牛 55% ~ 60%，肉乳兼用的西门塔尔牛 62%，乳用品种牛未育肥 35% ~ 43%，育肥后 50%。役用品种牛未经育肥和育肥后各种牛差异也很大，据报道，老残牛屠宰率 55.1% ~ 57.2%，南阳牛

42.5%，秦川牛41.8%，甘肃黄牛一般为40%，改良后可达50%以上。改良后的西黄F₁代，利西黄、短西黄、西黄二代，18月龄开始育肥，经80天，屠宰率分别为54.2%、56.1%、54.8%和55.8%。同一品种或类型中不同的体形结构产肉性能也会不同。②年龄。年龄不同，屠体品质也不同，幼龄牛肉质纤维细嫩，水分含量高（初生犊牛分含量70%以上），脂肪含量少，味鲜、多汁，随年龄增长，纤维变粗，水分含量减少（两岁阉牛胴体水分为45%），脂肪含量增加，不同年龄牛的售价也有较大差异。幼牛维持消耗少，单位增重耗料少，饲料利用率高。体重的增长主要是肌肉、骨骼和各器官的生长。而年龄大的牛则相反，体重增长主要靠脂肪沉积，其热能消耗约为肌肉的7倍。因此，幼牛育肥较老年牛育肥更为经济。③性别。性别对体形、胴体形状和结构，肉的品质，胴体肥度都有很大的影响。母牛育肥的缺点是育肥时易受发情干扰，可在育肥后期放入公牛配种使之怀孕或摘除卵巢以消除发情干扰。淘汰母牛和老龄母牛育肥时肉质差，增重多为脂肪，成本高，但可充分利用粗饲料及各种糟渣，相对节约开支，但育肥期不宜过长，体形较为丰满时就应及时屠宰。④杂交。杂种牛比纯种牛多产肉15%～20%，三品种杂交又比两品种杂交多产肉5%左右。⑤双肌肉的发育。近年来，在肉牛的选种工作中对肌肉的发育都很重视，双肌是对肉牛臀部肌肉过度发育的形象称呼。早在200年前已发现牛的肌肉发育有双肌现象，在短角牛、海福特牛、夏洛莱牛等品种中均有出现，目前在夏洛莱牛中最多，公牛较母牛多。双肌有如下特点：一是以膝关节为圆心至臀端为半径画一圈，双肌的臀部外缘正好与圆周吻合，但非双肌的牛的臀部外缘则在圆周以内。双肌牛由于后躯肌肉特别发育，因此能看出肌肉间有明显的凹陷沟痕，行走时肌肉移动明显且后腿向前向两外侧，尾根突出，尾根附着向前。二是双肌牛沿脊柱两侧和背腰的肌肉发达，形成"复腰"，腹部上收，体躯较长。三是肩区肌肉较发达，但不如后躯，肩肌之间有凹陷。颈短较厚，上部呈弓形。双肌牛生长快，早熟。双肌的特性随牛的成熟而变得不明显。公牛的双肌比母牛明显。双肌牛胴体的特点是：脂肪沉积少而肌肉多，据测定，双肌牛胴体的脂肪比正常牛少 3% ~ 6%，瘦肉多 8% ~ 11.8%，骨少 2.3% ~ 5%，个别双肌牛的肌肉可比正常牛多 20%。双肌牛的主要缺点是繁殖力差，怀孕期延长，难产多。此外，还与饲养水平、饲养状况等有关。

112. 怎样进行犊牛育肥？

犊牛育肥就是用较多数量的牛乳及精饲料饲喂犊牛进行育肥，至 7 ~ 8 月龄断乳时，体重达到 250 千克左右即行屠宰。经育肥的犊牛其肉质呈粉红色，营养价值高，是牛肉中的上品。犊牛初乳的饲喂方法参见"问题 75"和"问题 130"，犊牛的饲喂方法参见"问题 133"和"问题 134"。犊牛育肥混合精料补充饲料夏、秋二季的参考配方（%）：玉米 60、豆粕 12、燕麦或大麦 13、鱼粉 3、油脂 10、骨粉 1.5、食盐 0.5、土霉素 22 毫克/千克；冬、春二季的参考配方（%）：玉米 60、豆饼 12、燕麦或大麦 13、鱼粉 3、油脂 10、骨粉 1.5、食盐 0.5、维生素 A 添加剂 10 万 ~ 20 万国际单位/千克、土霉素 23 毫克/千克。

113. 怎样进行幼牛强度育肥？

(1) 幼牛强度育肥

幼牛强度育肥又称持续育肥，指犊牛断奶后立即转入育肥阶段或异地转入专门化育肥场集中育肥，始终保持较高的日增重（约在 1.2 千克以上），直到达到出栏体重为止（12 ~ 18 月龄，体重 400 ~ 500 千克）。采用该法育肥，日粮中的精饲料占总干物质的 50% 以上。持续育肥由于在肉牛生长发育高峰期，饲料利用率较高的生长阶段给予充足营养，进行强度育肥，保持较高的增重，加上饲养期短，故育肥效率高。所生产的牛肉鲜嫩，仅次于小白牛肉，而成本较犊牛育肥低。持续育肥通常在精饲料来源丰富、价格较低廉，并有丰富的优质牧草作保障的地方和生产高档牛肉时采用。持续育肥分 3 个阶段，即前期（12 月龄前）、中期（12～15 月龄）和后期（16～18 月龄）。前期要求日粮中粗蛋白质高，并提供含矿物质丰富的饲料；中、后期要喂给能量高的饲料。每头牛日喂精饲料量，按占其体重的百分比计算，前期为 1.2%～1.3%（开始一个月内由 0.8% 逐步提高到 1.0%），即日喂 2～3 千克；中期为 1.3%～1.5%，即 3～4 千克；后期为 1.6%～1.8%，即 6～7 千克。精饲料占日粮的比例，前、中和后期分别控制在 40%、60% 和 70% 以上。

（2）饲料

前、中期混合精饲料可采用粉状饲料，后期以颗粒饲料为宜。精饲料补充饲料配方为①按前后期分，前期料（%）：大麦 12，玉米 35，麸皮 15，米糠 5，豆饼 12，菜籽饼 8，发酵血粉 7，酵母 3，食盐 1，矿物质微量元素预混料 2；中、后期料（%）：大麦 30，玉米 40，麸皮 10，米糠 10，豆饼 6，酵母 2，食盐 1，矿物质 1。②按粗饲料类型分，当粗饲料为青绿饲料时的混合精饲料配方（%）：玉米 83，高粱 15，石粉 1.5，食盐 0.5；当粗饲料为豆科干草时的混合精饲料配方（%）：玉米 88，高粱 10，石粉 1.5，食盐 0.5，维生素 A 添加剂 10 万～20 万国际单位/千克。育肥期中，必须保证供给充足的优质青干草、青绿饲料或青贮饲料，让其自由采食。同时给予充足的饮水。粗饲料日喂量：青绿饲料 10～40 千克，干草 2～5 千克，或氨化秸秆 4～6 千克，青贮饲料则为 10～20 千克；随育肥时间的增加，喂量均由多变少，日喂 3 次。持续育肥，可采用舍饲，亦可采用放牧加补饲的方法。

（3）育肥方案

幼牛强制育肥（370）天，总增重 225 千克，日增重 1.2 千克，夏秋季各种青草不限量，消耗精饲料总量 692 千克；冬春季各种干草、玉米秸、谷草、氨化和碱化秸秆不限量，精饲料总量914千克，胡萝卜总量256千克，或冬春季各种干草、玉米秸、谷草、氨化秸秆、碱化秸秆不限量，精饲料总量479千克，酒糟总量1 543千克，玉米青贮料总量720千克，胡萝卜总量256千克。7月龄、8月龄、9月龄、10月龄、11月龄与12月龄的体重分别达到175~211千克、211~247千克、247~285千克、285~319千克、319~355千克和355~400千克。

114. 什么是架子牛？什么是架子牛育肥？架子牛具有哪些特点？

简单地说，架子牛就是未经育肥的或不够屠宰的瘦牛。一般将1~2岁、活重300千克左右的牛称为架子牛。我国对架子牛尚无统一的标准，从生长发育方面看，架子牛是指体格、骨骼和内脏基本发育成熟，肌肉及脂肪组织尚未充分发育，因而具有较大育肥潜力的青年牛。具体而言，就是犊牛断奶后，经8~10个月或更长时间的生长，活重300千克左右（地方良种黄牛一般在250千克左右）已有较大骨架，但尚未达到上市活重，膘情较差，产肉率低，肉质较差的牛只，这类牛多散养于牛源基地或中、小养殖户中。将这类牛集中育肥，使其活重达到450~500千克时出栏，即为架子牛育肥。架子牛育肥依靠的是其补偿生长的特性，使牛多增重。架子牛的主要特点为：一是增重主要以肌肉为主。架子牛处于生长速度较快的阶段，在育肥期，生长、育肥同时进行，此时消化系统，尤其是瘤胃功能发育已较完善，能够利用较多的青、粗饲料，但由于胃的容量小，采食量较成年牛少。从生长发育规律看，在育肥前期增重主要以肌肉为主，脂肪沉积少。因此，应重视日粮中的蛋白质饲料组分及其供给。二是具有补偿生长特性。架子牛在育肥前由于营养水平较低及受不良饲养管理条件的影响，生长速度及增重速度较低。在育肥阶段，由于增加营养，改善饲养管理条件，采食及消化能力增强，生长速度加快，在短期内会赶上未受限制时应达到的活重。三是可利用多种饲料资源。架子牛的消化系统已基本发育完善，消化能力强，可利用多种饲料资源，因此在我国农村，可因地制宜，采用科学、实用的育肥方式。如以酒糟、氨化秸秆和青贮饲料为主要粗饲料育肥架子牛，均可获得良好效果。收购牧区繁育的架子牛，到饲料来源广的农区育肥，可将农区的饲料特别是大量粗饲料资源转换为牛肉等畜产品，肥料还田，对农牧区都有利。四是可生产高档优质牛肉。生产高档优质牛肉时对牛的年龄有所限制，多用处于生长发育期的青年牛。目前，我国多用断奶犊牛持续育肥方式或架子牛育肥方式生产高档优质牛肉。因此，在架子牛育肥中，只要选好品种，注重育肥方法及饲料配制，即可生产出高档优质牛肉。五是架子牛发病率比犊牛、老年牛低，死亡风险小。目前我国的架子牛质量差异较大，选购失误、运输距离过长、育肥地与原产地环境差异过大等，都会造成不同程度的损失。

115. 怎样选择架子牛？

(1) 品种

品种对肉牛育肥效果影响较大。国内非良种黄牛大部分为役用牛，增重速度慢，饲料转化率低。因此，选购育肥用架子牛时，首选杂种牛，即用国外良种肉用牛或肉乳兼用牛改良本地黄牛的一代、二代杂种后代或三元杂交后代。如海福特牛、夏洛莱牛、利木赞牛、皮埃蒙特牛等良种肉牛及西门塔尔牛与本地黄牛的杂交后代。杂种牛有良好的杂交优势，适应性好，生长速度快，饲料转化率、产肉量均高于本地黄牛，但肉质疏松。从杂种代数看，杂种1代育肥效果好。从品种组合来说，三元杂交组合所生后代，比二元杂交组合所生后代育肥效果好。其次，选择如秦川牛、南阳牛、晋南牛、鲁西牛等我国的良种黄牛及其与本地牛的杂交后代，适应性好，抗病力强，耐粗饲，肉质色泽红润，味道鲜美，很受欢迎。最后，有条件的地区，还可以选择荷斯坦公犊牛、荷斯坦牛与本地牛杂交所生的公牛进行育肥。这种牛收购价格便宜，育肥期也能获得较高的日增重和较好的育肥效果。

（2）性别

性别可影响日增重、饲料转化率及肉质。生长牛的增重速度、饲料转化率、肉脂比均以公牛最高，阉牛次之，母牛最低。一般认为公牛的生长速度高于阉牛约10%，阉牛高于同龄母牛约10%。肉、骨比公牛最高，阉牛和母牛相近，均低于公牛。肉质方面，母牛肌纤维细，结缔组织少；公牛胴体瘦肉多，脂肪少，肉色鲜红，脂肪雪白，肉味浓厚。因此在短期育肥架子牛时，应尽量选用公牛，如选择阉牛，则以早阉牛（3～5月龄去势）为好。

（3）年龄及活重

肉牛1岁时增重最快，2岁时增重仅为1岁时的70%，3岁时的增重又只有2岁时的50%。年龄越大，增重速度越慢，饲料报酬越低。在同一年龄阶段，体重越大、体况越好，育肥时间就越短，育肥效果也就越好。所以最好选择1～2岁，体重200～300千克，健康无病，体型发育良好的架子牛进行育肥。年龄最大不超过2.5岁，体重不超过400千克。

（4）体型外貌

观察体型外貌，可鉴别架子牛健康与否、发育状况以及是否具有育肥前途。一是要求架子牛健康，应具有如下特征：①口方正，鼻镜湿润，双耳灵活，双目明亮，对外界刺激反应正常，不迟钝。②全身被毛光亮，触摸皮肤柔软、疏松而有弹性。③食欲旺盛，反刍正常，通常采食后爱将两前肢屈于体下卧地。④粪便多呈软粥样，尿色微黄。⑤精神状态良好，体温38～39℃，性情温驯，行动自然，一般不攻击人、畜；⑥发育虽好，但性情暴躁，神经质的牛不能认为是健康牛，这样的牛难于管理。二是要求发育良好，有育肥前途：①四肢及躯体较长的牛骨架大，比较有利于肌肉着生，若幼牛体型已趋匀称，则将来发育不一定好；十字部高略高于体高，后肢飞节高的牛生长发育能力强；青年阶段体格较大而肌肉较单薄的牛（为晚熟的大型牛），会比体格小而肌肉厚实的牛更具生长潜力；处于生长期的牛，如肉用外貌（侧望呈砖形）清晰，宽而不丰满，看上去较瘦，说明有育肥前途，相反外貌丰满而骨架很小的牛不会有良好的长势。②支持体重的背腰肌肉充盈、肩胛与四肢强健者优。反之，背腰凹或凸表示表示体弱，背腰狭窄表示沿脊柱两侧肌肉发育不良，优质肉块少。③嘴阔、唇厚，上、下颌整齐、齿槽深，表示采食能力强；鼻梁正直，鼻孔大、胸宽而深，表示心肺发育好。④尻部方正、后档宽表示将来能着生大量优质牛肉，尖斜尻表示后躯发育差。⑤腹大而圆不下垂说明消化器官发育良好，大腹表示消化不良。⑥"大头牛"表示幼龄阶段（3月龄前）生长发育严重受阻；脐部四周肮脏、粪便恶臭的牛多半患有下痢。⑦犊牛生长早期，如果在后肋、阴囊等处沉积脂肪，则表明不可能长成大型肉牛。

116. 购买架子牛时应怎样选择牛源？需注意哪些问题？

(1) 牛源选择

①根据育肥地的气候特点选择牛源。东北牛生活在寒冷地区，怕热不怕冷，而江南和沿江地区夏季闷热天气多，空气湿度大，东北牛如果夏季在这些地区饲养，很容易生病，饲料消耗多，生长速度慢。有的掉膘，体重减轻。因此，夏季南方地区最好不要购买东北架子牛育肥。如果想购买东北架子牛育肥，应选择在夏末秋初购牛，翌年夏季之前出栏。②根据饲养规模选择牛源。如果可存栏100头以上，可考虑到外地购买架子牛，这样可一次性选择较多数量的架子牛。如果只可存栏50头左右，就没必要到外地购买架子牛，在本地择优选购即可。③根据价格差距选择牛源。选择购牛地点要算好运费、路途风险和损耗。运输路程在1 000千米以上，如

果活牛每千克差价在1.4元之内，就没必要去那里购牛。

（2）需注意的问题

①了解牛源地情况。要对牛源地架子牛的品种、货源数量、价格、疫病等详细了解。品种不对路、有病的牛不得购买；发育虽好，但性情暴躁、有神经质的牛，亦不宜购买；切不可贪图便宜、因数量多而购买。②了解牛源地的交易方式和交易费用。活重应以空腹重为准，购牛时最好过磅称重，但要注意观察牛有无灌水灌料，灌水牛坚决不能购买。③了解牛源地的饲料资源状况。要到与育肥地饲料资源相似的地区购牛，购牛时要深入饲养户了解当地的饲料资源状况、喂牛的方式方法，以便架子牛到达育肥地后能很快适应当地的饲养，缩短预饲期。

117. 架子牛育肥前要做哪些准备？

（1）牛舍

育肥前要因地制宜，选择合适的牛舍，为牛创造适宜的环境。一个适宜的环境可充分发挥牛的生产潜力，提高饲料利用率。一般来说，家畜的生产力20%取决于品种，40%～50%取决于饲料，20%～30%取决于环境。不适宜的环境温度可降低家畜的生产力10%～30%。此外，即使喂给全价饲料，如果没有适宜的环境，饲料也不能最大限度地转化为畜产品，从而降低了饲料利用率。由此可见，修建牛舍时，必须满足牛对各种环境条件（如温度、湿度、通风、光照等）的要求，为牛创造适宜的环境。总的要求是：北方牛舍能防寒保温，夏季可通风降温；南方牛舍能防热防潮，夏季降温措施良好。购牛前1周，应清除牛舍粪便，用水清洗，用2%的火碱溶液对牛舍地面、墙壁喷洒消毒，用0.1%的高锰酸钾溶液消毒器具，再用清水清洗一次。

(2) 饲草、饲料

饲草、饲料数量可按每头牛日采食日粮干物质占活重的3%准备，且粗饲料不得小于饲料总量的1/3。或者根据肉牛的2个时期估算：①幼牛期。每天每头牛需青贮玉米秸秆2.5~4千克，可以少量用一些酒糟或其他杂草。需精饲料1.5~2.5千克（包括玉米面60%，麦麸30%，豆饼或棉籽饼或菜籽饼任选一种10%）。育肥期：每天每头牛需干草4~6千克，精饲料2.5~4千克，后期育肥每天需干草6~7.5千克，精饲料4~5千克，另加青草量30%。

118. 架子牛育肥有哪些方法？

(1) 青贮饲料育肥法

开始饲喂青贮饲料时，牛可能不习惯采食，饲喂量可由少到多，逐步使之适应，育肥期肉牛青贮饲料每天的采食量可增加到20~25千克，或在青贮饲料中撒入少量食盐诱饲。青贮饲料具有轻泻作用，喂量过多会降低干物质的采食量。因此，不可将青贮饲料作为唯一饲料，必须与精饲料及其他饲料合理搭配后喂牛。除青贮饲料外，每天应补充优质干草或秸秆2千克。育肥后期的牛可不喂或限喂青贮饲料，以提高牛的品质。根据育肥牛体况、育肥目标及育肥期不同，为使牛保持一定的日增重，育肥牛应添加2千克左右的精饲料补充饲料，以满足其营养需要。精饲料补充饲料以玉米、豆粕为主，添加适量的钙、磷矿物质元素。典型的架子牛精饲料补充饲料配方（%）为：①体重300~350千克：玉米71.8，麸皮3.3，棉粕21.0，尿素1.4，食盐1.5，石粉1.0；②350~400千克：玉米76.8，麸皮4.0，棉粕15.6，尿素1.4，食盐1.5，石粉0.7；③400~450千克：玉米77.6，麸皮0.7，棉粕18.0，尿素1.7，食盐1.2，石粉0.8；④450~500千克：玉米84.5，棉粕11.6，尿素1.9，食盐1.2，石粉0.8。使用上述配方时，应另加

2%的添加剂预混料，棉粕可用菜饼或豆粕代替。

（2）氨化秸秆育肥法

以氨化秸秆为唯一粗饲料，育肥150千克的架子牛至出栏，每天补饲1～2千克的精饲料，能获得500克以上的日增重，到450千克出栏体重需时500天以上，这是一种低精饲料高粗饲料长周期的肉牛育肥模式，但如果选择体重较大的架子牛，适当加大日粮中精饲料的比例，并喂给青绿饲料或优质干草，日增重可达千克以上，所以可用氨化秸秆作为基础粗饲料短期育肥肉牛。刚开始饲喂氨化秸秆时，牛不习惯采食，只要不喂给其他饲料，由于饥饿下次饲喂就会采食，开始时少给勤添，逐渐提高饲喂量，训饲期约10天。进入正式育肥阶段，应注意补充矿物质和维生素。矿物质以钙、磷为主，另外可补饲一定量的微量元素添加剂，维生素主要是维生素A、维生素E。秸秆的质量以玉米秸最好，其次是麦秸，最差的是稻草。在饲喂前应放净余氨，以免引起中毒。

（3）糟渣育肥法

①饲喂方法。选择体重250～300千克的架子牛，经驱虫、健胃，分3个阶段育肥：第一阶段，30天（第1个月），日喂酒糟10～15千克、玉米秸秆3千克、混合精饲料1～1.5千克、食盐20克；第二阶段，30天（第2个月），日喂酒糟15～20千克、玉米秸秆或青干草6.5千克、混合精饲料1.5～2.0千克、食盐30克；第三阶段，40～60天（第3～第4个月），日喂酒糟20～25千克、青干草或玉米秸秆6.5～7千克、混合精饲料2.5～3千克、食盐50克。该法投资少，收效大，育肥100～120天可达400～450千克，日增重1.2千克以上，适用于城郊和距酒糟货源较近的场户采用。为了防止酒糟发霉变质，可建一水泥池，池深1.2米左右，大小根据酒糟量确定。把酒糟放入池内，然后加水至漫过酒糟10厘米，这样可使酒糟保存10～15天。②以酒糟为主（湿重）的饲料配方（以300千克体重的生长肉牛为例）：玉米1.5千克、鲜酒糟15千

克、谷草 2.5 千克、尿素 70 克、食盐 30 克、添加剂预混料 100 克。因酒糟的粗蛋白质降解度低，易导致瘤胃内可降解氮不足，使粗纤维消化率下降，若在酒糟日粮中加入一定比例的尿素效果更好。③注意事项。应喂给新鲜无发霉变质的酒糟，糟渣不能作为日粮的唯一粗饲料，应与其他粗饲料混合饲喂（以占日粮干物质的 30%~45% 为好），且需搅拌均匀。长期使用白酒糟，还应注意补充维生素 A，每头每日 1 万~10 万国际单位。如需贮藏，窖贮效果好于晒干贮藏。

（4）高能日粮强制育肥法

这是一种日粮中精饲料用量大粗饲料比例较少的育肥方法，主要的有 2 种。①选择 1~1.5 岁、体重 200 千克左右的架子牛，育肥期 5 个月，日增重 1 千克以上，出栏体重 400 千克以上。饲喂方法：架子牛进场后，第 1 个月为过渡期，逐渐加大精饲料比例，以适应高精饲料育肥。第 2 个月开始，按 80 千克体重喂给 1 千克混合精饲料进行强化饲养，混合精饲料配方（%）：玉米 65、麸皮 10、豆饼 5、棉粕 15、磷酸氢钙 1.8%、食盐 1.2、添加剂 2。饲草以青贮玉米秸秆或氨化麦秸为主，任其自由采食，不限量。日喂 3 次，食后饮水。尽量限制运动，保持安静环境，搞好栏舍与牛体卫生。②选择 1.5~2 岁、体重 300 千克左右的架子牛，过渡期（15~20 天）混合精饲料日喂量 1.5~2 千克，日粮精、粗比 40：60；21~65 天精饲料日喂量 3~4 千克，日粮精、粗比 60：40；66~100 天精饲料日喂量 4 千克以上，日粮精、粗比为 70：30，混合精饲料配方（%）：玉米 78、麦麸 8、豆粕 12、食盐 1、预混合饲料 1。

119. 架子牛育肥要注意哪些事项？

（1）精、粗饲料在日粮中的比例

架子牛育肥时，喂给高精饲料日粮，育肥前期日增重逐渐上升，200天左右达到高峰，以后逐渐下降。通常架子牛育肥日粮的精、粗饲料比，育肥前期（60~65）：（40~35），育肥后期（75~80）：（25~20），粗饲料在日粮中的最低比例为10%~15%。

（2）预防代谢疾病

①尿结石。此病多发于秋季和冬季，特别是半干旱地区的冷季发病率较高。患牛厌食、反复排尿、精神沉郁，直肠触诊发现膀胱肿胀。发病机制不明，一般认为是由于精饲料采食量过高，日粮中磷超过0.6%，粗饲料采食与饮水不足引起。日粮中保持至少4%（占干物质）的食盐，或在混合精饲料中加入2%的氯化铵，可预防本病。对反复发生尿道阻塞的牛应停止育肥，做屠宰处理。②瘤胃角化过度。患牛瘤胃乳头变硬、肥大，并粘连成褐色块状，似皮革样，剖检可见角化病灶。长期饲喂粉碎过细的饲料或块状饲料，特别是饲喂高精饲料日粮而粗饲料喂量过少，是导致本病的主要因素。日粮中应有一定量的非粉碎粗饲料，如在牛舍或运动场内放置成捆的干草，任牛自由采食，可有效缓解病情和预防该病。

（3）根据市场行情调整育肥期、育肥方案与育肥数量

同成年牛相比，架子牛育肥期长，精饲料耗料量多，但容易配合市场需要，适时提供高档优质牛肉。架子牛育肥数量容易调整，育肥方案可变性大。可根据不同要求及饲料、产品市场价格等进行及时调整。如市场牛肉价格高时就及时出栏上市，牛肉价格低时可延长育肥期，继续增重。

120. 怎样根据育肥牛体尺估计育肥牛体重？育肥牛净肉重估算参数有哪些？

根据育肥牛体尺估计育肥牛体重的公式如下。

方法1：体重（千克）＝胸围（米）^{2}×体斜长（米）×87.5

方法2：体重（千克）＝胸围（厘米）^{2}×体斜长（厘米）/

10 800 （已经育肥的牛）

方法3：体重（千克）＝胸围（厘米）^{2}×体斜长（厘米）/ 11 420 （未育肥牛）

方法4：体重（千克）＝胸围（厘米）^{2}×体斜长（厘米）/ 12 500 （6月龄的牛）

方法5：体重（千克）＝胸围（厘米）^{2}×体斜长（厘米）/ 12 000 （6月龄的牛）

育肥牛100千克体重所能出净肉重量：体膘较差，33～34千克（33%～34%）；体膘一般，36～38千克（36%～38%）；体膘较好，40～42千克以上（40%～42%）；体膘特好，47～50千克以上（47%～50%）。

121. 怎样正确判断架子牛育肥结束？

对育肥牛每月称重，当连续2个月体重不变，采食干物质量逐渐下降到正常采食量的10%～20%，可判断为育肥结束或无继续育肥价值，应及时出售，以免浪费饲料。育肥终了的主要标志是：①体膘丰满，看不到明显的骨头外露。②尾根两侧可看到明显的脂肪突起。③臀部丰满，圆形突出。④胸前端突出且圆大丰满。⑤手握牛肷部、肘部皮肤时有厚实感。⑥手指压背部、腰部时厚实，且有柔软、弹性感。⑦牛不愿活动或很少活动，显得很安静。

122. 如何育肥成年牛？

(1) 成年牛的育肥特点

成年牛一般指3岁以上的牛，包括淘汰的役用牛、奶牛及肉用母牛群的淘汰牛等，除无齿、过老、采食困难、有消化道疾病的牛外，一般均可短期育肥后出售。这类牛产肉率低，肉质差，经过育肥主要在腹壁、内脏、生殖腺周围、肌肉组织及皮下沉积脂肪。达到一定肥度后，基本停止增重，须出栏，延长育肥期则显著增加饲养成本。经育肥肉质虽有所改善，但仍较差，肌纤维较粗，优质肉的比例及切块小，嫩度及风味较差，肉价低，经济效益远不及架子牛。

(2) 成年牛的育肥方法

育肥期不宜过长，一般 90～100 天，活重增加 80～100 千克。对膘情较差的牛，可先用营养较低的饲料饲喂（维持低增重），使其适应育肥日粮，经过 1 个月的复膘后再提高日粮营养水平，以避免消化道疾病。附近如有草山、草场或野地，在青草期可先将瘦牛放牧饲养，利用青草使牛复壮，再进行育肥。混合精饲料的喂量以体重的 1% 为宜，粗饲料以秸秆（玉米秸秆及其青贮饲料）或氨化秸秆、高粱叶、粟秸、红薯藤为主，任期自由采食。精饲料以玉米、酒糟、豆腐渣及少量饼粕等为主配合日粮，以既满足营养需要，又降低饲养成本。混合精饲料的参考配方（%）：玉米 72、棉粕 15、麸皮 8、磷酸氢钙 1、食盐 1、添加剂 2、尿素 1。

123. 怎样进行老残牛育肥?

成年的老、弱、瘦、残牛在牛群中占一定的比例，造成老残牛的原因有 4 个：一是劳累过度，体力消耗过多的退役牛；二是体内有寄生虫的牛；三是牛胃肠消化机能紊乱，消化吸收功能不好的牛；四是长期粗放饲养，造成营养不良体质瘦弱的牛。这类牛产肉量低，肉质差。经过育肥后可增加皮下和肌间脂肪，从而提高产肉量，改善肉质。老残牛应采取如下育肥方法：①休息。育肥前要让其充分休息，不再使役。②驱虫。内服敌百虫，按每千克体重 0.05 克，一次内服，每天一次，连服两天。或按每千克体重 2.5～10 毫克的丙硫咪唑拌料饲喂。③健胃。可用中药健脾开胃，也可将茶叶 400 克与金银花 200 克煎汁喂牛；或用姜黄 3～4 千克分 4 次与米酒混合喂牛；或用香附 75 克、陈皮 50 克、莱菔子 75 克、

枳壳 75 克、茯苓 75 克、山楂 100 克、六神曲 100 克、麦芽 100
克、槟榔 50 克、青皮 50 克、乌药 50 克、甘草 50 克，水煎一次内
服，每头每天一剂，连用两天。育肥方式同大架子牛相似，只是育
肥期短，需 2~3 个月的强度育肥，平均日补混合精饲料 2~3 千
克，整个育肥期共约需 250 千克混合精饲料。这种牛育肥期平均日
增重 1.5~1.8 千克，全期增重 90~150 千克。

124. 什么是高档牛肉？

高档牛肉是指通过选用适宜的肉牛品种，采用特定的育肥技术
和分割加工工艺，生产出肉质细嫩多汁、肌肉内含有一定量脂肪、
营养价值高、风味佳的优质牛肉。虽然高档牛肉占胴体的比例约
12%，但价格比普通牛肉高 10 倍以上。因此，生产高档雪花牛肉
是提高养牛业生产水平，增加经济效益的重要途径。肉牛的产肉性
能受遗传基因、饲养环境等因素影响，要想培育出优质高档肉牛，
需要选择优良的品种，创造舒适的饲养环境，遵循肉牛生长发育规
律，进行分期饲养、强度育肥、适龄出栏，最后经独特的屠宰、加
工、分割处理工艺，方可生产出优质高档牛肉。

125. 高档（优质）牛肉生产技术有哪些？

(1) 育肥牛的选择

①品种。我国地方良种如秦川牛、鲁西黄牛、南阳牛、晋南
牛、延边牛与复州牛等具有耐粗饲、成熟早、繁殖性能强、肉质细
嫩多汁、脂肪分布均匀、大理石纹明显等特点，具备生产高档牛肉
的潜力。以上述品种为母本与引进的肉牛品种杂交，杂交后代经强
度育肥，不但肉质好，且增重速度快，是目前我国高档牛肉生产普
遍采用的品种组合方式。具体选择哪种杂交组合，还应根据消费市
场而决定。若生产脂肪含量适中的高档红肉，可选用西门塔尔牛、

夏洛莱牛和皮埃蒙特牛等增重速度快、出肉率高的肉牛品种与地方品种杂交繁育；若生产符合肥牛型市场需求的雪花牛肉，则可选择安格斯牛等作父本，与早熟、肌纤维细腻、胴体脂肪分布均匀、大理石花纹明显的国内优秀地方品种，如秦川牛、鲁西牛、延边牛、渤海黑牛与复州牛等杂交繁育。②生产高档肉牛后备牛。组建秦川牛、鲁西牛等地方品种的母牛群，选用适应性强、早熟、产犊容易、胴体品质好、产肉量高、肌肉大理石花纹好的安格斯牛、和牛等优秀种公牛冻精进行杂交改良，生产高档肉牛后备牛。③年龄与体重。选购育肥后备牛年龄不宜太大，用于生产高档红肉的后备牛年龄一般在 7~8 月龄，膘情适中，体重在 200~300 千克较适宜。用于生产高档雪花牛肉的后备牛年龄一般在 4~6 月龄，膘情适中，体重在 130~200 千克比较适宜。如果选择年龄偏大、体况较差的牛育肥，按照肉牛体重的补偿生长规律，虽然在饲养期结束时也能够达到体重要求，但最后体组织生长会受到一定影响，屠宰时骨骼成分较高，脂肪成分较低，牛肉品质不理想。④性别。公牛体内含有雄性激素是影响生长速度的重要因素，公牛去势前的雄性激素含量明显高于去势后，其增重速度显着高于阉牛。一般认为，公牛的日增重高于阉牛 10%~15%，而阉牛高于母牛 10%。就普通肉牛生产来讲，应首选公牛育肥，其次为阉牛和母牛。但雄性激素又强烈影响牛肉的品质，体内雄性激素越少，肌肉就越细腻，嫩度越好，脂肪就越容易沉积到肌肉中，而且牛性情变得温顺，便于饲养管理。因此，综合考虑增重速度和牛肉品质等因素，用于生产高档红肉的后备牛应选择去势公牛；用于生产高档雪花牛肉的后备牛应首选去势公牛，母牛次之。

(2) 育肥后备牛的培育

①犊牛隔栏补饲。犊牛出生后要尽快让其吃上初乳。出生 7 日龄后，在牛舍内增设小牛活动栏与母牛隔栏饲养，在小犊牛活动栏内设饲料槽和水槽，补饲专用颗粒料、铡短的优质青干草和清洁饮水；每天定时让犊牛吃奶并逐渐增加饲草料量，逐步减少犊牛吃奶

次数。②早期断奶。犊牛4月龄左右，每天能吃精饲料2千克时，可与母牛彻底分开，实施断奶。③育成期饲养。犊牛断奶后，停止使用颗粒饲料，逐渐增加精饲料、优质牧草及秸秆的饲喂量。充分饲喂优质粗饲料对促进内脏、骨骼和肌肉的发育十分重要。每天可饲喂优质青干草和精饲料各2千克。6月龄开始可以每天饲喂青贮饲料0.5千克，以后逐步增加饲喂量。

（3）育肥牛的饲养

①育肥前准备。首先，是搞好过渡期饲养。从外地选购的犊牛，育肥前应有7～10天的恢复适应期。育肥牛进场前应对牛舍及场地清扫消毒，进场后先喂干草，再及时饮用新鲜的井水或温水，日饮2～3次，切忌暴饮。按每头牛在水中加0.1千克人工盐或掺些麸皮效果较好。恢复适应后，可对后备牛驱虫、健胃、防疫。其次，是去势。用于生产高档红肉的后备牛去势时间以10～12月龄为宜，用于生产高档雪花牛肉的后备牛去势时间以4～6月龄为宜。应选择无风、晴朗的天气，采取切开去势法去势。手术前后碘酊消毒，术后补加一针抗生素。最后，称重、分群。按性别、品种、月龄、体重等情况合理分群，佩戴耳标，做好个体记录。②育肥牛饲料。肉牛精饲料主要由禾本科和豆科等作物的籽实及其加工副产品为主要原料配制而成，常用的有玉米、大麦、大豆饼（粕）、棉籽饼（粕）、菜籽饼（粕）、小麦麸皮、米糠等。精饲料不宜粉碎过细，粒度应不小于"大米粒"大小，牛易消化且爱采食。粗饲料可因地制宜，就近取材。晒制的干草，收割的农作物秸秆如玉米秸、麦秸和稻草，青绿多汁饲料如象草、甘薯藤、青玉米以及青贮料和糟渣类等，都可以饲喂肉牛。

（4）育肥方法

①高档红肉生产育肥。饲养分前期和后期两个阶段。前期（6～14月龄）。日粮营养标准：粗蛋白质为14%～16%，可消化能13.4～13.8兆焦/千克，精饲料干物质饲喂量占体重的1%～

1.3%，粗饲料种类不受限制，以当地饲草资源为主，在保证限定的精饲料采食量的条件下，最大限度地供给粗饲料。后期（15~18月龄）。日粮营养标准：粗蛋白质为11%~13%，可消化能13.8~15.0兆焦/千克，精料干物质饲喂量占体重的1.3%~1.5%，粗饲料以当地饲草资源为主，自由采食。为保证肉品风味，后期出栏前2月内的精饲料中玉米应占40%以上，大豆粕或炒制大豆应占5%以上，棉粕（饼）不超过3%，不使用菜籽饼（粕）。

②大理石花纹牛肉生产育肥：饲养分前期、中期和后期3个阶段。前期（7~13月龄）。此期主要保证骨骼和瘤胃发育。日粮营养标准：粗蛋白质12%~14%，可消化能12.5~13.4兆焦/千克，钙0.5%，磷0.25%，维生素A 2 000国际单位/千克。精饲料采食量占体重1%~1.2%，自由采食优质粗饲料（青绿饲料、青贮等），粗饲料长度不低于5厘米。此阶段末期牛的理想体型是无多余脂肪、肋骨开张。中期（14~22月龄）。此期主要促进肌肉生长和脂肪发育。日粮营养标准：粗蛋白质14%~16%，可消化能13.8~14.6兆焦/千克，钙0.4%，磷0.25%。精饲料采食量占体重的1.2%~1.4%，粗饲料宜以黄中略带绿色的干秸秆（麦秸、玉米秸、稻草、采种后的干牧草等）为主，日采食量在2~3千克/头，长度3~5厘米。不饲喂青贮玉米、苜蓿干草。此阶段肉牛外貌的显著特点是身体呈长方形，阴囊、胸垂、下腹部脂肪呈浑圆态势发展。后期（23~28月龄）。此期主要促进脂肪沉积。日粮营养标准：粗蛋白质11%~13%，可消化能13.8~14.6兆焦/千克，钙0.3%，磷0.27%。精饲料采食量占体重的1.3%~1.5%，粗饲料以黄色干秸秆（麦秸、玉米秸、稻草、采种后的干牧草等）为主，日采食量在1.5~2千克/头，长度3~5厘米。为了保证肉品风味、脂肪颜色和肉色，后期精饲料中应含25%以上的麦类、8%以上的大豆粕或炒制大豆，棉粕不超过3%，不使用菜籽粕。此阶段牛体呈现出被毛光亮、胸垂、下腹部脂肪浑圆饱满的状态。

（5）育肥牛的管理

①小围栏散养。牛在不拴系、无固定床位的牛舍中自由活动。根据实际情况每栏可设定 70~80 平方米，饲养 6~8 头牛，每头牛占有 6~8 平方米的活动空间。牛舍地面用水泥抹成凹槽形状以防滑，深度 1 厘米，间距 3~5 厘米；床面铺垫锯末或稻草等廉价农作物秸秆，厚度 10 厘米，形成软床，躺卧舒适，垫料根据污染程度 1 个月左右更换 1 次。也可根据当地条件采用干沙土地面。②自由饮水。牛舍内安装自动饮水器或设置水槽，让牛自由饮水。饮水设备一般安装在料槽的对面，存栏 6~10 头的栏舍可安装两套，距离地面高度 0.7 米左右。冬季寒冷地区要防止饮水器结冰，注意增设防寒保温设施，有条件的牛场可安装电加热管，冬天气温低时给水加温，保证流水畅通。③自由采食。育肥牛日喂 2~3 次，分早、中、晚 3 次或早、晚 2 次投料，每次喂料量以每头牛都能充分得到采食，而到下次投料时料槽内有少量剩料为宜。因此，要求饲养人员平时仔细观察育肥牛采食情况，并根据具体采食情况来确定下一次饲料投入量。精饲料与粗饲料可以分别饲喂，一般先喂粗饲料，后喂精饲料；有条件的也可以采用 TMR 饲养技术，使用专门的 TMR 加工机械或人工掺拌方法，将精粗饲料充分混合，配制成精、粗比例稳定和营养浓度一致的全价饲料进行喂饲。喂后要定桩拴系，限制运动。④通风降温。牛舍建造应根据肉牛喜干怕湿、耐冷怕热的特点，并考虑南方和北方地区的具体情况，因地制宜设计。一般跨度与高度要足够大，以保证空气充分流通，同时兼顾保温需要，建议单列舍跨度 7 米以上，双列舍跨度 12 米以上，牛舍屋檐高度达到 3.5 米。牛舍顶棚开设通气孔，直径 0.5 米、间距 10 米左右，通气孔上面设有活门，可以自由关闭；夏季牛舍温度高，可安装大功率电风扇，风机安装的间距一般为 10 倍扇叶直径，高度为 2.4~2.7 米，外框平面与立柱夹角 30°~40°，要求距风机最远牛体风速能达到约 1.5 米/秒。南方炎热地区可结合使用舍内喷雾技术，夏季防暑降温效果更佳。⑤刷拭、按摩牛体。坚持每天刷拭

牛体1次。刷拭方法是饲养员先站在左侧用毛刷由颈部开始,从前向后,从上到下依次刷拭,中后躯刷完后再刷头部、四肢和尾部,然后再刷右侧。每次3～5分钟。刷下的牛毛应及时收集起来,以免让牛舔食而影响牛的消化。有条件的可在相邻两圈牛舍隔栏中间位置安装自动万向按摩装置,高度为1.4米,可根据牛只喜好随时自动按摩,省工省时省力。

(6) 适时出栏

用于高档红肉生产的肉牛一般育肥10～12个月、体重在500千克以上时出栏。用于高档雪花牛肉生产的肉牛一般育肥25个月以上、体重在700千克以上时出栏。高档肉牛出栏时间的判断方法基本同架子牛,主要有两种。一是从肉牛采食量来判断。育肥牛采食量开始下降,达到正常采食量的10%～20%,增重停滞不前。二是从肉牛体型外貌来判断。通过观察和触摸肉牛的膘情判断,体膘丰满,看不到外露骨头;背部平宽而厚实,尾根两侧可看到明显的脂肪突起;臀部丰满平坦,圆而突出;前胸丰满,圆而大;阴囊周边脂肪沉积明显;躯体体积大,体态臃肿;走动迟缓,四肢高度张开;触摸牛背部、腰部时感到厚实,柔软有弹性,尾根两侧柔软,充满脂肪。高档雪花肉牛屠宰后胴体表覆盖的脂肪颜色洁白,胴体表脂覆盖率80%以上,胴体外形无严重缺损,脂肪坚挺,前6～7肋间切开,眼肌中脂肪沉积均匀。

(7) 高档(优质)牛肉育肥要点

①高档肉牛生产要注重育肥牛的选择,应根据生产需要选择适宜的品种、月龄和体重的育肥牛,公牛育肥应适时进行去势处理。②采取高营养直线强度育肥,精饲料占日粮干物质60%以上,育肥后期应达到80%左右,育肥期10个月以上,出栏体重达到500千克以上,为了保证肉品风味以及脂肪颜色,后期精饲料原料中应含25%以上的麦类。③要加强日常饲养管理,采取小围栏散养、自由采食、自由饮水、通风降温、刷拭按摩等技术措施,营造舒适

的饲养环境，提高动物福利，有利于肉牛生长和脂肪沉积，提高牛肉品质。

126. 生产高档（优质）牛肉有哪些育肥方式？

(1) 架子牛异地育肥

分前后两期，前期为增重期（6个月），后期为肉质改善期（4个月）。①增重期。混合精饲料占日粮的60%~70%，参考配方（%）：玉米72、豆粕8、棉粕或花生粕16、磷酸氢钙1.3、食盐1.2、添加剂1.5，按每70千克体重给混合精饲料1千克，粗饲料为干草、青贮玉米秸各半，折合风干物质，占日粮的30%~40%。②肉质改善期。饲料配合要适合于脂肪的沉积，到达改善肉质的目的，混合精饲料占日粮的70%~80%，参考配方（%）：玉米83、豆粕12、植物油脂1、磷酸氢钙1.2、食盐0.8、添加剂1.5、小苏打0.5，按每60千克体重给混合精饲料1千克，粗饲料和增重期一样，但应占日粮的20%~30%。

(2) 犊牛持续育肥

就是犊牛随母哺乳，采用常规饲养，6个月断乳以后，就地转入育肥牛群，以舍饲拴系方式强度育肥。采用高水平饲养，保持日增重1~2千克，周岁体重达到400千克以上出栏、屠宰。肉牛多是季节繁殖，头年4~6月配种，翌年1~3月产犊，即早春产犊。现以春季出生的犊牛为例介绍其育肥方法。①饲养原则。春季出生的犊牛到6月龄断乳（7~9月），正值夏、秋季节，消化功能完善，利用青草、干草的能力强。可采取以青、粗饲料为主，适当补饲混合精饲料的育肥方法。②逐月调整精饲料补饲量。补饲的精饲料应随牛的生长和季节变化逐渐增加日喂量，断乳初期至7月龄时，日喂精饲料3.4千克，每月调整一次喂料量，到12月龄平均每天补饲精饲料4.1千克，整个育肥期约需补饲692千克混合精饲料。③补饲的混合精饲料配方：玉米 83%、高粱 15%、石粉 1.5%，食盐 0.5%。④管理。青草、青干草自由采食。全期给足饮水，冬季要给温水。限制活动，保持安静环境，每天刷拭一次。⑤1 岁出栏的犊牛强度育肥，指的是犊牛出生后，随母哺乳或人工哺乳，日增重稍高于正常生长发育，断奶后以高营养水平持续喂至 1 周岁左右出栏的犊牛持续育肥。180 日龄断奶体重达 180 千克以上，断奶后精饲料的喂量占日粮的 35%~45%，周岁体重达 400 千克，平均日增重 1 千克左右，如此育肥可获得优质高档牛肉。经过这样育肥的我国地方良种黄牛可生产出品质极佳的牛肉，屠宰率 63%以上，净肉率 54%以上，能为涉外宾馆接受。

（张吉鹍，吴文旋）

第七章　肉牛的饲养管理技术

127. 怎样监测小母牛的生长发育?

(1) 重视小母牛饲养, 确保小母牛健康发育

繁殖用小母牛是肉牛场的未来, 在产犊之前不能为牛场赚钱, 而且还得消耗资源。在美国管理条件好的牛场也需要 1~1.5 个泌乳期才能完全收回对小母牛饲养的投入。现实生产中养殖户多忽视小母牛的饲养管理, 为了节约开支, 有些牛场甚至减少对小母牛的管理费用。然而, 这种减少短期费用的做法确会造成长期经济效益的损失。例如, 饲喂不足, 牛舍拥挤与恶劣的饲养环境等均会降低整个牛群的盈利水平, 这是因为: ①未得到正常发育的小母牛会影响其未来的产奶潜力。②生长缓慢的小母牛饲养期延长, 头胎产犊时间推迟, 导致最终生产费用增加。③发育不良的小母牛产头胎时发生难产的概率增加。

(2) 应用多指标, 整体评价小母牛生长发育状况

体重是评价小母牛生长发育的常用指标, 但不能作为唯一指标, 只使用体重不能全面反映小母牛的营养状况, 还必须通过测量骨骼生长情况 (如体高和体长) 来评价小母牛的发育情况。体高反映小母牛骨架发育情况, 体重反映小母牛各器官、肌肉、脂肪组织发育状况。体况评分用于测量、评价体内脂肪组织沉积储备情况, 也可反映小母牛饲养管理状况。因此, 当体况评分与体重、体

高指标配合使用，就可整体评价骨骼、肌肉或脂肪的生长发育状况。

(3) 小母牛各阶段体重应达到的标准

犊牛期间（0 ~ 6 月龄）要求快速生长，平均日增重应达到900 ~ 950 克，3 月龄 120 千克，6 月龄 200 千克；青春期前（7 ~ 12 月龄）要求中速生长，其平均日增重应控制在 800 克左右，主要是为了避免过度生长和孕前准备；13 月龄配种体重应达到 370 千克；青春期后怀孕期间要求快速生长，其平均日增重应大于 900 克，临产体重达到 650 千克。这样可在产犊时获得理想体重和较高的产奶量，并且整个饲养期没有或很少负面作用。

(4) 小母牛体重的测量方法和频率

评价小母牛生长发育水平的传统方法是用尺子测量，费时费力，条件许可下可使用智能化电子称量系统，该系统能准确记录各阶段小母牛的体重，对小母牛进行数据化管理，从而提高工作效率。小母牛的称重地点可放置在牛群通道或圈舍门侧，站位称重，每周一次。

128. 犊牛接生要注意哪些事项？

(1) 产前准备

母牛生产、犊牛接生是牛场生产的一个重要环节，接生前要提前做好必需的准备，因此要正确判断其产期。母牛的怀孕时间一般为 283 天（即 9 个半月）左右。分娩前 20 天左右要准备好药棉、碘酊、消毒剪刀、细结扎绳、破伤风抗毒素针、催生针、山梗菜硷（盐酸洛贝林注射液）或尼可杀米（N – 二乙基烟酰胺）注射液等物品。产房要保持卫生清洁、温暖、安静，事先清洗消毒，并铺以短草，产房地面不要太光滑，防止母牛滑倒。牛床、运动场要及时清扫，更换褥草。母牛在产房内，不系绳，自由活动。母牛尾部、后躯每天用1%来苏儿液刷洗，临产前要观察牛的状况，随时做好临产准备。

（2）临产接生

临产期注意观察母牛的表现。产前约半个月乳房开始膨大，一般在产前几天可以从乳头挤出黏稠、淡黄色液体，当能挤出乳白色初乳时，分娩可在1~2天内发生。另外，分娩前的1~2天常有透明索状物从阴户中流出；臀部、尾部两侧呈现明显的凹陷，俗称"场胯"，这是分娩前的预兆。临产前，母牛的子宫肌肉开始扩张，继而出现宫缩，母牛卧立不安，频频排出粪尿，不时回头，说明产期将近。观察到以上情况后，应立即将母牛拉到产间，并铺垫清洁、干燥、柔软的褥草，做好接产准备。母牛分娩时，应先检查胎位是否正常，遇到难产及时请兽医助产。胎位正常时尽量让其自由产出，不强行拖拉。犊牛接生后应立即用干草或干净抹布清除口鼻黏液，以利呼吸。如犊牛生后不能马上呼吸，可能是黏液堵塞了气管，应将犊牛倒立使其后肢向上，并用手除去口腔和鼻子周围的黏液。如果黏液进了肺脏，犊牛可能窒息，为"唤醒"犊牛，可用一桶冷水洗注犊牛。接着，用消毒剪刀在距腹部6~8厘米处剪断脐带，再用5%的碘酒消毒断端1~2分钟，以防感染。接生后犊牛身上其他部位的胎液最好让母牛舔干净；犊牛若想站立，应帮其站稳。此外，做好称重、记录、编号（打耳号），饲喂首次初乳等工作。

（3）产后母牛护理

①产后消毒。因分娩过程中易造成产道浅表层损伤，分娩出胎儿后几天，子宫颈口开张，子宫内积有大量恶露，为微生物侵入和繁殖创造了有利条件，易引起产后疾病。因此，必须做好母牛产后外阴部、尾部及后躯的清洗消毒工作。②观察努责。产后数小时如依然努责强烈，尾跟举起，应注意检查子宫内是否有胎儿及子

宫是否有脱出的可能。③ 检查胎衣排出情况。应及时观察、检查胎衣的排出情况，胎衣排出后应检查是否完整，并将胎衣及时移出，防止偷食造成消化性障碍。当胎儿产出后，母牛即安静下来，经子宫阵缩而使胎衣排出。从胎儿产出后到胎衣完全排出，一般需4~6小时。若超过12小时，胎衣仍未排出，即为胎衣不下，需及时请兽医采取处理措施。生产上常采用的胎衣不下的剥离方法有药物剥离法和手术剥离法。④ 观察恶露排出情况。最初排出的恶露呈红褐色，之后为淡黄色，最后为无色透明，正常恶露排出时间为10~12天。如排出时间延长，颜色变暗、有异味，母牛出现全身反应则说明子宫内有病变，应及时检查治疗。⑤ 产后产道检查。术者将手深入母牛产道内检查，若损伤面积较大，应缝合，并涂布磺胺类药膏。出血量若大要及时结扎止血。若产道无异常而仍见努责，可用1%~2%普鲁卡因注射液10~15毫升，进行尾椎封闭以防子宫脱落。

129. 产后母牛的饲养管理要注意哪些事项?

产后母牛将哺育犊牛，对其的饲养管理总的要求是要有足够的泌乳量，以满足犊牛生长发育的需要。只有加强饲养管理，才能提高哺乳期犊牛的日增重和断奶体重。母牛分娩大量失水，造成腹腔负压，故分娩前要准备好稀料以备产后饲喂母牛。稀料宜选用温热、足量的麸皮盐水（麸皮1~2千克，盐100~150克，碳酸钙50~100克，温水15~20千克），可起到暖腹、充饥、增腹压的作用；同时，要给母牛喂优质干草，让其自由采食；饮水要保证40℃，持续一周。母牛分娩元气有所亏损，在产后10天内，身体比较虚弱，消化机能差，尚处于身体恢复阶段，要限制精饲料及根茎类饲料的喂量。此期若营养过于丰富，特别是精料量过多，可引起母牛食欲下降，产后瘫痪，加重乳房炎和产乳热等病。因此，对于产犊后过肥或过瘦的母牛必须适度饲养，要求产后3天内只喂优质干草和少量以麦麸为主的精饲料，4天后喂给适量的精饲料和多汁饲料，随后每天适当增加精饲料喂量，每天不超过 1 千克，1 周后增至正常喂量。注意饲粮的钙、磷平衡，母牛分娩后立即改为高钙日粮。此阶段还要密切留意母牛的身体状况。产后隔天继续给母牛用来苏儿擦生殖部位和乳房，经常观察产后母牛的食欲和泌乳量，提高日粮浓度，定期监测尿液、乳汁酮体和补糖补液，以促进机体恢复。母牛分娩 3 个月后，饲养上逐渐减少混合精料的喂量，并通过加强运动、足量饮水等措施，避免产奶量急剧下降。配种后两个情期内，应注意观察母牛是否有返情现象。如有，应进行直肠检查，确定是否有假发情，以免误配，造成流产。

130. 怎样做好初生犊牛的护理？

犊牛出生后，从外界主动获取养分，从胎儿变成独立个体，消化器官代替了脐带的作用。犊牛开始呼吸，摄取食物和适应外界变化。新生犊牛生理机能尚未发育完全，体温调节能力差，消化功能弱。此时犊牛的组织器官，尤其是前胃并不发达，皱胃是初生犊牛唯一发育并具有功能的胃。人工哺乳时，通过食管沟的反射作用，乳汁被直接吸进皱胃，靠皱胃消化食物。如饮喂过急过快，乳汁可经闭合不全的食管沟溢入瘤网胃间，引起异常发酵或消化不良，影响犊牛的正常发育。此外，初生犊牛胃肠空虚，尚未建立正常的分泌反射，胃蛋白酶和凝乳酶分泌不充分，皱胃和肠壁上还未分泌黏液；初生犊牛神经系统不发达，皮肤保护机能较差，对外界承受能力弱。需要仔细护理，其护理主要包括以下内容。

(1) 清除黏液

犊牛刚出生时，首先清除其口、鼻黏液，利于呼吸，使犊牛尽快叫出第一声，并促进其肺内羊水的吸收。当犊牛已吸入黏液，发生窒息时，将后腿提起，倒出吸入的黏液，按压心脏，进行紧急救治。

（2）清除羊水

犊牛出生后接产人员用右手捋犊牛鼻孔，犊牛呼吸不畅通时可提起犊牛后肢倒出羊水，也可用手指或者甘草刺激鼻腔。

（3）断脐

对产后脐带未扯断的犊牛，将脐内血液向脐部捋，在距腹部10厘米处用消毒过的剪刀剪断，剪断后用手挤出血液等内容物，再用5%~10%碘酊溶液消毒。若脐带已经扯断，则从犊牛腹部向断端挤出内容物，再剪断（少于10厘米不用剪）。剪断后将脐带浸入5%~10%碘酊溶液内消毒1分钟，直到出生2天后脐带干燥时停止消毒。断脐一般不结扎，以自然脱落为好。

（4）擦干身体

断脐后用已消毒的软抹布擦拭犊牛，以保暖和加强血液循环；也可将犊牛放在奶牛面前，任其舔干犊牛身上的羊水、黏液。由于奶牛唾液酶的作用也容易将黏液清除干净，利于犊牛呼吸器官机能的提高和肠蠕动，而且犊牛黏液中含有某些激素，能加速奶牛胎衣的排出。犊牛身体干后即可称重。犊牛护理完后，将其放入预先准备好的有清洁干燥柔软垫草的犊牛舍。

（5）尽早吃到足量初乳

刚出生的犊牛没有免疫力，只有吃到初乳后，初乳中的免疫球蛋白透过肠壁以未消化的完整状态被吸收，才发挥免疫作用。犊牛出生后1小时内更容易获取初乳里的营养物质，24小时后对未经消化的免疫球蛋白的吸收率几乎等于零。因此，犊牛出生后的24小时内，最好在12小时内，必须让其吃到足量初乳，初乳吃得越早、越多，犊牛生长速度越快，体质越强壮。大部分犊牛出生后30~60分钟，便能自行站立，此时要引导犊牛接近母牛乳房寻食母乳，若有困难，则需人工辅助哺乳。首次饲喂初乳不限量，吃饱为止，按 35 千克体重计，第 1 次喂量为 1～1.5 千克，可能的情况下最好分娩后 15 分钟内（最迟不超过 2 小时），饲喂初乳 2 千克左右，以后 12 小时内再饲喂 2 千克，若第一次未能吃尽 2 千克初乳，间隔 6～9 小时后（12 小时内）第二次饲喂初乳时再补足 4 千克初乳，或初乳的饲喂量 12 小时内按初生重的 8%～10% 喂给。以后至 4 周龄前，每日可按体重的 10%～12% 喂给。喂初乳前，要把乳头中的积乳挤掉，因该部分乳汁在乳头内存储时间较长，容易被细菌污染，犊牛吃后极易引起下痢。

（6）饮水

犊牛出生后就可以饮水，通常在喂奶完成后的 1 小时，用消过毒的水桶盛放适量的温水供其饮用。在饮水开始的几天在水中加奶，往后逐渐少加直至不加；同时要控制犊牛的饮水量，待犊牛习惯后可放开自由饮用。开始水的温度开始时要控制到 37～40℃，半个月后再改为常温水。

（7）补硒

犊牛出生当天应补硒。肌内注射 0.1% 亚硒酸钠 8～10 毫升或亚硒酸钠、维生素 E 合剂 5～8 毫升，生后 15 天再加补 1 次，最好臀部肌内注射。出生时补硒既促进犊牛健康生长，又防治发生白肌病。

（8）去除副乳头

一般正常的奶牛有 4 个乳头，但是有的牛一出生就有五六个乳头。多出的乳头不但影响挤乳时的卫生，而且破坏了挤乳，因此应将多余的副乳头剪除。剪除多余的副乳头要选好时间，一般选在犊牛出生时：将犊牛副乳头周围的皮肤用温水洗净，用酒精消毒。将所用的剪刀在酒精中浸泡 10 分钟左右，将副乳头轻轻地向下拉，在连接乳房处用消过毒的剪刀将其迅速剪下，在伤口处用 10% 的碘酒涂擦消毒。

（9）观察粪便的形状、颜色和气味

观察犊牛刚刚排出的粪便，可了解其消化道的状态和饲养管理状况。在哺乳期中犊牛若哺乳量过高则粪便软、呈淡黄色或灰色。黑硬的粪便则可能是由于饮水不足造成的，受凉时粪便多气泡，患胃肠炎时粪便混有黏液。正常犊牛粪便呈黄褐色，开始吃草后变干饼呈盘状。

（10）体温以及心跳和呼吸次数检测

体温是健康的标志，发育健康犊牛的体温基本稳定。犊牛的正常体温在38.5 ~ 39.5℃。当有病原菌侵入犊牛机体时，会发生防御反应，而产热，体温升高。当犊牛体温达40℃时称微烧，40 ~ 41℃称中烧，41 ~ 42℃称高烧。发现犊牛异常时应先测体温并间断性多测几次，记下体温变化情况，这有助于对疾病的诊断。一般情况下犊牛正常体温上午偏低，下午偏高，所以在诊断疾病时要加以鉴别。刚出生的犊牛心跳快，一般120 ~ 190次/分，以后逐渐减少。哺乳期犊牛90 ~ 110次/分。犊牛呼吸次数的正常值20 ~ 50次/分，在寒冷的条件下呼吸数稍有增加。

此外，要注意保持犊牛舍清洁、通风、干燥，牛床、牛栏、应定期用2%火碱溶液冲刷，且消毒药液也要定期更换品种。褥草应勤换。冬季犊牛舍温度要达到18 ~ 22℃。当温度低于13℃时新生小牛会出现冷应激反应；夏天通风良好，保持舍内清洁、空气新鲜。新生犊牛最好圈养在单独畜栏内。在放入新生犊牛前，犊牛栏必须消毒并空舍3周，防止病菌交叉感染，并将下痢小牛与健康犊牛完全隔离。

131. 如何预防犊牛舐癖？

犊牛舐癖是指犊牛相互吸吮，是一种极坏的习惯，危害极大。其吸吮部位较多，常使被吮部位发炎或变形。如嘴巴、耳朵、脐

带、乳头、牛毛等。吸吮嘴巴（喂完奶后极易发生）这种"接吻"行为容易传染疾病，吸吮耳朵在寒冷情况下容易造成冻疮，吸吮脐带容易引发脐带炎，吸吮乳头容易导致犊牛成年后瞎乳头，吸吮牛毛容易在瘤胃中形成许多大小不一的扁圆形毛球，久之会因堵塞食道沟或幽门而致命。有的牛甚至到了成年还继续保持这种恶习，经常偷吃其他泌乳牛的奶，造成不必要的损失。对犊牛这种恶习应予以重视和防止，初生犊牛最好单栏饲养；犊牛每次喂奶后用干净的毛巾将犊牛口、鼻周围残留的乳汁擦干，防止犊牛之间相互舐吮，造成舐癖。对于已经形成舐癖的犊牛，可用带领架（鼻梁前套一小木板）纠正，同时避免用奶瓶喂奶，最好使用小桶喂。

132. 如何预防犊牛营养性腹泻？

腹泻是犊牛常发的一种临床疾病，分为营养性（如牛奶饲喂过量、牛奶突然改变成分、低质代乳品、奶温过低等引起）和传染性（诸如细菌、病毒、寄生虫等引起）腹泻两种。哺乳期犊牛的饲养管理是奶牛生产中的重要阶段，若此时因营养缺乏或管理不善，造成发病率和死亡率高，则不仅直接给奶牛场造成巨大的经济损失，也影响到犊牛的生长发育和成年后的泌乳性能。可以说，犊牛腹泻是影响犊牛健康生长的最主要的疾病之一。主要的预防措施如下。

(1) 母牛的饲养管理

怀孕母牛，特别是妊娠后期母牛饲养管理的好坏，不仅直接影响到胎儿的生长发育，同时也直接影响到初乳的质量及初乳中免疫球蛋白的含量。因此，对妊娠母牛，一要合理供应饲料，尤其要给予足够的蛋白质、矿物质和维生素饲料，且饲料配比适当，切不可使孕牛饥饿或过饱，确保母牛有良好的营养水平，使其产后能分泌足量的乳汁，以满足新生犊牛的营养需要。二要保持母牛乳房清洁，产犊当天除做好母牛护理、帮助其站立外，同时还要用

0.1%～0.2%的高锰酸钾溶液温水洗净分娩弄脏的生殖器与乳房，以减少犊牛中毒性腹泻的出现。有条件的奶牛场或养牛专业户，可于产前给母牛接种大肠杆菌疫苗、冠状病毒疫苗等，以使犊牛产生主动免疫。三要保证干草喂量，严格控制精饲料喂量，母牛要适当运动，以防止母牛过肥及产后酮病。四要保持牛舍清洁、干燥。产房要宽敞、通风、干燥、阳光充足，消毒工作应经常持久，产圈、运动场要及时清扫，定期消毒，特别是对母牛产犊过程中的排出物及产后母牛排出的污物要及时清除。牛舍地面每日用清水冲洗，每隔7～10天用碱水冲洗食槽和地面。凡进入产房的牛，每日刷拭躯体1～2次，用消毒药对母牛后躯进行喷洒消毒，使牛体清洁。

（2）犊牛的饲养管理

犊牛在出生30～60分钟内一定要吃到初乳，因初乳中含有多种抗体，能增强犊牛的免疫能力。同时饲喂犊牛要做到"定时、定量、定温"，防止发生消化道疾病。新生犊牛的吸奶量不大，首次喂奶量要按犊牛的体重确定，一般以1～2千克为宜，在12小时内保证吃到4千克初乳，每天喂奶3～4次，奶的温度35～38℃，固定喂奶时间，每次间隔不少于6小时。犊牛在30～40日龄，喂奶量可按初生重的1/15～1/10计算（约4千克），1个月后可逐渐使全乳的喂量减少一半，用等量的脱脂乳代替。2月龄后停止饲喂全乳，每日供给一次脱脂乳，同时补充维生素A、维生素D等维生素。饲喂发酵初乳能有效预防犊牛腹泻。初乳发酵和保存的最适温度为10～12℃。每天可加入初乳重量1%的丙酸或0.7%的醋酸作为防腐剂。保证饮乳卫生和饮乳质量，严禁饲喂劣质牛乳和发酵、变质、腐败的牛乳。

133. 饲养哺乳期犊牛要注意哪些事项？

犊牛7天后饲喂常乳，哺乳期为3～4个月，目前一般常规断乳的哺乳量为350～700千克（如在21～56日龄，最长不超过60

日龄早期断奶，哺乳量减少到 100~150 千克），哺乳期日增重要求在 600~700 克，哺乳期最大哺乳量应安排在 30~40 日龄，且最多不能超过其体重的 10%。

(1) 喂奶"四定"

饲喂犊牛要做到"四定"，即"定质、定量、定温、定时"。①定质是指乳汁的质量，为保证犊牛健康最忌喂给劣质或变质的乳汁，如母牛产后患乳房炎，其犊牛可喂给产犊时间基本相同的健康母牛的初乳。②定量是指犊牛每天乳汁的喂量，一般按体重的 8%~10% 确定，分 3 次喂完；同时应视犊牛健康状况合理掌握，在不影响犊牛消化的前提下尽量饮足，确保犊牛吃饱吃好。喂量不足会影响犊牛的健康和生长，但喂量过多则会出现营养性腹泻。因为犊牛在 12 周龄之前还没有合理调节食欲的能力，即本身不能根据代谢能需求作出应答，对采食的唯一限制是胃的容量。③定温是指饲喂乳汁的温度，一般夏天控制在 34~36℃，冬天 36~38℃。乳汁温度太低易引起犊牛胃肠机能失常导致下痢，但加热温度太高初乳会出现凝固变质，故应采用水溶加温。刚出生犊牛喂乳时，牛奶必须加热到小牛体温（39℃）后才能饲喂。④定时就是每次喂奶的时间要固定，也可理解为固定两次饲喂之间的间隔时间，一般控制在 8 小时左右。若饲喂间隔时间太长，下次喂乳时容易发生暴饮，从而将闭合不全的食道沟挤开，使乳汁进入尚未发育完善的瘤胃而引起异常发酵，导致腹泻。但间隔时间也不能太短，如在喂奶 6 小时之内犊牛又吃奶，则形成的新乳块就会包在未消化完的旧乳块残骸外面，导致消化不良。

(2) 饲用奶具

饲喂时应注意喂犊牛的奶嘴要光滑牢固，以防犊牛将其拉下或撕破。其孔径应适度，以 2.0~2.5 毫米为宜，可用 12 号铁丝烧烫一小孔，也可用剪子在奶嘴顶端剪一个"十"字。这样就会促使犊牛用力吸吮，促进消化机能的发育。避免强灌犊牛。用桶喂时应将桶固定以防撞翻，因为犊牛天性喜用鼻子向前冲撞来刺激乳腺排乳。

（3）清洁卫生

犊牛喂完奶后必须将其嘴上的残奶用干毛巾擦净，以防产生相互舔吸的恶癖。初生犊牛用奶桶喂奶，3 天后训练其自饮。奶桶用完后用冷水洗净再用热水洗 1 次，夏季可放在室外用阳光消毒。

（4）代乳料使用

代乳料的主要目的是代替全乳，从而达到节约鲜奶之目的。犊牛的哺乳期一般为 6 个月，为降低饲养成本，减少全奶喂量，可以使用代乳料。尤其生产白牛肉，犊牛不喂草料，因此，更必须使用代乳料。代乳料的饲喂通常从犊牛结束饲喂初乳后开始，与鲜奶混合饲喂，一般喂满 2~3 个月，或犊牛日采食精饲料量达到 0.75~1 千克时断奶。

（5）及早补料以刺激前胃发育

采用早期补料技术能促进犊牛前胃早期发育，提高犊牛断奶体重和饲料报酬，实现提早断奶。提早补饲干草有利于犊牛提前反刍，使前胃机能特别是瘤胃机能提早得到锻炼，促使瘤胃的体积增大。青粗饲料能使犊牛的消化腺分泌增加，提高消化能力。犊牛自 4~6 日龄，开始训练采食开食料与优质干草。7 日龄开始，在犊牛牛槽或草架上放置优质干草任其自由采食及咀嚼，忌喂质量低或霉败干草。同时开始自由采食开食料，以促进瘤胃黏膜乳头的快速发育。开食料中粗蛋白质含量一般要求 18% 以上。补饲开食料（混合精饲料）时必须先调教：首先将开食料用温水调制成糊状，加入少许牛奶、砂糖或其他适口性好的饲料，在犊牛鼻镜、嘴唇上涂抹少量，或用手指头直接将少量糊状精饲料塞进口腔里，任其自由舔食，注意动作一定要轻。3~5 天，犊牛适应采食后，逐渐增加饲喂量。饲喂的开食料一定要保证适口性好、营养均衡、易消化，最好是全价颗粒料，这是提早断奶的关键。21 日龄后在补饲的精饲料中加入胡萝卜丝、切碎的瓜类等，1.5 月龄后开始训饲青贮饲料，同时补充抗生素，增加犊牛抵抗力。开食料单独饲喂，喂完开食料后再喂干草，再喂 2 次青贮饲料。

134. 怎样进行肉用犊牛早期断奶和补饲？

常规犊牛的哺乳期长达 10 个月，实行早期断奶，提前补喂饲草料可把哺乳期缩短到 40~60 天，不仅能有效降低犊牛的培育成本，促进反刍与犊牛瘤胃的早期发育，减少犊牛消化道疾病的发生，还能减轻哺乳母牛的泌乳负担，缩短母牛的配种间隔，保证 12 个月繁殖一头犊牛，延长母牛的使用年限。不过实行早期断奶时，犊牛可能会因降低哺乳量而造成生长发育略慢。如饲养管理良好，过一段时期，其体重可以得到补偿增长，不会留下任何不良影响。

(1) 饲喂开食料

犊牛出生后 4 天，即可训练采食开食料。采食粗糙的犊牛开食料是促使犊牛瘤胃发育的主要手段之一。为让犊牛尽快熟悉开食料，可在牛奶中混入，诱导犊牛采食。

(2) 犊牛补饲

4 日龄时，可训练采食优质干草，7 日龄时自由采食补喂的优质干草如苜蓿以及开食料。在犊牛饲槽内放置优质干草，供其随意采食，以促进犊牛瘤胃发育。精饲料从每日 20 克开始逐渐增加，日采食量达到 1.0 千克后即可断奶。犊牛在 21 日龄时出现反刍，这时就要开始给犊牛喂些鲜嫩的青草、菜叶、切碎的优质干草和粉碎的粗饲料等，并随着周龄的增大逐渐增加粗饲料的喂量。犊牛补饲饲喂量建议如下：4~14 日龄，日喂料量 0.3 千克；15~40 日龄，0.8 千克；41~50 日龄，1.8 千克；51~60 日龄，2.2 千克。

（3）早期断奶

尽量及早断奶，但断奶时间不宜"一刀切"，需根据养殖户的技术水平、犊牛的体况和补饲饲料的质量确定。饲料条件较好时，特别是精饲料较好的情况下，4月龄左右即可断奶；精饲料较差时，可适当延长哺乳期，一般5月龄左右断奶，除特殊情况外，断奶时间一般不超过6月龄。进行早期断奶，就犊牛而言，可自犊牛36日龄开始，进一步降低牛奶的饲喂量，增加开食料的采食量，尽量减少应激，为犊牛的断奶做准备。自犊牛出生35日龄测定开食料日采食量，连续3天开食料日采食量达到1千克以上，方可准备40日龄断奶。若到37日龄开食料日采食量还不到1千克，应减少哺乳量以促使增加开食料的采食量。当犊牛的开食料日采食量达到1千克以上时，可通过减少液态奶的饲喂量逐步断奶，在40天左右彻底断奶，之后日开食料喂量迅速上升到1～3千克，2月龄后即可逐步过渡到配合饲料。就哺乳母牛而言，应在断奶前一周采取停喂精饲料、限制饲喂粗饲料等措施，促使泌乳量减少，并把母牛和犊牛分开。如果母牛乳房积乳肿胀，应及时挤掉乳汁，并注意防止乳房炎。

（4）补饲青贮料

在犊牛哺乳期，严禁饲喂青贮类发酵饲料。青贮饲料可从1.5月龄开始训饲，最初每天100～150克，3月龄可喂到1.5～2.0千克，4～6月龄每天每头4～5千克。

（5）注意事项

①要实施早期断乳，必须做到以下2点：一是犊牛需在初生后15分钟内喂好初乳，并保证初乳期为5～7天，最短要保证3天；二是犊牛开食料和青干草从5～7日龄开始训练采食，开食料采食量逐渐增加至1～1.2千克时（此时犊牛平均日增重可达500～600克）断奶，青干草自由采食。犊牛开食料的训饲不能过早也不能

过晚，过早或过晚都对犊牛生长发育和健康不利。②犊牛开食料是断奶前后专为适应犊牛需要而配制的混合精饲料，其质量对于早期断奶的实施至关重要。在制作时强调适口性强、易消化且营养全面，其形状为粉状或颗粒状，但颗粒不应过大，一般以直径0.32厘米为宜。③液体饲料即常乳的喂量是决定犊牛开食料采食量的重要因素，如果每天给予6千克液体饲料，犊牛几乎30日龄时仍不会采食干料（开食料），所以必须在适量饲喂（日喂4~4.5千克）常乳的前提下，饲喂开食料，且要求犊牛适度空腹时饲喂，而干草的饲喂量在不妨碍开食料采食量的前提下，自由采食，通常日喂0.2~0.5千克。④保证犊牛能随时吃上开食料并饮上洁净的水，若遇严寒季节应给予30℃温水。⑤不能在极端天气或气温突然变化的情况下强行断奶。⑥犊牛断奶后，单独饲喂约7天后调入小圈，以适应群居生活。

135. 如何做好犊牛饲养管理工作？

(1) 定期消毒，清洁舍具

①犊牛岛每天清理，保证清洁干燥，每周用50倍的二氧化氯带牛消毒2次。②犊牛转移到其他牛舍后，将犊牛岛彻底清理干净后，再用2%的火碱消毒、晾干备用。③及时清扫犊牛转入舍、勤换垫草、定期消毒，保持圈舍清洁干燥、通风良好、空气新鲜、温度适宜，白天最好有阳光照射，以提高犊牛对疾病的抵抗能力，预防疾病。④哺乳器、补饲器及饮水器等器具易受致病菌污染，犊牛免疫力低下，不洁净的器具很容易引起犊牛消化道疾病。因此，每次饲喂后要对相关器具严格消毒（可用200倍的二氧化氯浸泡消毒）。⑤每天擦洗母牛乳房、保持乳房清洁。⑥供给清洁饮水，冬季要饮温水，以免饮用冰水造成腹泻。⑦每天定时刷拭犊牛的牛体1~2次，搞好犊牛卫生。犊牛发病主要是肺炎和下痢，多发生在1月龄以内的犊牛，病因是天气骤变和犊牛环境卫生不良造成的，只

要保证犊牛有一个相对稳定的适宜环境，特别是做好春、冬两季保暖通风工作，就可预防犊牛肺炎和下痢。

（2）单独饲养，去角防伤

犊牛有相互舐咬、吸吮异物的习惯，犊牛舔食的牛毛在胃中形成团，反刍时可能会堵于食管。群饲时，犊牛长角还会相互之间造成伤害。因此，需将犊牛除角，单独饲养，既可防止传染疾病又可防止由于争食所带来的伤害。可在 10~20 日龄时，采用电动烧烙除角器给犊牛去角，去角时将生长角的部位剪毛、消毒，用除角器将角生长点烧死，用碘酒消毒，注入抗生素。

（3）佩带耳号，人工接种

将犊牛编号以便于管理，目前塑料耳标用得较多。耳号用油笔标写，抗风吹雨淋。母牛给犊牛哺乳时，通过舐舔犊牛可将口中瘤胃微生物通过犊牛口接入瘤胃微生物，完成接种。人工接种瘤胃微生物，约在犊牛 10 日龄左右进行，从反刍的大牛口中取少量食糜，抹入犊牛口中，即完成接种。

（4）饲喂"四定"，勤于观察

饲喂犊牛要做到上文提及的"四定"（定质、定量、定温、定时），喂料的种类和数量要逐步过渡，液体料温应在 37~40℃，日喂料次数要均匀。喂前要仔细检查，不喂霉变、腐烂变质饲料。健康犊牛常处于饥饿状态，缺乏食欲是不健康的征兆。对刚断奶至 6 月龄的犊牛，应使犊牛采食大量的粗饲料，并根据青粗饲料的品质，每天补饲 2~3 千克混合精饲料，注意观察犊牛的食欲、精神状态和粪便情况，一旦有病兆就应测量犊牛体温。当体温高达 40.5℃以上时，要对犊牛医治。

（5）适当运动，促进采食

犊牛 7 日龄后，在喂完奶、料和干草后，除定量给犊牛饮水外，天气晴朗时还要让犊牛每日外出运动 1 小时，并逐步增加外出时间，1 月龄后增至 2 ~ 3 小时，通过运动增强体质，促进采食，同时培养犊牛接近人的习惯。饲养犊牛时，切记切忌拴系饲养和限制饲养。

（6）做好日记，完善记录

详细记录犊牛培育过程中如去角、开食、开食料采食量、断奶日期、注射疫苗、疾病治疗、转群等日常活动，上报技术室存档，用于指导犊牛日常饲养管理。

136. 育成牛各阶段饲养管理要点有哪些?

7 ~ 18 月龄是牛只饲养过程中的育成牛阶段，此阶段是牛只生长发育最强的生理期。该阶段不仅体型变化大、体重增长快，也是繁殖机能迅速发育并达到性成熟的时期。育成期饲养的主要目的是通过合理的饲养保持心血管系统、消化系统、呼吸系统、体躯四肢等的良好发育，使其按时达到理想体型、标准体重和性成熟，按时配种受胎，并为其一生的高产打下良好的基础。该阶段可分为 6 ~ 12 月龄、12 ~ 18 月龄 2 段饲养，同时，对公母牛的饲养管理也有所不同。

（1）6 ~ 12 月龄

此阶段是犊牛培育的继续，为性成熟期。此期，牛只的性器官和第二性征发育很快，体躯向高度和长度两个方向急剧生长，其前胃已相当发达，容积扩大 1 倍左右。因此，在饲养上要求既要能提供足够的营养，又必须具有一定的容积，以刺激前胃的生长。育成牛时期除给予优质的干草和青饲料外，还必须补充一些混合精料，精料比例占饲料干物质总量的 30% ~ 40%。每头日喂精料 2.0 ~ 2.5 千克，青贮饲料 10 ~ 15 千克，干草 2.0 ~ 2.5 千克。日粮营养需要：干物质 5.0 ~ 7.0 千克；粗蛋白质 600 ~ 650 克；钙 30 ~ 32

克；磷 20 ~ 22 克。防止过度营养使青年牛过肥，控制日增重不超过 0.9 千克，发育正常时 12 月龄体重可达 280 ~ 300 千克。该阶段是牛只一生中发育最快的时期，应该把四肢、体躯骨骼的发育作为该阶段重点培育目标，一头育成牛发育得好与坏，不仅在于体重的大小，还应重视其体形和外貌。一头培育好的育成牛，骨骼、体高、四肢长度及肌肉的丰满程度等生长发育水平至少要在中等标准以上，外形舒展大方，肥瘦适宜，七八成膘。

（2）12 ~ 18 月龄

此阶段是第二性征的出现，是生殖器官进一步发育的主要阶段。此阶段牛的消化器官更加扩大，为进一步促进其消化器官的生长，其日粮应以青、粗饲料为主，其比例约占日粮干物质总量的 75%，其余 25% 为混合精饲料，以补充能量和蛋白质的不足，每头日喂精饲料 3.0 ~ 3.5 千克，青贮料 15 ~ 20 千克，干草 2.5 ~ 3.0 千克，日粮干物质需要量为 6.0 ~ 7.0 千克，体重应达 400 千克。由于母牛周期性发情，卵巢分泌的卵泡素能促进乳导管分支、伸长和乳腺泡的形成。妊娠之后，黄体激素与卵泡素一起发挥作用促进乳腺泡发育，为哺乳作准备。此阶段如果母牛过肥，乳房内有大量脂肪沉积，会阻碍乳腺泡发育而影响产后泌乳，造成犊牛缺乳而发育受阻。培育时注意宁稍瘦而勿肥，特别是在配种前，应保证其有充分的运动，膘情适度，这样才能有利于其生产性能的发挥。不过，该时期如果饲养管理不当而发生营养不良，则会导致育成母牛生长发育受阻，体躯瘦小，发育不良，初配年龄滞后，很容易产生难配不孕牛，影响其一生的繁殖性能，即使在后期进行补饲也很难达到理想体况。因此，该时期母牛的适度膘情很重要。

对于育成公牛来说，此期培育措施的得力与否对牛的生长发育、体形结构及种用性能都有很大的影响。生产中，由于育成牛不产生经济效益，而其体质又不像犊牛那样脆弱、易患病死亡，因而育成牛的培育往往得不到应有的重视，必须改变，饲喂育成种公牛的饲料应与成年种公牛一样。舍饲或半舍饲期间饲料应选用优质青干草，不用酒糟、秸秆、糟渣类粗饲料及菜籽饼（粕）、棉籽饼（粕）等，每头牛可日喂胡萝卜 0.5 ~ 1.0 千克来补充维生素，此外，日粮中的矿物质要充足。混合精饲料参照育成母牛的精饲料配方。为便于管理，从断奶起就应将育成公牛与母亲隔离，单槽饲喂。10 ~ 12 月龄，就应穿鼻环，鼻环以不锈钢的为好。必须搞好育成种公牛的运动，要求每天上、下午各一次，每次 1.5 ~ 2 小时，行走距离 4 千米。运动不足或长期拴系，会使牛性情变坏，精液质量下降，患肢蹄病、消化道疾病等。但也要注意不能运动过度，否则同样对公牛的健康和精液质量有不良影响。

137. 怎样做好新引进架子牛的过渡期饲养管理？

刚引进育肥场的架子牛一般来自牧区、半牧区和千家万户，又经过长途运输，草料、气候、自然环境等都发生了很大变化。这些从远地运进的异地育肥牛，胃肠食物少、体内严重缺水、应激反应大，须经过一个为时约 2 周的饲料和舍饲适应过程，才能进入正常的育肥程序，这段适应期就称为过渡期。

（1）隔离与观察

新购架子牛进场后应隔离饲养 15 天以上，以防随牛带入疫病。前 2 ~ 3 天要细心观察新购架子牛的食欲、粪便、行为及精神状态是否正常，发现问题及时查明原因，并采取必要的措施。

（2）饮水

由于运输途中疲劳及饮水困难，架子牛常发生严重缺水，因此架子牛进入隔离栏舍后要让其充分休息，饮好水。前 1 ~ 2 天喂少许优质干草（第一次饲喂应限量，每头每天 4 ~ 5 千克），饮淡盐水（首次饮水量 10 ~ 15 千克，每头加入食盐 100 克），以调理肠胃，促进食欲。第二次饮水在第一次饮水后的 3 ~ 4 小时，饮水时，水中可另加些麸皮，还可加喂些清热解毒、抗感冒、健胃类的中草药。

(3) 调理胃肠道

俗称"换肚"，既可使瘤胃逐步适应育肥期日粮，又能防止育肥过程中出现消化不良。具体做法是：2 天后待牛精神慢慢恢复，可喂给优质青干草、秸秆、青贮饲料等粗饲料，喂量可增加到每头每天 8~10 千克；5~6 天后自由采食。第 4 天开始加喂混合精饲料，每头牛每天喂 0.5 千克，以后逐渐增加到过渡期结束时的约 2 千克，或混合精饲料按体重 0.8% 左右喂给。精饲料配方建议为：玉米粉 45%、麦麸 40%、饼类 10%、骨粉 2%、尿素 2% 和食盐 1%，另每千克混合饲料添加两粒鱼肝油。刚开始要用牛源地饲料喂牛，然后慢慢过渡（约为 1 周）到饲喂本地饲料。总之，架子牛过渡期前 1 周应以干草等优质粗饲料为主，10 天后逐步过渡为育肥期日粮。

(4) 分群

将新购的架子牛按体重大小、体质强弱分群，每群 10~15 头，每头占栏舍面积 4~5 平方米。傍晚分群容易成功。同一产地、同一批次的牛最好拴在一起。分群的当天应有专人值班观察，发现格斗，应及时处理。转入正常饲喂后，对从北方购进的架子牛要重点做好防暑工作，牛舍一定要保持通风、阴凉、干燥。千万不要让牛生活在潮湿、闷热的环境中，尤其是牛床一定要保持干燥，否则易造成牛生病，影响生长。

(5) 驱虫

体外寄生虫可降低牛采食量，抑制增重，延长育肥期。体内寄生虫会吸收肠道食糜中的营养物质，影响育肥牛的生长和育肥效果。新购架子牛入场的第 3~第 5 天驱虫、健胃，一般选用阿维菌素，一次用药同时驱杀体内外多种寄生虫。亦可采用药物联合法，开始先用硝氯酚 1.5 克，丙硫咪唑按每千克体重 10~15 毫克计算用量，空腹拌料饲喂。必要时间隔 2 周后再空腹投喂左旋咪唑 5 克、别丁 20 克，以消灭寄生虫。驱虫 3 日后，每头牛口服"健胃散" 350 ~ 400 克或人工盐 60 ~ 100 克健胃，牛的健胃还可采用大黄。以后每隔 2 ~ 3 个月驱一次虫。秋天所购牛只还应注射倍硫磷，以防治牛皮蝇。

(6) 架子牛过渡期日粮配方示例

配方 1（%）：玉米 20.6、棉籽饼 13.9、甜菜干粕 6.9、全株玉米青贮饲料 45.0、玉米秸秆 12.1、添加剂 1.0、食盐 0.2、石粉 0.3。

配方 2（%）：玉米 8.5、玉米胚芽饼 20.9、玉米酒糟蛋白饲料（湿）15.1、全株玉米青贮饲料 46.2、玉米皮 4.5、小麦秸 3.2、添加剂 1.0、食盐 0.2、石粉 0.4。

配方 3（%）：玉米 14.3、棉籽饼 13.2、全株玉米青贮饲料 49.0、玉米秸 22.0、添加剂 1.0、食盐 0.2、石粉 0.3。

配方 4（%）：玉米 4.7、玉米胚芽饼 14.8、玉米酒糟蛋白饲料（湿）15.3、玉米酒糟蛋白饲料（干）5.4、全株玉米青贮饲料 36.1、玉米秸 14.8、玉米皮 5.0、小麦秸 2.4、添加剂 1.0、食盐 0.2、石粉 0.3。

配方 5（%）：棉籽饼 3.6、麦麸 9.7、玉米酒糟蛋白饲料（干）10.1、全株玉米青贮饲料 43.1、苜蓿 8.2、玉米秸 17.1、玉米皮 6.8、添加剂 1.0、食盐 0.2、石粉 0.2。

(7) 其他

在长途运输架子牛前，应肌内注射维生素 A、维生素 D 和维生素 E，并喂 1 克土霉素，可增加架子牛抵抗的应激能力。另应根据当地疫病流行情况，注射疫苗。

138. 架子牛过渡期保健措施有哪些?

架子牛过渡期保健措施主要包括驱虫、免疫接种与药物保健。

(1) 驱虫

驱除体内外寄生虫。架子牛运到牛场后,首先用 0.3% 过氧乙酸溶液逐头对牛体喷洒 1 次,并用 0.25% 螨净乳剂对牛进行普遍擦拭 1 次,驱除体外寄生虫。1 周后以每千克体重 5 ~ 7 毫克抗螨敏或 6 ~ 8 毫克左旋咪唑投药驱除体内寄生虫,驱虫 3 天后,使用人工盐对牛进行健胃。

(2) 免疫接种

为了预防和控制肉牛传染病的发生,肉牛育肥场应有计划地进行免疫接种,尽管这会增添额外的麻烦和费用,但养殖户应该意识到传染病一旦发生,其造成的损失将会更大。育肥牛场常用于肉牛预防接种的疫 (菌) 苗有如下几种:①无毒炭疽芽孢苗。预防炭疽病,12 月龄以上的牛皮下注射 1 毫升,12 月龄以下的牛皮下注射 0.5 毫升。注射后 14 天产生免疫力,免疫期 12 个月。②Ⅱ号炭疽菌苗。预防炭疽,使用前需按瓶签规定的稀释倍数稀释,皮下注射 1 毫升。注射 14 天产生免疫力,免疫期 12 个月。③气肿疽明矾菌苗 (甲醛苗)。预防气肿疽病,皮下注射 5 毫升 (不论牛的年龄大小),注射后 14 天产生免疫力,免疫期 6 个月。④口蹄疫弱毒苗。预防口蹄疫病,周岁以内的牛不注射,1 ~ 2 岁牛肌内或皮下注射 1 毫升,3 岁以上的牛肌内或皮下注射 3 毫升。注射 7 天后产生免疫力,免疫期 4 ~ 6 个月。育肥牛接种口蹄疫 A 型、O 型弱毒苗更安全保险。生成实践中,接种疫苗的病毒型必须与当地流行的病毒型一致,否则无法达到接种疫苗的目的。⑤牛出败氢氧化铝菌苗。预防牛的出血性败血症,肌内或皮下注射,体重 100 千克以下的牛注射 4 毫升,体重 100 千克以上的牛注射 6 毫升。注射 21 天后产生免疫力，免疫期9个月。⑥牛副伤寒氢氧化铝菌苗。预防牛副伤寒病，1岁以下的牛肌内注射1~2毫升，1岁以上的牛肌内注射2~5毫升，注射14天后产生免疫力，免疫期6个月。

（3）药物保健

肉牛在育肥阶段具有健康的体质对于提高采食量和获得更多日增重而言至关重要。在肉牛配合饲料中长期饲喂（添加）符合我国卫生要求的抗生素和保健剂有助于达到上述目的。生产实践中常用于育肥牛健康成长的药物有很多，现介绍如下药物供参考，见表7-1。

表7-1 育肥牛常用药物及其用量与功能

药物种类	牛别	剂量	功能
金霉素	犊牛	25~70毫克/（头·日）	促进生长，防治痢疾
金霉素	肉牛	100毫克/（头·日）	促进生长，预防烂蹄病
金霉素+磺胺二甲嘧啶	肉牛	350毫克/（头·日）	维持生长，预防呼吸系统病
红霉素	牛	37毫克/（头·日）	促进生长
新霉素	犊牛	70~140毫克/（头·日）	防治肠炎，痢疾
青霉素	肉牛	7 500单位	防治肚胀
黄霉菌素	肉牛	30~35毫克/（头·日）	提高日增重速度
黄霉菌素	犊牛	12~23毫克/（头·日）	提高日增重速度和饲料利用率
杆菌肽素	牛	35~70毫克/（头·日）	提高增重，保健
泰乐菌素	肉牛	8~10克/吨饲料	提高增重，保健
赤霉素	肉牛	80毫克/头（15日/次）	提高增重，提高饲料利用效率
黄磷脂霉素	牛	8毫克/千克饲料	促进生长，提高饲料利用效率

注：1. 抗生素和保健剂在使用前应先与载体或辅料充分搅拌均匀；2. 育肥牛在使用上述药物进行增重或保健时，需在屠宰前的3~4周停止用药，防止残留（不包括泰乐菌素和瘤胃素）

139. 架子牛育肥的饲养要点有哪些?

架子牛从引进到出栏,一般分为 3 个阶段:育肥前期(1~15天)、育肥中期(15~60 天)、育肥后期(60~120 天)。3 个月左右的育肥,肉牛体重达 500 千克左右,就可出栏了。

(1) 育肥前期 (1~15 天)

也称过渡期,主要是适应育肥前的饲料和环境等。若系新引进的架子牛其饲养管理可参见问题 137。若系本场的牛可在其前期所喂饲草的基础上,逐渐加喂精饲料,到前期结束时,每天精饲料喂量可达 2 千克左右,或混合精饲料按体重 0.8% 左右投给,供给充足清洁的饮水。精饲料建议配方(%):玉米粉 45、麦麸 40、饼类 10、骨粉 2、尿素 2、食盐 1,另外,每千克饲料添加两粒鱼肝油。

(2) 育肥中期 (15~60 天)

也称催肥前期,架子牛度过适应期后,对饲料和饲养环境已适应,但精饲料喂量仍限制。干物质采食量逐渐增加到 8 千克(体重的 2.2% ~2.5%),粗蛋白质水平为 11% ~12%,精粗饲料比为 6:4,使日增重达到 1.3 千克左右。混合精饲料建议配方:玉米 65%、大麦 10%、麦麸 14%、(豆粕 + 菜粕)10%、添加剂 1%。另外,每头牛每天补加磷酸氢钙 100 克,食盐 40 克,日增重维持在 1.2 千克左右。若是采用白酒糟或啤酒糟作粗饲料时,可适当减少精饲料的用量。

(3) 育肥后期 (60~120 天)

也称催肥期,是架子牛育肥增重的一个旺长期,此期增重的高低决定着育肥全期增重效果的好坏,必须科学饲养。催肥期每投给 2 千克混合饲料,再添加 50 克尿素,可增重 1 千克。牛多吃精饲料，能多长肉。为使肉牛后期达到最大精饲料采食量，要求干物质采食量要逐渐达到 10 千克。精粗比可高达 7：3，日增重维持在 1.5 千克。为使瘤胃适应，少出毛病，可加喂瘤胃调控剂以调整瘤胃机能。建议混合精饲料配方为：玉米 75%，大麦 10%，（豆粕＋菜粕）8%，麦麸 6%，添加剂 1%。后期肉牛采食量为体重的 2.5%～3.0%，一般在出栏前的第 10 天，为加速育肥要求精饲料的日采食量应达到 4～5 千克，粗饲料自由采食，以助消化和提高牛的食欲。同时要特别注意，如果发现牛有食欲下降，育肥势头减弱，体重在 500 千克左右时，即可出栏。不要等牛全满膘时再一起出圈，否则，就会影响牛的增重效果，甚至掉膘。

140. 架子牛育肥的管理要点有哪些？

架子牛经过 3～4 月的育肥就可出栏，体重可达 550 千克。整个育肥期，在管理上要求做到：①定时喂饮，按规操作。定时喂饮就是饲喂、饮水的时间基本不变或固定不变，使牛养成正常的消化、吸收、采食、饮水和休息的规律。可供参考的操作规程，夏季：5：00～7：00 喂饲饮水，第一次检查牛群；8：00～10：00 阳光下刷拭牛体，清理粪便；11：00～16：00 中午加饮一次水，拴在凉棚树荫下休息，反刍；17：00～19：00 喂饲饮水，第二次检查牛群，清理粪便，冲洗饲槽。冬季：6：00～8：30 喂饲饮水，第一次检查牛群；9：00～15：00 阳光下刷拭牛体，清理粪便，休息反刍，清理饲槽；16：00～18：00 喂饲饮水，第二次检查牛群，清理粪便和饲槽。②定量饲喂，足量饮水。定量饲喂就是日粮投饲量固定不变，或基本不变，不能因个别牛只食欲好而无限度增加，以防过食而引起前胃弛缓、瘤胃积食与消化不良。一般平均每头牛每天喂精饲料 5 千克，粗饲料 7.5 千克。喂饲过程是：先粗后精（或将精、粗饲料充分混合饲喂），先干后湿，定时定量，少喂勤添，喂完饮水。饲喂时一定要注意饲料中是否有金属杂物，否则吃进后造成网胃心包炎。给牛饮水时要做到"慢、匀、足",一般冬季饮 2 次水,水温在 10～15℃;夏季饮 3 次水,除早、晚外,中午加饮一次。③拴系定位,防撞促长。定牛位,是指将牛的采食、休息的位置尽量固定不变、因牛体采食、休息的位置都有其本身固有的气味,调换位置后牛马上会闻出异常气味,使得牛只骚闹起哄或大声吼叫、挠地,引起整群牛只不安甚至脱缰,造成不良后果。一般采用拴系的方法给牛只定位,拴系的缰绳要短,通常以牛能卧下而且以牛回头舔不到自己的身体为好(两牛角连线到拴牛环间的距离在 40～60厘米),既可防止相互顶撞,又能减少运动从而促进生长。④清洁牛舍,刷拭牛体。牛舍要做到"六净",即"草、料、水、槽、圈、体"的清洁卫生。牛的排粪量大,每天要及时清扫粪便,料槽等用具也要天天洗刷消毒,不给牛饲喂发霉变质的饲料,饮水要清洁。尽量防止各种噪声,防止动物骚扰,保持牛舍环境清洁、干燥、安静、舒适,减少疾病和传染病的发生。每天派专人刷拭牛体1～2 次,既有利于清除体表的灰尘、寄生虫、代谢废物,又能促进血液循环,加快新陈代谢,增加食欲,提高育肥效果,并且可使牛皮毛发亮、增加美感,还可增加饲养员与牛之间的亲善关系,减少牛的野性。刷拭的方法是:以左手持铁刷,右手持棕毛刷,从颈部开始,由前向后,由上至下依次进行。刷完一侧之后再刷另一侧。可按颈、背、胸、腰、后躯、四肢顺序,最后刷头部。夏季高温天时,可用水冲洗牛体。⑤勤于观察,注意安全。育肥期间,饲养管理人员还要勤于观察牛的采食、反刍、饮欲、排便、精神状态等,预防并及早发现胃肠道疾病。在日粮改变的 2～3 天内,更要特别关注牛的反刍与排便情况,若发现异常,及时采取必要的措施。另外,如有条件可定期称重及时了解增重情况以便及时调整日粮配方。育肥的公架子牛没有去势,其记忆力、防御反射、性反射能力很强,因此,饲养人员管理公架子牛要特别注意安全。⑥注意季节变化,进行相应管理。通常牛的抗寒能力较强,但过低的气温要消耗自身能量来产生热量。因此,冬季应加强牛圈的保暖防寒,设法挡风,尤其是防止贼风,保温,减少湿度,保持牛床干燥。冬天天气晴朗时，每天饲喂后，及时让肉牛沐浴阳光；同时合理配制日粮，提高能量水平，增加精饲料供应量，保证各种营养平衡，增强抵抗力。杜绝冰冻饲料，饮水中不能有冰，有条件的可用温水或地下水。夏季一定要注意防暑、防潮等，减少肉牛热应激，适当提高日粮中的营养浓度，尤其是蛋白质含量，添加具有清凉作用的添加剂。饲喂应在早晚气温较低时进行，料型可用"粥状料"，以增加饮水量。气温超过30℃时，中午舍内地面喷水，或采取其他有效的防暑降温措施，如吹风，头部冲凉水等。同时做好消灭蚊蝇、疾病防疫工作，牛圈周围保持安静，尽量减少应激。而春、秋季节，气温适宜，正是适合肉牛生长的环境，要充分利用这个时期，调整饲料，保证营养供给，加强饲养管理，促其快速增重。

141. 架子牛育肥期保健措施有哪些？

①严格遵守肉牛育肥期的饲养管理制度，保证育肥牛吃得香、睡得好。②科学合理设计日粮配方，配方需要变更时必须有过渡期，不得饲喂霉烂变质饲料。③提高防疫意识，贯彻以防为主、防重于治的主动防疫制度。④确保育肥牛舍清洁卫生、舒适干燥，保证充足饮水、水源干净。⑤确保人畜和谐发展，爱牛爱岗，善待牛，不得鞭打牛泄气。⑥条件许可时可在牛舍、牛圈安装音响，通过播放悦耳音乐营造轻松愉快的生活环境，使牛逐渐产生条件反射，促进牛的身心健康。⑦日粮中严禁使用违禁药品和低质超标添加剂，这不仅不利于育肥牛的健康，更会污染牛肉，造成药物残留。⑧注意停药时间。一般来说，停药时间为出栏前的60~90天。

142. 成年牛育肥期饲养管理要点有哪些？

成年牛育肥指的是成年牛或接近成年牛的育肥。一般公牛2~3岁、母牛3~6岁，体重340~420千克开始育肥，这类牛体格发育已经结束，只是经过短期育肥增加肌肉和脂肪的重量。采取科学饲养和管理可使其在短期内育肥并改善肉质，增加产肉量。这类牛的出肉量大，脂肪产量高，肉质较差。成年牛育肥前一般采取以粗饲料为主的低营养饲养，育肥期则可发挥补偿生长优势，提高增重速度。成年牛的育肥期通常为 150~180 天，平均日增重 1.0~1.1 千克，出栏时体重 550~600 千克。年龄 8 岁以上、体重 350 千克以上老龄淘汰奶牛或役牛育肥可提高其经济价值，其育肥期一般为 100 天，平均日增重 1.0 千克，出栏重 450 千克以上。成年牛利用粗饲料的能力强，可选择前粗（粗料型）后精（精料型）的育肥方式，大量利用粗饲料育肥，提高经济效益。

143. 正常育肥牛粪便的颜色、形状如何？

粪便是评估牛只瘤胃机能、消化状况最简单、最直观的方法。牛只的粪便颜色一般受饲料种类、胆汁浓度以及饲料和消化物流通速率的影响。通常，牛只采食青绿饲料时，粪便呈深绿色；采食干草时，粪便呈褐绿色；采食大量谷物饲料时，粪便呈黄绿色，这种颜色由粗饲料和谷物的量及谷物加工过程的变化共同决定。正常育肥牛一次排粪落在一起不干不稀，呈圆扁的杯状。粪的表面无黏膜、光滑有光泽。如果粪便中含有较多未消化精饲料颗粒，则可能是由于一次喂给较多精饲料或突然更换饲料，没有过渡期或过渡期过短所致，经短暂的禁食精饲料或适当增加过渡期天数，多数可恢复正常。如果排水样粪便并有未消化的较长牧草，则可能是因饲喂大量粗硬难以消化的粗饲料而致的瘤胃积食。如果粪便黑而干燥，则可能是胃肠蠕动弛缓或麻痹所致；如果粪便外裹有胶冻样物质、质地黏稠则可能是肠梗阻、肠套叠；如果出现稀面糊状、血液、黏液等样粪便，则可能是腹泻等病引起，需请兽医确诊。

144. 妊娠母牛混合精饲料的饲喂原则是什么？怎样做好妊娠母牛的饲养管理？

正确饲养和科学管理好怀孕母牛，是保证胎儿在母牛体内得到正常生长发育，防止流产和死胎，产出身体健康、大小匀称和初生重大的犊牛，并保持母牛良好的体型，为今后的生产打下良好的基础。母牛的妊娠期是指从最后 1 次配种到胎儿出生日为止的时期，一般 270 ~ 290 天，平均 280 天。一般分为妊娠前期（1 ~ 91 天），妊娠中期（92 ~ 182 天），妊娠后期（183 ~ 265 天）和围产前期（266 ~ 280 天）4 个时期。妊娠母牛怀孕前、中期，胎儿生长发育较慢，其营养需求较少，可以和空怀母牛一样，以粗饲料为主，适当搭配少量混合精饲料，每天喂 3 次。如果有足够的青草供应，可不喂精饲料；而母牛妊娠到中、后期，胎儿生长发育较快，应加强营养，尤其是妊娠后期。应按照饲养标准配合日粮，以青饲料为主，适当搭配混合精饲料，重点满足蛋白质、矿物质和维生素的营养需要，每天饲喂 4 ~ 5 次。混合精饲料不能过多使用，以防止妊娠母牛过肥，尤其是头胎青年母牛，以免发生难产。平时还要加强刷拭和运动，特别是头胎母牛，还要进行乳房按摩，以利产后犊牛哺乳。

(1) 妊娠前期（1 ~ 91 天）

为妊娠后 1 ~ 13 周龄。此阶段，通过输精配种，精子和卵子结合发育成胚胎。此时胚胎发育较慢，母牛胸围没有明显的变化。初次妊娠青年母牛身体开始发胖，后部骨骼开始变宽。营养向胎儿和身体 2 个方面供给。精饲料组成为玉米面 70%，豆粕 13%，麦麸 15%，盐 1%，矿物质添加剂 1%。每头牛每天喂 1.2 ~ 1.3 千克，每天饲喂 3 次。枯草期，以"放牧 + 补饲"为主。放牧可以促进母牛生长，减少疾病发生，有利于胎儿发育。补饲的粗饲料要多样，防止单一。有条件的养殖场每天补饲玉米青贮 3 ~ 4 千克或块根饲料 2 ~ 4 千克，每天补饲 2 ~ 3 次。要定时、定量，避免浪费。补饲时采取"先精后粗"的次序进行，禁止饲喂发霉变质与冰冻的饲料。青草期，以放牧采食青草为主，定时、定量补饲精饲料。保证充足的饮水，每天饮水 3 次，冬季要饮温水。放牧时，不要快速驱赶，或者突然刺激母牛进行剧烈活动，防止意外流产。牛舍要保持清洁干燥，每天打扫卫生 2 ~ 3 次。床位铺垫草，每天更换 1 次，每天刷拭牛体 1 ~ 2 次。60 天、90 天时各做 1 次妊娠检查。

（2）妊娠中期（92 ~ 182 天）

为妊娠 14 ~ 26 周龄阶段。此时胎儿发育加快，母牛胸围逐渐变粗。营养除维持母牛自身需要外，全部供给胎儿，故应提高日粮营养水平，充分满足胎儿生长需要，为培育出优良健壮的犊牛提供物质基础。精料补充饲料的组成为玉米面 68%，豆粕 15%，麦麸 15%，盐 1%，矿物质添加剂 1%。每头日喂 1.4 ~ 1.5 千克，日喂 3 次。冬季补饲青贮、玉米等多汁饲料，供给充足饮水。每天刷拭牛体时注意观察母牛有无异常变化。所用料桶和水桶每次用后刷洗干净、晾干，定期刷洗饮水槽，保持饮水清洁卫生。牛舍通风良好，保持清洁干燥，冬季注意保温。此期重点是保胎，不喂冰冻饲料，冬季不饮用太凉的水。不刺激妊娠牛做剧烈或突然的活动。放牧时，注意选择背风向阳处进行暂短休息。

（3）妊娠后期（183 ~ 265 天）

为妊娠 27 ~ 38 周龄阶段。此阶段是胎儿发育的高峰，母牛的胸围更加粗大。胎儿吸收的营养占母牛日粮营养水平的 70% ~ 80%，由于胎儿生长发育迅速，而对营养物质的需求量大增。一般母牛在妊娠后期比空怀时多需 20% ~ 30% 的能量和 70% ~ 80% 的蛋白质，对矿物质中的钙、磷、钠、氯、锰、碘和维生素 A、维生素 D、维生素 E 的需要量亦大幅增加。此期若不注意加强饲养，日粮中营养物质缺乏或不全，往往导致胎儿生长发育迟缓、母牛妊娠中途流产或生出一些无毛、瞎眼、弱胎、畸形怪胎和死胎，同时也影响母牛自身的健康。若饲养水平过高，则会引起母牛产弱犊，并使母牛长期产犊数下降，如丹麦用红牛做的饲养对比试验表明，按饲养标准饲喂的母牛平均产犊 4.3 头，而饲喂过量的母牛平均产犊只有 3.4 头。母牛妊娠后期若管理粗放，使役过重，还可能致母牛流产。母牛妊娠后期要专槽专人饲养，做到槽净、料净、草净、水净。牛栏内要勤扫常垫，每月可用 10%～15% 的生石灰乳剂或 20%～40% 的草木灰水消毒一次。对牛体每天要刷拭一次，以便清除母牛皮肤上的皮垢，促进牛体的血液循环。母牛在寒冷的冬季若饮用冷水易发生流产，饮水的温度应控制在 10℃ 以上。

(4) 围产前期 (266～280 天)

为妊娠 39～40 周龄阶段。此阶段胎儿已经发育成熟，母牛胸围粗大，面临分娩，身体十分笨重，须随时注意观察母牛的情况。该期的精料补充饲料配比 (%)：玉米面 68、豆粕 15、麦麸 16、骨粉 0.5、盐 0.5。饲喂时要先喂粗饲料，后喂精饲料。粗饲料不限量；精料补充饲料每头每次 3 千克，日喂 3 次。围产前期，以饲喂优质青干草为主，禁喂玉米青贮和块根等多汁饲料。运动可以预防母牛难产和胎衣不下，可让母牛每天上午或者下午做 2 个小时左右的近距离运动。由于母牛身体笨重，行走缓慢，严禁突然驱赶和鞭打母牛，以防流产和早产。预产期前 5～10 天，进行昼夜观察监护。同时做好分娩前的各项准备。

145. 如何防止妊娠母牛流产？妊娠母牛放牧应注意哪些事项？

(1) 保证妊娠母牛的营养需要

日粮中粗蛋白质、维生素 A 和维生素 E 及钙、磷供给要充足，保证日粮营养全面，而且多样化、适口性强、易消化；所喂饲料应清洁新鲜，不喂发霉变质、冰冻饲料，不喂酒糟、棉籽饼等。应加强妊娠母牛怀孕后期的重点补饲，此阶段胎儿生长迅速，如果供给的营养物质不足，会影响犊牛的初生重和以后的增重。特别是怀孕最后两三个月在冬季的，应注意合理搭配日粮，除保证粗饲料供应充足外，还要多补喂精饲料、矿物质饲料、块根块茎类饲料如胡萝卜等，以避免失重而过瘦，但对头胎母牛应防止过肥。

（2）做好疫病防治，保证健康

每天应清洗、清扫牛舍、牛床、牛体，保持清洁卫生，并定期消毒。严格防疫，防止发生传染病。布氏杆菌病是预防的重点，一旦发病会引起妊娠母牛流产。

（3）合理运动、使役

妊娠母牛的牵引、使役等要注意方法，不要过急、过快、过于粗暴。母牛怀孕初期，胚胎着床不牢，不能过度使役或运动。孕牛产前 1～2 个月停止使役。

（4）合理用药

妊娠母牛患病治疗时用药必须谨慎，对胎儿有致畸等危害的药物应避免使用；能引起子宫收缩的药物也应禁用，如麦角碱、催产素、前列腺素等，除此还应禁用全身麻醉药、烈性泻药等。

（5）分群饲养

妊娠母牛应与其他牛只分开，单独饲养，防止顶架、爬跨等而造成流产。

（6）避免机械性损伤

生产中对妊娠母牛应温和，合理调教，不鞭打脚踢；路窄、路滑、路不平时不要急于驱赶，防止滑倒挤伤和碰伤，避免妊娠母牛受到机械性损伤。

(7) "放牧＋补饲"饲养放牧妊娠母牛

35周龄以后，缩短放牧时间，每天上午、下午各2个小时。由于母牛身体笨重，行走缓慢，放牧距离应缩短。严禁驱赶和鞭打妊娠母牛。妊娠母牛自由卧床，由于母牛对粗饲料采食量相对降低，应选择优质、消化率高的粗饲料进行补饲。38周龄时，饲喂的多汁饲料要减量。每天注意观察妊娠牛状况，发现异常，立即诊治。

146. 如何做好空怀母牛的饲养管理？

母牛空怀的原因有先天和后天2个方面。先天不孕一般是由于母牛发育异常，在育种工作中淘汰那些隐性基因的携带者即可解决。后天性不孕主要是由于营养缺乏，饲养管理不当及疫病所致。成年母牛因饲养管理不当而造成的，恢复正常营养水平，大多能够自愈。犊牛期由于营养不良以致生长发育受阻，很难用饲养方法来补救。

(1) 膘情适中

空怀母牛饲养的主要目的是保持牛有中、上等膘情，提高受胎率。繁殖母牛在配种前过瘦或过肥常影响其繁殖性能。在肉用母牛饲养中，若饲喂过多精饲料而又运动不足，极易使肉牛过肥而不发情，必须注意。但在饲料缺乏，母牛瘦弱的情况下，也会造成母牛不发情而影响繁殖。实践证明，如果母牛前一个泌乳期内给以足够的平衡日粮，同时劳役较轻、管理周到，能提高母牛的受胎率。5岁以上空怀哺乳母牛，基本上可按维持需要供给。如果母牛不足5岁，尚在生长阶段，还应加上增重部分营养需要，其每千克干物质含代谢能应在8.37~9.20兆焦。舍饲条件下饲喂低质粗饲料的母牛，在冬、春枯草季节应补饲。瘦弱母牛配种前1~2个月要加强营养，增加精饲料补饲量以提高受胎率。精料补充饲料参考配方：

玉米65%，麦麸15%，糠麸18%，食盐1%，添加剂1%。

（2）及时配种

母牛应及时配种，防止漏配和失配。对初配母牛，应加强管理，防止过早配种。一般母牛产后第3个情期发情比较正常，此时配种较为适宜。对发情不正常或不发情的，要及时采取措施。

（3）改善饲养管理条件

牛舍内通风不良，空气污浊，含氨量超过0.02毫克/升以及夏季闷热、冬季寒冷、过度潮湿等恶劣环境均会危害牛体健康。因此，改善饲养管理条件是十分重要。

147. 怎样做好种公牛的饲养管理？

种公牛是指符合品种标准，具有繁殖育种价值并选作种用的公牛。种公牛对发展牛群、提高肉牛质量极为重要。种公牛不可过肥、也不可过瘦，无草腹。要保持体质健壮、生殖机能正常、性欲旺盛、精液量多，且密度大、品质好，能延长其使用年限。种公牛的饲养分为犊牛、后备牛和成年牛3个阶段。公犊牛（1~6月龄）其哺乳期一周内喂初乳，7天后喂常乳，并开始训练采食粗饲料，粗饲料宜选用优质干草。一个月后精饲料逐步加到1千克/天，6月龄时加到2.5~3.0千克/天。后备公牛（7~24月龄）分育成期和青年期。育成期公牛日粮要求干草6千克/天，精饲料3.0~3.5千克/天，每千克日粮含粗蛋白质16%，粗纤维15%，钙0.45%，磷0.3%。青年期公牛日粮要求干草10千克，精饲料2.5~3.0千克，日粮干物质占体重的1.5%~1.7%，粗蛋白质、钙、磷含量与育成期公牛相同。管理上后备牛在6~8月龄应给公牛安装鼻环。公牛20月龄左右开始换牙，此时要注意采食情况，采食较差时提供纤细柔软的草。成年公牛是大于24月龄的公牛。日粮要求干草12千克，精饲料3.0~4.5千克/天，每千克日粮粗蛋白质含量约

15%，其余物质含量与后备牛相同。种公牛的饲养管理要点如下。

(1) 保证圈舍洁净舒适

公牛圈舍应有遮阳棚，以防止强光照射、不良气候所带来的不适，还应有良好的通风，以及一块供休息的垫草区或自然土区。非采精时公牛最好不拴系，公牛可在舍内自由走动和锻炼肌肉。活动良好的公牛在采精时易于爬跨和进入假阴道，不至于因为缺少活动而拉伤后部肌肉。圈舍应该带有一个延伸的区域供公牛运动。

(2) 专人饲喂

因种公牛的记忆力强，防御反射强，所以饲养员平时不得逗弄、鞭打和训斥公牛，以免公牛记仇或养成恶癖。如果公牛不驯服时再厉声呵斥制止。在饲喂过程中，要仔细观察牛群，发现异常情况应及时向主管领导或兽医汇报，做到早发现、早预防、早治疗。

(3) 拴系与牵引运动

10~12月龄时育成公牛穿带的鼻环在2岁以后换成大鼻环，鼻环以不锈钢为好。种公牛穿戴鼻环后应经常牵引训练，养成温顺的性格。坚持双绳牵系，人和牛之间保持一定的距离。种公牛拴系一定要牢固，对于所系头绳应随年龄的增长和体型的变化而定期检查更换，鼻环要经常检查，如有损坏立即更换。加强运动是保证种公牛肌肉、韧带、骨骼健康，防止蹄变形和过肥，增强性欲，保证精液质量的重要措施，因而必须保证每天有一定的运动量，除自由运动外，牵引运动不少于1~2小时。

(4) 改善种公牛的调温机制

要经常清除牛体上的污物，使之保持清洁。夏季可用清水刷洗，避免因高温所带来的热应激，夏季圈舍温度超过28℃，就要每天给牛淋浴或对圈舍洒水降温。冬季要用刮挠刮拭牛体，减少污物的附着，降低寄生虫的发病率，促进人牛的亲和力，使牛体保持健康。冬季千万不要用水刷洗牛体，以免引起四肢和其他疾病的发生。

（5）定期检查、护理睾丸和阴囊

种公牛睾丸的最快生长期是 6 ~ 14 月龄，因此在此期间应加强营养和护理。研究证明，种公牛精子的生成与睾丸的周径有密切的关系。睾丸周径在 33 厘米以下的基本不育，而睾丸大的公牛其获得的精液量相对就大。为了促进睾丸的发育，除注意选种和加强营养外，还要经常按摩和护理，保持阴囊的清洁卫生，一般每次按摩 5 ~ 10 分钟。炎热季节，要做好种公牛的防暑降温，尤其是阴囊的降温工作，以保证精液的质量。

（6）常规兽医检查

下列各项需要检查，每月 1 次：睾丸结构和精囊、心率和胃收缩、蹄和腿部状况、腰肌痛感神经和一般的体况。种公牛的保健，要经常修蹄、护蹄，保证种公牛的四肢健康。种公牛经常出现趾蹄过度生长的现象，结果影响种公牛的精液生产。因此要经常观察、检查趾蹄有无异常，保持蹄壁和蹄叉的清洁。为防止蹄壁干裂，可经常涂抹凡士林或无刺激性油脂。发现蹄病要及时治疗。做到每年春、秋各进行一次检蹄、修蹄，蹄形不整的要及时进行修整，药浴是防治蹄病的有效措施之一。

（7）称重与刷拭

成年种公牛应每月称重 1 次，根据其体重与膘情来确定其日粮供给和饲养管理计划，种公牛以保持中等膘情为宜。种公牛要每天刷拭 1 ~ 2 次，种公牛站可以安装淋浴设施或设置药浴池以便牛只定期淋浴和驱虫，保持牛体干净卫生。

（8）加强消毒和防疫

配备电动喷雾器，采用药液喷雾消毒法，对牛舍、运动场、采精室等地定期消毒；饲养区封闭管理，建立严格的门卫制度；夏季做好灭蚊、灭蝇、灭鼠工作，减少和消除疫病的传播媒介。做好牛群的防疫和检疫工作，严格执行防疫、检疫和其他兽医卫生制度，建立公牛病例档案；每年2次健康检查；公牛进站必须有检疫说明，且须在站内隔离饲养45天以上。

(9) 采精频度

种公牛18月龄可正式投入使用。开始时，每10～15天采精1次，以后逐渐增加到每周2次，2岁起算作成年公牛。冬、春季节每周采精2～3次，每次射精2回，间隔15～30分钟；夏季每周采精1次，采精通常在饲喂后的2～3小时进行，最好在早晨和晚上进行。种公牛采精前后30分钟内不能饮水。种公牛一般在3～4岁时所生产的精液受胎率最高，5～6岁后繁殖机能下降，这是自然规律。只有通过加强饲养管理来延缓这一进程，以延长使用年限。

(10) 夏、冬季管理

在炎热夏季适当增加饲料营养浓度，增加青草喂量，供给充足清洁的饮水；冲澡降温；在早上凉爽时采精、运动，搞好环境卫生。在寒冷的冬季供给较高的能量饲料，做好防寒保暖工作，严禁用冷水冲洗牛体。

总之，在种公牛的饲养管理过程中，只有遵循其生理特点和生活习性，为其提供优质的饲料，良好的生活环境，科学的管理措施，才能使其为我们提供高产优质的冷冻精液，充分发挥种公牛的种用价值，让优秀种公牛将优良基因更多地遗传给后代。同时，要做好标记和资料记录，方便管理和日后的查阅。

148. 怎样做好夏季高温高湿季节的肉牛饲养管理？

牛耐寒不耐热，当环境温度超过28℃时，就会出现明显的不良反应，在生理、采食量、奶质量、泌乳量、繁殖性能、免疫性能等方面产生不利影响，进而导致生产性能、繁殖性能和免疫力下降，严重者可致牛只死亡。因此，很有必要采取综合饲养管理措施，以减轻热应激对牛只的影响。

(1) 搞好环境卫生

首先是搞好牛舍内、外环境卫生。夏季牛的排泄量较大，环境温度高时，细菌繁殖快。因此，要及时清扫舍内外的粪便及异物，保持舍内干燥，定期清洗牛床，认真执行消毒制度，可用4%的火碱溶液对舍内及过道消毒。其次还要注意防蚊灭蝇。盛夏季节，牛舍内外蚊子和苍蝇特别多，容易传播各种疾病。因此，夏季对蚊子和苍蝇的预防不容忽视，可在牛舍的门窗上安装细纱窗，同时用90%的敌百虫600~800倍稀释液喷洒在牛体上，以驱杀蚊虫等。

(2) 降低牛舍温度的措施

①使用大功率的换气扇，同时打开所有的门窗。当温度在30℃以上时，可使用高压喷雾器将凉水喷洒在牛舍内，每隔2~3小时喷雾1次，每次喷雾约30分钟，喷雾后可使舍内温度降低5~8℃。②夏季天气炎热，牛只呼吸快、出汗多，水分消耗大。必须确保供给充足干净的饮水。③在牛舍及运动场周边安装遮阳网，以降低太阳对牛舍的直接照射。④在牛舍周边及场内种植树木，既美化环境，又防暑降温。

(3) 调整日粮组成与饲喂方式

①调整日粮组成。在夏季，日粮中应减少高纤维饲料，提高净能和粗蛋白质浓度，因为，高纤维饲料在消化和代谢过程中可产生较多的热量，同时在饲料中添加氧化镁、小苏打或0.5%的氯化钠等缓冲物，避免高精饲料引发的酸中毒。为增加能量浓度，可在日粮中添加适量脂肪酸钙、棉籽等过瘤胃脂肪，使脂肪的含量不低于5%。当夏季气温在18~32℃时，须将日粮蛋白质由15%提高到20%，过瘤胃蛋白质由28%~30%提高到35%~38%。夏季气温

高，牛出汗多，钠、钾、镁的损失量大，应注意补充钠、镁、钾，保证磷的供给，钾、镁、钠的最低添加量分别为 1.50%、0.35% 和 0.45%，且氯的含量应控制在 0.8% 以下，这样可缓解热应激。②选择鲜嫩的青草，饲喂稀料。青绿饲草富含大量维生素、碳水化合物及水分，不仅适口性好，还可补充大量水分，对缓解热应激十分有利。另外，在夏季，还可将部分精饲料用水浸泡后，制成粥样稀料进行饲喂，这样既能保证营养，又能满足对水分的需要。③ 调整饲喂时间。夏季白天气温高，尽量避免在高温时饲喂，最好在早、晚凉爽时饲喂，并且增加夜间补饲次数，以增加采食量。④严禁饲喂过夜或霉烂饲草。夏季温度高，湿度大，很多饲料如蛋白质和能量饲料极易发生霉变，引起中毒。此外，要将饲草堆放在清凉、通风的地方，有些青绿饲草过夜后易腐烂。因此，应及时将变质的饲料和饲草处理掉，以防止发生疾病。⑤添加抗热应激药物。夏季在饲料中添加适量的维生素 C、维生素 E 及杆菌肽锌等饲料添加剂，有利于减小高温引起的热应激。在日粮中添加氯化钾、脂肪酸钙、乙酸钠，可在一定程度上减轻高温天气的影响。

(4) 预防疾病

夏季温度高，细菌繁殖快，必须定期消毒牛舍环境，预防各种疾病。每月 2 次用 10%~20% 的硫酸钠溶液洗擦牛蹄；按照防疫程序，及时注射各种疫苗，并且添加驱焦虫药物。对于夏季发生中暑的牛只应将其转移至更清凉的地方并迅速降温，首先可将冰块放于头部，或在头部和身上大量灌注冷水，然后用凉水灌肠或灌饮 1% 的冷盐水，最后请兽医静脉放血、用药等处理。

149. 生产高档优质牛肉用育肥牛的饲养管理要点有哪些?

(1) 小白牛肉

又称犊白牛肉，指犊牛育肥的牛肉产品，牛肉富含水分、颜色较浅、肉质细嫩，是高档牛肉产品。尽量选择早期生长发育速度快的品种，如肉用牛的公犊和淘汰母犊，也可选择奶用牛的公犊和淘汰母犊。其饲养要点为：犊牛出生后只喂全乳或部分脱脂乳等液体饲料，保持真胃消化状态，育肥到 6～8 月龄体重达到 150～300 千克屠宰、上市。

（2）小牛肉

指 15～24 月龄出栏育肥牛的牛肉产品，呈淡粉红色，肉质多汁、细嫩，属高档牛肉。其饲养要点为：犊牛生后 6 个月后，利用幼牛生长快的特点给以高水平营养，进行优饲育肥使牛达到一定出栏体重和肥度。育肥到 300～450 千克（9～15 月龄），或 500～600 千克（18～24 月龄）屠宰、上市。

（3）小肥牛肉

指 24～30 月龄出栏的强度育肥牛的牛肉产品，肉质多汁，细嫩且有大理石花纹。其饲养要点为：利用阉割小公牛或小母牛，进行强度直线催肥，催肥 24 个月龄（最多不超过 30 个月龄），活重达 500 千克以上屠宰，胴体体表均匀覆盖一层白色脂肪或脂膜，结构匀称、肌肉丰满。

150. 酒糟育肥肉牛的饲养管理技术要点有哪些?

（1）酒糟的贮藏和取用

由于酒糟水分含量高，不易保存。因此，从酒厂运来的酒糟需妥善保存，最好的办法是修建水泥池保存，或用较厚的塑料袋保存。从池子取用酒糟时，应采取水平面取用的方法，不能立面取用，以减少酒糟的腐烂量。每次从池子和塑料袋取用后，要用塑料薄膜将酒糟重新盖严实，塑料袋要扎紧，避免由于接触空气而导致酒糟腐烂。

(2) 补充精饲料

由于酒糟中的碳水化合物和矿物质含量均较低，因此用酒糟育肥肉牛须补充精饲料。精料补充饲料配方（%）：3~4月龄，玉米56、麸皮22、豆粕16、预混料4、磷酸氢钙1、盐1；4~8月龄，玉米52、麸皮30、豆粕12、预混料4、磷酸氢钙1、盐1；8~12月龄，玉米54、麸皮30、豆粕10、预混料4、磷酸氢钙1、盐1；12月龄以上，玉米46、麸皮30、脱毒菜籽饼15、豆粕3、预混料4、磷酸氢钙1、盐1。其中的预混料为育肥牛专用预混料，可到市场购买。

(3) 日粮喂量

3~8月龄，每50千克体重，酒糟3千克，青（粗）饲料8千克，精料补充饲料0.5千克；8月龄至出栏，每50千克体重，酒糟用量8千克，青（粗）饲料5千克，精料补充饲料0.5千克。

(4) 饲养管理

①刚开始饲喂酒糟时，少数牛不适应，要采取逐步训饲的方法，由少到多，直到牛完全适应为止。每天所用酒糟从窖池中取出，与精饲料混匀后，按每天两次投喂，待牛把酒糟及精饲料采食完后，再投入青（粗）饲料，1小时后喂给充足的清洁饮水。②酒糟现取现拌现喂，不能一次性拌和多天的饲料，禁止饲喂发霉变质的酒糟。如果是从酒厂购回来的新鲜酒糟，不能一次性饲喂过多，防止牛酒精中毒。③由于酒糟酸性较重，加上每日饲喂一定量的精饲料，时间一长，容易造成胃酸过多和自体酸中毒，因此每天必须投喂碳酸氢钠，具体方法是按每头牛每天5克的用量，与酒糟、精饲料拌和均匀投喂。④每次投喂饲料前，要仔细检查饲槽内是否有残余饲料，如果有，必须将残余饲料清理干净才能投喂新的饲料，避免腐败饲料造成牛的胃肠疾病。⑤配制精饲料时，注意不能用有霉变的饲料原料，以防黄曲霉毒素中毒。⑥投喂饲料时，要注意捡

出饲料中的杂质，如塑料丝、石头、铁丝、塑料袋残渣等，以免刺伤牛胃，影响牛的反刍。⑦定时定量。每天投喂饲料的时间要基本一致，与前一天的时间不能相差 1 小时以上，以免打乱牛采食的条件反射。⑧定期为牛的皮肤进行刷拭，增进血液循环，减少皮肤病的发生。⑨定时清理牛的粪便，冬天尽量少冲洗牛舍，给牛一个干净、干燥的环境。冬季做好防寒保暖，夏季做好防暑降温。

151. 肉牛绿色养殖技术要点有哪些？

(1) 肉牛品种与选配

①选择引进品种如西门塔尔牛、夏洛莱牛、利木赞牛等与国内黄牛的杂交后代；②选择生长速度快、抗病力强、适应当地生长条件的肉牛品种进行饲养，并结合育种引进优秀公牛的冷冻精液进行选配；③对于从场外购入的肉牛（如架子牛）要经过严格检疫和消毒。

(2) 绿色饲料原料

①牧草、玉米、饼粕类、糟渣类等饲料原料必须来自无公害地区。肉牛绿色养殖要根据不同发育阶段的营养需要，科学合理地配制日粮。饲料是人类的间接食品，饲料中有毒、有害物质会直接危害到人类的健康。越来越多的研究表明，人类常见的癌症、畸形、抗药性和某些中毒现象与肉、蛋、奶中的抗生素、激素和其他合成药物的残留有关。由于化肥、农药的超量使用会导致饲草原料中化肥和农药较高的残留量，进而导致牛肉中药物残留的增加。因此，绿色养殖的饲料原料必须来自无公害区域内的草场和种植基地。②使用符合生产绿色食品的饲料添加剂。药物添加剂曾经给畜牧业带来了很大效益，但随着时代的发展，它引起的副作用也日益明显。低治疗量的抗生素作为添加剂，在消灭病原菌的同时，也消灭了对机体有益的微生物，造成体内菌群失调。长期饲喂，还会产生

抗药性，并在畜产品中残留，对公共卫生产生不良影响，直接威胁到人类的健康。因此，饲料添加剂的使用必须符合生产绿色食品的饲料添加剂使用准则，滥用抗生素类添加剂，如超量添加、不遵守停药期的要求，或者非法使用，如催眠镇静剂、激素或激素样物质等，都会导致这类药物在牛肉中残留超标。所以生产绿色牛肉应尽量应用可替代抗生素、促生长激素的新型生物制剂，如益生素、酸化剂、酶制剂、中草药、寡糖、磷脂类脂、腐殖酸等纯天然物质，或低毒无残留兽药添加剂替代抗生素类添加剂，即使在生产中必须使用抗生素，也应合理使用抗生素促生长剂，首先要选择安全性高、无药物残留的动物专用抗生素，而避免选用易产生耐药性的药物。其次，使用方法应正确合理，必须与饲料混合均匀，并严格执行添加标准停药期等规定，以减少药物残留及耐药性。严禁使用禁用药物添加剂，严格控制各种激素、抗生素、化学合成促生长素、化学防腐剂等有害人体健康的物质进入牛奶，以保证产品的质量。

(3) 牛场环境条件与保护

①地形平坦、背风、向阳、干燥，牛场地势应高出当地历史最高洪水线，地下水位要在 2 米以下。②水质必须符合《生活饮用水卫生标准》，水量充足，最好用深层地下水。③牛舍场地要开阔整齐，交通便利，并与主要公路干线保持 500 米以上的卫生间距。④牛舍应保持适宜的温度，湿度、气流、光照及新鲜清洁的空气，禁用毒性杀虫、灭菌、防腐药物。⑤牛场污水及排污物处理达标。

152. 肉牛场场址选择应该考虑哪些环境因素？

(1) 地形和地势

地形是指场地的形状、范围以及地物，如山岭、河流、道路、草地、树林、居民点等的相对平面位置状况。要求开阔整齐，理想的是正方形或长方形，尽量避免狭长形和多边形。地势是指场地的高低起伏状况。牛舍宜修建在地势高燥，背风向阳，空气流通，土质坚实，地下水位在2米以下，最高地下水位在青贮窖底部0.5米以下，具有缓坡的北高南低的沙壤土上为好（坡度不超过2.5%），土壤透水透气性好。牛场切忌低洼涝地，宜选择地势较高、排水良好的地方。土壤黏重地区要设法治理。河沙滩地较为理想，卵石较多、不平整、不宜耕作的土地均可建牛场。如平原地区一般场地比较平坦、开阔，场址应注意选择在较周围地段稍高的地方，以利排水；靠近河流、湖泊的地区，场址要选择在较高的地方，应比当地水文资料记载的最高水位高1~2米，以防涨水时受水淹没；山区地势变化大，面积小，坡度大，可结合当地实际情况而定，山区建场应选在稍平缓坡上，坡面向阳，总坡度不超过25%，建筑区坡度应在2.5%以内，坡度过大，不但在施工中需要大量填挖土方，增加工程投资，而且在建成投产后也会给场内运输和管理工作造成不便，山区建场还要注意地质构造情况，避开断层、滑坡、塌方的地段，也要避开坡度和谷地以及风口，以免受山洪和暴风雪的袭击。山区或丘陵地带应把牛场建在山坡南面或东南面。

（2）水源

对养殖场而言，建立自己的水源，确保供水十分必要。①选址的水源要充足，要了解水源情况，如地面水（河流、湖泊）的径流量，汛期水位，地下水的初见水位和最高水位，含水层的层次、厚度和流向，以保证生活、生产、牛群及防火等用水。②水质良好，未被污染，符合畜禽饮用水水质卫生标准要求。通常以井水、泉水等地下水为好，而河、溪、湖、塘等水应尽可能经净化处理后供牛饮用。③检测水的酸碱度、硬度、透明度，有无污染源和有害化学物质等，以确保建筑使用。

（3）土壤

土质坚实、抗压性与透水性强，无污染，较理想的是沙壤土。场区土壤质量应符合土壤环境质量标准的规定。对土层土壤的了解也很重要，如土层土壤的承载力，是否是膨胀土或回填土。膨胀土遇水后膨胀，导致基础破坏，不能直接作为建筑物基础的受力层；回填土土质松紧不均，会造成建筑物基础不均匀沉降，使建筑物倾斜或遭破坏。遇到这样的土层，需要做好加固处理，不便处理的或投资过大的则应放弃选用。对施工地段地址状况的了解，主要是收集工地附近的地质勘察资料，地层的构造状况，如断层、陷落、塌方及地下泥沼地层。此外，要了解拟建地段附近土质情况，对施工用材也有意义，如砂层可以作为砂浆、垫层的骨料，可以就地取材节省投资。

（4）气候因素

主要指与建筑设计有关和形成牛场小气候的气象资料，如气温、风力、风向及灾害性天气等情况。气温资料主要用在牛舍热工设计，牛场防暑、防寒措施及牛舍朝向、遮阳设施的建设上。风向、风力、日照资料则与牛舍的建筑方位、朝向、间距、排列次序等有关系。进行牛舍设计时，首先要考虑拟建地区常年气象变化状况（平均气温、绝对最高与最低气温、土壤冻结深度、降雨量与积雪深度、最大风力、常年主导风向、风频率、日照情况等），如北方就不能将牛场建在西北风口处。

153. 肉牛生产对牛舍环境有哪些要求？

适宜的牛舍环境可充分发挥牛的生产潜力，提高饲料利用率。一般来说，牛的生产力20%取决品种，40%～50%取决于饲料，20%～30%取决于环境。肉牛对各种环境的要求，包括适宜温度、湿度、良好的通风、光照，空气中二氧化碳、氨、硫化氢等有害气体稀少等，为肉牛创造良好的环境。①温度。气温影响牛体健康及其生产力发挥。研究表明牛的适宜环境温度为5～21℃，牛舍温度控制在这个温度范围内，牛的增重速度最快，高于或低于此范围，均会对牛的生产性能产生不良影响。不适宜的温度可使牛的生产力降低 10% ~ 30%，饲料也不能最大限度地转化为产品，转化率降低。②湿度。牛排出的水汽、堆积在牛舍内的潮湿物体表面的蒸发和阴雨天气的影响，使得牛舍内空气温度大于舍外。肉牛对牛舍的环境湿度要求为 55% ~ 75%。③有害气体。如果牛舍设计不当，过于封闭，加之管理不善，牛体排出的粪尿、呼出的气体以及排泄物和饲槽内剩余残料的腐败分解，造成牛舍内有害气体增多，诱发牛的呼吸道疾病，影响牛的健康。所以，必须重视牛舍通风换气，保持空气清新卫生。④光照。阳光中的紫外线具有强大的生物效应，照射紫外线可使皮肤中的 7 - 脱氢胆固醇转变为维生素 D，有利于日粮中钙、磷的吸收和骨骼的正常生长和代谢；紫外线具有强烈的杀灭有害微生物的作用，阳光照射，又达到消毒之目的。为了保持采光效果，窗户面积应接近墙壁面积的 1/4，以稍大为佳。⑤尘埃。新鲜洁净的空气是促进肉牛新陈代谢的必需条件，并可减少疾病的传播。⑥噪声。强烈的噪声会惊吓牛群，令牛只烦躁不安、出现应激等不良现象，导致牛食欲下降，影响增重。因此，牛舍应远离噪声源，保持场内安静。

154. 肉牛的饲养方式有哪几种?

我国常见的肉牛饲养方式有拴系式和散放式 2 种。

(1) 拴系式饲养

每头牛都用链绳或牛颈枷固定拴系于食槽或栏杆上，限制其活动，每头牛都有其固定的槽位和牛床，互不干扰而便于饲喂和个体观察。拴系式饲养符合农村的饲养习惯，应用较广。其缺点是，饲养管理麻烦，上下槽、系放牛的工作量大，有时还不太安全。当前，出现了一种肉牛进厩以后不再出栏，饲喂、休息都在牛床上，一直育肥到出栏体重的饲喂方式，减少了许多操作上的麻烦，管理也较安全。如能很好地解决舍内通风、光照、卫生等问题，是值得推广的一种饲养方式。从环境控制角度看，拴系式饲养牛舍可分为封闭式、半开放式、开放式以及棚舍等几种。①封闭式牛舍有利于冬季保温，适宜北方寒冷地区采用，其如三种牛舍则有利于夏季防暑，造价较低，适合南方温暖地区采用。封闭式牛舍四周有墙，门窗可启、闭。②半开放式牛舍，在冬季寒冷时，可将敞开部分用塑料薄膜遮拦成封闭状态，气温转暖又可把塑料薄膜收起，从而达到夏季通风、冬季保暖的目的，使牛舍的小气候得到改善。③开放式牛舍三面有墙，另一面为半截墙。④棚舍四面无墙，仅有一些柱子支撑梁架。按照牛舍跨度大小和牛床排列形式，可分为单列式和双列式。单列式牛舍，只有一排牛床，跨度小，一般 5~6 米，易于建筑，通风良好，但散热面大，适于小型牛场（50 头以下）采用。双列式牛舍，有两排牛床，分左右两个单元，跨度 10~12 米，能满足自然通风要求。双列式牛舍又分为对头式和对尾式两种。肉牛养殖中，对头式牛舍因饲喂方便、便于机械作业而应用较多，缺点是清粪不便。

（2）围栏式饲养

围栏式饲养是育肥牛在舍内不拴系的高密度散放饲养，牛只自由采食、自由饮水。围栏式育肥牛舍多为开放式或棚舍式，也有露天式。①开放式围栏育肥牛舍，牛舍三面有墙，向阳面敞开，与围栏相接。水槽、食槽设在舍内，刮风、下雨天，使牛得到保护，也避免饲草、饲料淋雨变质。舍内及围栏内均铺水泥地面。牛舍面积以每头牛 2 米^2 为宜。双坡式牛舍跨度较小，休息场所与活动场所连为一体，牛可自由进出。每头牛占地面积，包括舍内和舍外场地为 4.1~4.7 米^2。屋顶防水层用石棉瓦、油毡、瓦等，结构保温层可选用木板、高粱秆。一侧安装有活门，宽度可通过小型拖拉机，以利于运进垫草和清出粪尿。厚墙一侧留有小门，以方便人和牛的进出，保证日常管理工作的进行，门的宽度以通过单个人和牛为宜。这种牛舍结构紧凑，造价低廉，但冬季防寒性能差。②棚舍式围栏育肥牛舍多为双坡式，棚舍四周无围墙，仅有水泥柱子做支撑结构，屋顶结构与常规牛舍相近，只是用料更简单、轻便，采用双列对头式槽位，中间为饲料通道。③露天式育肥牛舍一般为资金储备少，或临时性短期育肥所采用的一种育肥方式，以散养为主，季节性强。一般设计按每头牛占地 8 ~ 9 米² 计算，内设有料槽、运动场，夏天设遮阳棚，主要用于 3 ~ 11 月肉牛的短线育肥，个别养殖户在冬季零星使用，但要注意防雪、防冻。

155. 育肥牛所需的适宜牛舍面积是多少？

目前，我国肉牛养殖场大多只有育肥牛舍一种形式，育肥周期一般 5 ~ 6 个月。散养场牛舍面积一般占场地总面积的20%，拴养牛场牛舍面积一般占场地总面的30% ~ 35%。如果是自繁自养式的牛场，就包括犊牛舍（1 ~ 6 月龄）、育成牛舍（7 ~ 12 月龄）、架子牛（12 ~ 18 月龄）、育肥牛（此阶段一般为 3 ~ 4 个月）、成母牛舍及产房等，其布置主要是由生产工艺决定，按照转群先后次序依次排列，功能关系近的牛舍距离近，以便于转群和组织生产。通常牛场的牛群结构为：母牛约20%、犊牛约25%、育成牛约25%（其中后备育成母牛5%），育肥牛约30%，实际生产中相应的牛舍建设，可依据具体情况调整。

（张吉鹍，王梦芝）

第八章　肉牛传染病的防治

156. 肉牛场常见传染病有哪些？如何防止疫病传入？

(1) 肉牛场常见传染病

传染病一直是肉牛规模化健康养殖最大的威胁之一，牛场常见的传染病主要有口蹄疫、布氏杆菌病、结核病、流行热、牛瘟、牛丹毒、牛肺疫等。随着规模化养殖的扩展，这些传染病也有潜在增加的趋势，一旦发生，则直接威胁着公共卫生安全。所以，了解牛场常见传染病的危害，制定合理的管控措施与防疫制度，对控制传染病的发生、减少经济损失显得尤为重要。

(2) 防止疫病传入的措施

①减少外来病原引入。坚持"自繁自养"原则，尽量不引进外来肉牛，确保牛场无病原体污染。当自身繁育亟须扩群或者直接引进架子牛育肥时，需要认真做好产地疫情考察、交易现场检查以及实验室确诊，确保引进牛只属于健康安全牛只。其产地考察主要是通过当地各级防疫主管部门了解近一年内有无流行病及其发病规律等，交易现场更需要现场观察牛群的精神状态、食欲及各种防疫证件合法性及有效性。必要时，需要实验室核实有无口蹄疫、结核病、布氏杆菌病、副结核病、牛肺疫、炭疽等。每批牛在生产上拉开距离，以有效切断疫病传播途径，防止病原微生物在牛群中连续感染、交叉感染。②及时消灭潜在病原。建立健全适合自己牛场的防疫消

毒制度，每月对牛场全面彻底大消毒，搞好消蝇、灭鼠工作，减少潜在病原体的扩散。当周边发生疑似疫情时，应启动应急预案，及时封锁现场，消灭潜在病原体。③积极预防流行病。根据地方流行病学规律，制定针对性强的特定免疫程序，选择地针对性强、能预防当地流行病的疫苗，减少疫病局部流行。当周边发生疑似疫情时，应根据流行病的特点及时强化免疫，减少被传染的风险。

157. 肉牛常规疫苗有哪些？如何做好免疫工作？

进行肉牛免疫时应充分考虑当地疫病的流行情况，以及肉牛的种类、年龄、母源抗体水平和饲养管理水平，使用疫苗的种类、性质、免疫途径等方面的因素。一般的常规免疫疫苗包括口蹄疫疫苗、布鲁氏杆菌病疫苗（供污染区免疫用）、炭疽疫苗、牛瘟疫苗、气肿疽灭活疫苗、巴氏杆菌苗等。免疫程序的好坏应根据肉牛的生产力和疫病发生情况来评价，要科学制定一个免疫程序必须以抗体监测为依据。在春、秋两季要按照免疫程序做好口蹄疫、牛气肿疽与牛巴氏杆菌病的预防接种。作为强制免疫的口蹄疫免疫，需在3月龄左右首免，4月龄补免，每年免疫3次，每次免疫21天后采血监测抗体，合格率须在70%以上；预防牛气肿疽灭活疫苗，需根据地方流行发病规律，皮下或肌内注射1~2月龄牛，每年一次；预防巴氏杆菌性疾病则需在4.5~5月龄，对牛只进行巴氏杆菌病灭活疫苗皮下或肌内注射免疫；肉牛其他常用疫苗还有牛瘟疫苗、"牛瘟—牛丹毒—牛肺疫"三联弱毒冻干苗等，犊牛预防接种应在2月龄断奶时，留种者还应每年再强化免疫一次。

158. 肉牛场常见消毒制度主要包括哪些？

(1) 消毒分类

①预防性消毒（日常消毒）是根据生产需要，定期对牛舍、

道路、牛群、工具等的消毒，包括对人员、车辆、栏舍、生产区的消毒，定期消毒池消毒，饲料、饮水乃至空气的消毒，医疗器械的消毒等，达到预防疾病的目的。②随时消毒（及时消毒）是针对牛群中个别牛只发生一般性疫病或突然死亡时，立即对其所在栏舍强化消毒，包括对发病或死亡牛尸体的消毒及无害化处理。③终末消毒（大消毒）是指在全进全出系统中空栏后或烈性传染病流行初期以及疫病平息后准备解除封锁前，采用多种消毒方法对全场全方位的彻底清理和大消毒工作。

（2）消毒方法

①物理消毒法。主要包括机械清扫、刷洗、冲洗、灼烧、煮沸、烘烤、焚烧、紫外线灯，主要用于更衣室消毒、牛舍牛床清理、病死牛无害化处理等。②化学消毒法。主要采用化学消毒剂杀灭病原，是常用消毒方法之一。使用时应考虑病原体对消毒剂的抵抗力，消毒剂的杀菌谱、有效浓度、作用时间、消毒对象及环境温度等。③生物学消毒法。就是对肉牛生产中产生的大量粪便、污水、垃圾及杂草等进行生物发酵，利用发酵所产生的热能来杀灭其中病原体的一种消毒方式，主要用于牛场的粪污处理。

（3）常用消毒药及消毒方式

①大门、生产区入口应设消毒池，消毒池放 3%~5% 的火碱（烧碱）液，牛舍门前也应使用该浓度的溶液水浸湿麻袋消毒，每周至少更换 2 次。②运输牛只和饲料的车辆在装运前后也需按照要求对进出物进行喷雾全方位立体消毒。③牛舍带牛消毒应在清扫后，每周至少消毒 1 次，可采用 0.3%~0.5% 过氧乙酸或百毒杀等喷雾牛体及牛舍。④出栏后，牛舍地面、栏墙或地板漏缝、栏杆，先用清水冲洗干净，再用百毒杀等喷雾消毒 1 次，或者 3%~5% 烧碱喷洒。⑤牛舍外道路、空地等环境大消毒每月应至少进行 1 次，可用 3%~5% 的火碱液或 0.5% 的过氧乙酸喷洒地面，当周边有疑似流行疫情时更应加大消毒频率。⑥其他如碘酊、酒精、双氧水等

医疗消毒要严格执行操作要求。

159. 发现疑似疫病的病牛应采取哪些应对措施?

第一,一旦发生疑似疫情,第一时间应通知领导、防疫小组负责人,在防疫领导小组指导下对牛场隔离、封锁,同时上报当地兽医主管部门和上级主管部门,待进一步确诊。第二,对疑似疫病牛只在第一时间隔离,由专人饲养,并配备专职兽医,牛奶、牛粪、垫料废弃,并做无害化处理。第三,采取 24 小时值班制,密切观察牛只状态。第四,禁止专职饲养员、专职兽医到其他牛舍串岗,禁止牛场任何人员、车辆进出,严禁牛只出售、移牛等活动。第五,对隔离牛舍、牛床、牧场生产区、生活区每天用 3% 烧碱大消毒。第六,一旦确诊疫情,应严格按《中华人民共和国动物防疫法》和《重大动物疫情应急条例》等法律法规的规定处置病牛。疫情结束后应及时进行总结,并将总结呈交上级主管部门。

160. 预防肉牛传染病的措施有哪些?

(1) 合理布局

场址宜选在地势高、干燥、环境幽静处,符合防疫要求:与主要公路的距离不少于 500 米、距离居民点不少于 300 米、与其他畜禽养殖场相距不少于 500 米,牛场四周应有防疫沟或隔离墙,且防疫沟应定期疏浚,保持清洁通畅。道路两旁、牛舍前后、放牧场周围都应植树建绿化带。牛场按功能划分为 3 个区:生产区、生活区、管理区,生产区与办公、生活区应有隔离带,生活区建在生产区的上风口,管理区建在生活区的下风口。生产区内不同年龄牛只应分开饲养,相邻的牛舍保持一定距离。

（2）健全制度

首先，根据《中华人民共和国动物防疫法》等法律、法规，结合肉牛生产规律，全面系统地对牛群实行保健和疫病管理，建立包括检疫、免疫、消毒、隔离、驱虫灭鼠、药物预防、疾病诊治、疫情扑灭等内容的牛场系列疫防治制度。其次，实行"全进全出"的肉牛育肥制度。对架子牛运输车辆要有定点消毒场所，并在装卸前进行彻底消毒。架子牛运到场后，须进行检疫、观察，确认健康无病时，投入过渡牛舍饲养，经检疫再次确认健康无病后方可转入健康牛舍。每批出栏牛舍应彻底空栏、清洗、消毒，确保生产的计划性和连续性。

161. 肉牛场防疫检疫制度包括哪些？

（1）防疫

防疫制度包括门卫消毒制度、人员车辆进出登记制度、人员健康证制度、全场卫生大消毒制度、牛只淘汰制度、无害化处理制度等，确保牛只进出安全。

（2）免疫

对于地方流行性疾病或地方兽医主管部门强制免疫，应遵照执行。并检测免疫抗体水平，确保免疫到位。

（3）检疫

定期配合地方主管部门做好肉牛场的布氏杆菌病、结核病的检疫工作，一般每年两次检疫，其阳性牛只应根据国家法定要求及时隔离、无害化处理，疑似阳性牛应隔离饲养，45 天后再行复检。对新引进架子牛应经过严格检疫、隔离观察确认健康无病后方可并入正常牛群。

162. 怎样进行肉牛疾病的综合预防?

"预防为主,防治结合"是肉牛场疾病预防的总原则,根据疾病流行规律,主要从 3 方面入手。

(1) 消灭传染源

传染源是指携带病原菌且在机体内繁殖并不断排出体外、并能感染其他牛只的病牛。因此当出现疑似案例时应及时隔离,防止群发,加重病变;或者周围地区出现疑似疾病时,就加强防范;或者不接触外来流动性强的淘汰牛车辆等,以减少与病原菌接触的机会,防止疫病传入。

(2) 切断传播途径

第一,牛场大门口入口处须设消毒池,进出牛场车辆、人员必须经过牛场主要负责人允许,经过有效消毒后方可进入。第二,建立牛舍定期消毒和日常巡视制度、疾病报告制度、病牛档案跟踪制度及其处理登记制度。第三,加强牛场环境卫生管理,定期清洗消毒。第四,做好季节性灭蝇、灭鼠、灭昆虫等工作,对墙体进行季度性刷白。第五,当周边发生疑似疫情时应加强消毒,并采取半封闭饲养管理模式,尽可能限制人员、车辆等的流动。

(3) 提高抵抗力,减少易感性

根据肉牛各阶段生理特点,进行饲料配方设计以充分满足其营养需要,并根据各地区特点,满足微量元素、矿物元素等的特殊需要,以提高肉牛的生长性能与疾病抵抗力。

163. 肉牛场日常使用的常见药物有哪些?

第一,要优先使用符合当地实际情况所进行的疫病预防接种用疫苗；第二，使用符合《中华人民共和国兽药典》、《中华人民共和国兽药规范》、《兽药质量标准》和《进口兽药质量标准》规定的消毒防腐剂对饲养环境、厩舍和器具进行消毒；第三，所用药物应符合《无公害食品　肉牛饲养管理准则》（NY/T 5128—2002）的规定。牛场日常使用的药物主要有：①驱虫药。左旋咪唑、阿维菌素、伊维菌素与双甲脒等，但伊维菌素过量使用会导致牛只死亡，治疗效果有限。双甲脒对皮肤疥癣效果较好，价格便宜。②激素类药物。氯前列烯醇、催产素等可用于产后促进子宫收缩恢复；促排卵药物包括绒毛膜促性腺激素等；黄体酮用于保胎。③抗生素类药物。主要包括青霉素类、头孢类、氨基糖苷类，如链霉素和卡那霉素等，四环素类、大环内酯类、磺胺类等。④其他常用化学类药物。阿托品具有解毒及缓解胃肠蠕动；新斯的明促进胃肠蠕动，起健胃、助消化的作用；肾上腺素有抗过敏、抗休克作用；氨基比林、安乃近、安痛定起着解热镇痛作用；安钠咖、樟脑磺酸钠属强心药；地塞米松、氟尼辛葡甲胺具有消炎止痛、抗过敏作用；维生素 K_3、安洛血（肾上腺色素缩氨脲水杨酸钠）具有止血功能；硫酸镁为泻药。

164. 发生疑似口蹄疫疫情如何处理？

(1) 病因与临床特征

①病因。牛口蹄疫是由口蹄疫病毒侵入牛体引起的一种急性、热性、接触性传染病，具有传播快、发病率高、短时间内大流行的特点，危害极大，国际兽疫局（OIE）将此病列为 A 类动物疫病之首，全年可发病，但以冬、春寒冷季节发病为主，是世界范围内重点控制的动物疫病。亚洲地区流行的病原主要为 O 型、亚洲 I 型、A 型等，尽管我国对此病强制免疫，但因不同型中还存在不同毒株变异，其保护力不一定能达到100%，存在大面积流行的可能。病畜是主要的传染源，可通过各种分泌物和排泄物（包括唾液，舌

面水泡皮，破溃的蹄、皮，粪尿等）排毒。本病通过消化道和呼吸道感染，亦能经损伤（或没有损伤）的黏膜和皮肤感染。牲畜和畜产品的流动，被病畜分泌物、排泄物和畜产品污染的车船、水源、牧地、饲养工具、饲料以及空气流动、人员来往和非易感动物的媒介，都是重要的传播因素。②临床特征。潜伏期2～4天，最长1周左右。患牛初期以口腔黏膜水泡为主要特征。病初，患牛体温可升至40～41℃，精神委顿，闭口流涎。1～2天后，在牛唇、齿龈、舌面、鼻镜与口腔黏膜等处出现如核桃、蚕豆、豌豆大小不等的水泡，内含透明或微黄色液体，有时水泡融合成片。口角流涎，唾丝很长，带有泡沫。水泡约经一昼夜破裂，形成表浅、边缘不整的红色烂斑。在口腔发生水泡的同时或稍后，趾间及蹄冠的柔软皮肤表现出热、肿、痛，继而也发生水泡、烂斑，患牛跛行。水泡破溃，体温下降，全身症状好转。但患牛衰弱或圈舍泥泞，则可继发细菌感染，糜烂部位化脓，形成溃疡、坏死，则病程延长，甚至蹄匣脱落。患牛的乳房皮肤有时也可出现水泡、烂斑。本病一般取良性经过，7～10天即可自愈，死亡率1%～2%。恶性口蹄疫可诱发心肌炎而出现急性死亡，死亡率可达25%～50%。哺乳犊牛患病时，水泡症状不明显，主要表现为肠炎、心肌炎，死亡率高。

（2）报告、确诊与扑杀

发生口蹄疫疑似疫情时，应立即启动重大动物疫情应急预案，并及时向上级主管部门报告、确诊。若非口蹄疫，应对出现类似症状的牛只对症治疗；若确诊为口蹄疫，应立即采取严格封锁、隔离、消毒等综合措施，做到隔离病牛，封锁疫区，病死牛应严格无害化处理，并对环境及污染物等使用3%～5%烧碱消毒，粪便密封发酵处理，力争尽早扑灭，对于威胁区的牛只进行紧急免疫。

（3）类似症状牛只的对症治疗

给病牛饲喂柔软的饲料，几天不能吃草的病牛，应喂以糠米粥、米汤等，防止因饥饿使病情恶化。要勤换褥草，保持圈舍清洁干燥。在整个治疗期不能使役，多给饮水。口腔治疗先用3%的食盐水，或2%的醋酸，或0.1的高锰酸钾，或1%、2%的明矾水等药物充分洗涤口腔烂斑。然后涂擦碘甘油或冰硼酸。蹄部治疗可涂擦3%臭药水（克辽林），再涂上木焦油矾士林（按1：1）混合。也可涂擦碘甘油或青霉素软膏，以绷带包扎好，同时注意地面的清洁干燥。

（4）鉴别诊断

①与牛黏膜病的区别。患牛黏膜病的牛，口黏膜有与口蹄疫相似的糜烂，但无水泡过程，糜烂灶小而浅表；口黏膜损害之后，出现严重腹泻；妊娠母牛流产或娩出畸形胎儿。②与水泡性口炎的区别。患水泡性口炎的牛口腔病变与口蹄疫相似，但较少侵害蹄部和乳房皮肤。常在一定地区呈点状发生，发病率与病死率都很低，多见于夏季秋初。③与牛恶性卡他热的区别。患恶性卡他热的牛除口腔黏膜有糜烂外，鼻黏膜和鼻镜上也有坏死过程，还有全眼球炎、角膜混浊，全身症状严重，病死率很高。发生多与羊接触有关，呈散发。

165. 怎样治疗牛水泡性口炎？

肉牛水泡性口炎是一种急性热性水泡性传染病，其特征为在舌面发生水泡，偶见侵害蹄部和乳房皮肤。病原体是弹状病毒科的水泡性口炎病毒。该病毒有2个主型和若干个亚型，型间无交叉互免疫性，对外界因素和常用消毒药的抵抗力较弱。

（1）流行特点

患牛随水泡液和唾液排出病毒，健康肉牛通过损伤的皮肤和黏膜而感染，因此，污染的饲料、饮水和昆虫叮咬都是本病的传播媒介。本病多在一定区呈点状散发，常发于夏季和秋初。

（2）临床症状

潜伏期 3 ~ 5 天，长者可达 9 天。患牛高热，食欲减退，反刍减少。该病特征性的症状是在舌、唇黏膜上出现米粒大的小水泡，而后彼此融合形成蚕豆大小的大水泡，内含黄色透明液体。水泡破溃后遗留边缘不整的鲜红色烂斑。患牛大量流涎，呈引缕状垂于口角。有的在蹄部和乳房皮肤上也发生水泡。病程 1 ~ 2 周，转归良好，极少死亡。该病易与口蹄疫混淆，其区别要点见口蹄疫。

（3）预防

本病发生后，应隔离病牛和可疑病牛，并封锁疫区，污染的牛舍、场地和用具等用 2% ~ 4% 氢氧化钠溶液消毒。

（4）治疗

本病多呈良性经过，加强护理，即可康复。如口腔黏膜有烂斑时，可用 0.1% 高锰酸钾水冲洗口腔，而后涂抹碘甘油。

166. "布病"、结核病有哪些危害？如何预防？

（1）布氏杆菌病

简称"布病"，是由布氏杆菌引起的人畜共患传染病，主要侵害生殖道，引起子宫、关节、睾丸及附睾的炎症，母牛临床以胎衣滞留、流产及繁殖障碍为主要特征。牛群中一旦发生该病，短期内一般较难净化干净。当肉牛发生感染后，早期可出现波浪热，后期引发流产，其危害不仅影响肉牛繁殖性能，减少经济效益，更直接影响终端食品安全。防治本病主要是保护健康牛群、消灭疫场的布氏杆菌病和培育健康犊牛 3 个方面，措施如下：①为防止该病的发生，无该疫病的肉牛场应坚持自繁自养，严格执行卫生消毒制度，杜绝外来传入。②需要外来引进扩群时，应严格检疫，引入后隔离观察一个月，确认健康后方可并入正常牛群。③定期预防注射。布氏杆菌病有多种菌苗，我国常用的有布氏杆菌羊型 5 号弱毒菌苗、布氏杆菌猪型 2 号弱毒菌苗或布氏杆菌 19 号弱毒菌苗，现多用前两种，于成年母牛每年配种前 1～2 个月参照说明书规定使用，免疫期 1 年。④发病牛群数量少时，全部淘汰为佳，否则严格隔离饲养。流产的胎儿、胎衣、羊水和阴道分泌物应深埋，污染场所、用具等及时用 3%～5% 来苏儿消毒。工作人员的工作服、鞋、帽、手套等也要经常消毒。⑤健康犊牛的培育见下文"结核病"部分。⑥暴力因素、营养不良和中毒也可引起牛流产，与布氏杆菌病引起的流产可根据病史和病变加以区别。

（2）结核病

它是由结核分枝杆菌引起的人畜共患传染病，亦是导致我国死亡人数最多的五种传染病之一，可侵害多种动物。牛结核初期病症并不明显，且会因患病器官不同而呈现不同的症状，主要表现为肺结核，临床主要表现为长期顽固性干咳。预防牛结核应采取综合措施：①杜绝引入病牛，定期进行疫情检查以净化整理污染牛群。不到疫区调入牛或放牛，污染的场所每隔 15～20 天用生石灰或 3%～5% 来苏儿等消毒，患牛体表用 2%～3% 来苏儿等消毒。牛场每年应全面消毒 3～4 次，饲养工具每月消毒 1 次。②加强饲养管理，保证环境卫生，每年配合检疫部门做好结核病普查检疫工作，一般情况下每年检疫两次，发现可疑病牛应立即隔离观察，并在隔离饲养期间检疫 3 次以上，阴性且无临床症状的牛只方可并入健康牛群，检疫阳性牛应及时无害化处理，阳性牛群之牛奶必须经高温销毁，粪便经密闭发酵。③健康犊牛的培育。"结核病、副结核病、布氏杆菌病"是牛的三大慢性病。牛群若感染这 3 种病，传染率高，很难根治，全部淘汰经济损失又太大。对染病牛群采用系列卫生和防疫措施，可培育出健康犊牛，从而达到更新净化牛群的效果。对该"三病"阳性反应的母牛，只要不是开放性的，都可用来培育健康牛犊。方法是：犊牛出生后立即用 0.5% 过氧乙酸全身消毒，送到远离病牛舍的地方专栏饲养。先挤喂母乳，使其获得母体抗源，增强抵抗力，后移至离病牛场更远（200米以上）的隔离牛舍单独组群饲养。这时再喂饲健康牛的混合乳，若无健康牛牛乳，可用经过80～85℃隔水消毒15～20分钟的阳性反应牛牛乳代替。隔离期间，即生后20～30日龄、100～120日龄和6个月要分别做3次结核病检疫。在生后的1、3和6月龄要分别做3次副结核病检疫。在生后80～90日龄、4和6月龄分别做3次布氏杆菌病检疫，凡阳性反应犊牛一律淘汰。连续3次检疫都为阴性反应者可在彻底体表消毒后转入健康牛群饲养。布氏杆菌阴性反应犊牛，要立即接种布氏杆菌菌苗并观察1个月，凝集反应阳转阴后即可转入健康牛群。通过上述综合措施，经过些时日就可培育出健康牛群。

167. 如何防治牛传染性胸膜肺炎？

牛传染性胸膜肺炎又称牛肺疫，是由支原体感染所引起的一种特殊的传染性肺炎，以纤维素性胸膜肺炎为主要特征。该病的爆发几乎都与运输有关，多数牛只在抵达运输目的地后1周左右发病，部分在2～3天后发病。发病初期体温急剧升高至42℃，病牛精神沉郁、食欲减退、日益消瘦，且伴有咳嗽气喘、早晚尤为明显，并随病程发展逐步可见脓性鼻液，病程长的可继发腹泻、关节炎，严重者会死亡，犊牛病死率可达50%以上。可通过实验室支原体培养、检测确诊此病。预防本病的主要措施就是加强运输途中的管理，给肉牛提供足够的空间来提高其舒适度，减少不良应激。到达目的地后需进行过渡期饲养，以促进架子肉牛尽快适应新环境。对于新进牛只的传染性胸膜肺炎，应做到"早发现、早治疗"，在治疗时要做到"剂量足、疗程够"，一般可选用大环内酯类药物，如泰乐菌素。临床治愈后还应进行巩固治疗，确保无继发病发生。最后强调的是，加强新引进牛只的体况恢复，提供优质饲草以满足肉牛本阶段的营养需要是提高肉牛体质与治愈率的根本方法。

168. 如何防治牛副结核病?

牛副结核又称副结核肠炎,是由副结核分枝杆菌引起的牛肠道慢性增生性疾病,2~6岁的牛属于高发期,通过"口—粪"途径传播,临床上表现为卡他性肠炎,可见喷射状腹泻,长期顽固性腹泻后肉牛表现极度消瘦,部分牛只可见下颌水肿,临床上需要通过实验室检测最终确诊。特征性病理变化在小肠,一段或整段肠管变粗变硬,黏膜高度肥厚,致使肠腔极度狭窄。肥厚的黏膜折叠成粗大的皱襞,形似脑回。抗菌消炎,疗效不显著。对于存在副结核感染的牛场,每6个月应进行一次粪便培养或酶联免疫吸附试验检测,对于检测阳性的牛只需及时淘汰,其后代也应淘汰。实际生产中应使用无副结核病的公牛精液。同时,还应加强牧场的自繁自养,维持牧场的相对封闭状态,使用副结核阴性牛的初乳饲喂犊牛,确保犊牛安全。牛副结核与慢性型病毒性腹泻—黏膜病的区别在于,后者除持续性或间歇性腹泻外,口黏膜反复发生坏死和溃疡。牛副结核与牛肠型结核的区别在于,牛肠型结核对结核菌素试验呈阳性反应,小肠壁不增厚,无脑回样病变,但有结核结节。

169. 如何防治炭疽病?

炭疽病是由炭疽芽孢杆菌引起的人畜共患急性、热性、败血性传染性病,常呈散发或地方性流行。本病主要通过消化道感染,临床上最急性呈脑卒中("中风")症状,急性及亚急性呈败血症状,偶见局限性炎性肿胀、血便、血尿等。由于临床上疑似死于炭疽的尸体严禁解剖,且炭疽发病急、死亡快,临床特有症状不易见到,故应结合流行病学与细菌学进行诊断。对患炭疽病的牛只如果处理不当,病死畜的血液、内脏和排泄物中含有的大量菌体,即可污染环境、水源,造成疫病传播。炭疽杆菌在氧气充足,温度适宜(25~30℃)条件下易形成芽孢,牧场一旦被污染,芽孢可存活

20～30 年，健康动物经消化道感染，也可经皮肤和呼吸道感染。预防该病时，首选使用炭疽疫苗预防接种，减少被感染概率，提高对炭疽杆菌的抵抗力。炭疽杆菌对多种消毒措施不敏感，但对碘、青霉素等敏感。对新确认的炭疽病，应立即上报，封锁现场，彻底消毒污染的环境、用具等。毛皮、饲料、垫草、粪便应焚烧，人员、牲畜、车辆控制流动；工具、衣服煮沸或干热灭菌；尸体深埋或焚烧，防止进一步扩散。

170. 如何防治流行热?

　　牛流行热属于弹状病毒科的牛流行病毒所致的急性热性传染病，多发生在夏秋高温季节，特别是在 7～9 月，如天气闷热多雨或昼夜温差较大，更易流行。此病常发高热，呼吸和消化器官发生严重卡他性炎症，临床上可见瘫痪型、呼吸型、消化型三种。此病一旦在牛群中发生，来势凶猛，流行速度快，患牛常以突然高热和呼吸促迫，流泪、流涎、流鼻液以及四肢关节疼痛为主要特征，可引起少数孕牛流产甚至死亡。轻症的 2～3 天可逐步恢复正常，故有"三日热"之称，严重的呼吸型可直接导致牛只死亡，瘫痪型等可引起被迫淘汰，损失巨大。其防治措施为：①平时应加强对牛的饲养管理，给牛饲喂易消化且营养丰富的草料，以增强牛的体质。②为预防该病，应在夏季来临前做好灭蚊、灭吸血昆虫，以及粪污地的清理、消毒等工作，经常保持牛栏清洁干燥、通风凉爽。还应在地方流行季节前做好相关隔离工作。③在牛流行热季节，可给牛应用牛流行热亚单位疫苗或灭活疫苗预防注射，且间隔 3～4 周后再加强免疫 1 次，以提高特异性保护力。对于牛流行热流行地区的假定健康牛及受威胁的牛群，可注射高免血清 100～200 毫升，以用于牛群的紧急预防。④发生感染的牛只临床治疗无特效方法，主要是对症治疗缓解症状，如对于高热牛只肌内注射安乃近等；四肢关节疼痛的牛只静脉注射水杨酸钠；重症牛只肌内注射大剂量的抗生素，防止继发感染。⑤中药治疗宜选用清肺、平喘、化痰、解热、通便的方剂进行辨证施治。可用香薷 35 克、薄荷 30 克、荆芥 30 克、防风 30 克、桔梗 30 克、陈皮 30 克、前胡 30 克、枇杷叶 30 克、杏仁 20 克、黄芩 30 克、乳香 25 克、没药 25 克、秦艽 30 克、牛膝 30 克、藿香 30 克、大黄 35 克、健曲 60 克、甘草 20 克，煎水内服，一天一剂，连续内服 2 剂，若患牛为孕牛，可在处方中减去乳香、没药、牛膝，加桑寄生、杜仲、白术、当归；若患牛大便带血者，可视患牛的体质状况在处方中加金银花炭、侧柏叶；患牛症状较轻无跛行者，可在处方中减去乳香、没药、秦艽、牛膝；重症患牛且病程较长者，可在处方中加党参、白术以提升中气，增强机体抗病力。

171. 蓝舌病有哪些特征？如何预防？

感染蓝舌病的牛主要特征表现为发热、口腔损伤、跛行、消瘦等，一旦感染发病率高、传播快，病情严重时可导致高致死率。绵羊是感染蓝舌病症状最明显的动物，牛多为隐性感染，因库蠓叮咬是该病传播的主要途径，所以本病多在夏季和初秋发生。无本病发生的地区，禁止从疫区引进感染动物。在疫区周边地带，避免在媒介昆虫活跃的时间内放牧，加强防虫、杀虫措施，防止媒介昆虫对易感动物的侵袭，并避免牛群在低湿地区放牧、留宿等。有蓝舌病发病史的地区，应使用疫苗免疫。蓝舌病病毒的多型性和在不同血清型之间无交互免疫性的特点，使免疫接种产生一定困难，所以在免疫接种前应确定当地流行的病毒血清型，选用相应血清型的疫苗。发生本病的地区，应按《中华人民共和国动物防疫法》规定，采取紧急、强制性的控制和扑灭措施，扑杀所有感染动物。疫区及受威胁区的动物进行紧急预防接种。目前尚无有效治疗方法。早期未确诊前，临床上主要采取包括加强营养、精心护理、对症治疗等措施，口腔可用清水、食醋或 0.1% 的高锰酸钾溶液冲洗，再用碘甘油涂抹糜烂面；蹄部患病时可先用 3% 来苏儿洗涤，再用碘甘油或土霉素软膏涂拭，以绷带包扎。

172. 狂犬病有哪些特征？如何预防？

狂犬病主要因狂犬病狗咬伤所致，多以犊牛、母牛为主。牛感染后，初期表现精神沉郁，食欲减少，经 1 ~ 3 个月潜伏期后，咬伤部分奇痒，因狂犬病病毒侵犯动物中枢神经系统，病牛神态兴奋乃至狂暴不安，嚎叫时声音嘶哑，有的磨牙、大量流涎、瘤胃蠕动停止导致臌气膨胀，部分兴奋与沉郁交替出现，最终麻痹死亡，病死率 100%。狂犬病狗是本病的主要传染源，规模养殖场可设隔离区，禁止狗与牛接触。需要狗看护牛只的小规模牛场，应做好狗的狂犬病免疫工作，驱赶或者隔离无主狗，协同相关部门及时扑杀疯狗。当狗咬伤牛只后，应立即使用肥皂水和大量清水冲洗伤口，涂抹碘酒，并紧急注射狂犬病疫苗。

173. 如何预防牛病毒性腹泻——黏膜病？

(1) 临床症状

牛病毒性腹泻——黏膜病简称"牛病毒性腹泻"，又称牛黏膜病，临床上主要以腹泻为特征，同时在不同阶段表现发热、消化道糜烂等，多呈隐性感染。犊牛多呈急性症状，病初表现发热（40 ~ 42℃），呼吸急促、咳嗽等，而后出现口腔糜烂或溃疡、腹泻等，糜烂见于唇内、齿龈、上腭、颊部、舌面、鼻镜与鼻孔周围，散在、浅表、细小，不易被发现。有的发生趾间皮肤溃疡、蹄冠炎与角膜水肿。患牛腹泻粪稀如水，混有黏膜和血液，恶臭，严重的可在一周左右因脱水而急剧消瘦、死亡。病理变化主要是口腔、食管、胃肠黏膜的水肿和糜烂，其中以食管中呈纵行的小糜烂最具特征性。慢性感染牛只表现为间隙性腹泻，皮肤角质化、跛行、发育不良等，怀孕牛只导致流产，急性病牛的分泌物、排泄物等均含有病毒，且可通过消化道、呼吸道、生殖道等传播，所以在新疫区可呈全群暴发。

（2）预防措施

引进种牛、架子牛时应严格检疫，严防引入带毒牛。一旦发生该病，患牛应及时隔离、限制活动，并彻底消毒，有条件的应扑杀，必要时可选择黏膜病疫苗或猪瘟弱毒疫苗预防接种。

（3）鉴别诊断

当患牛出现口腔糜烂或溃疡、眼鼻有分泌物时，应注意与口蹄疫、恶性卡他热、蓝舌病等相区别；当患牛出现慢性腹泻时，应注意与牛副结核病相区别。

174. 如何防治传染性角膜结膜炎？

牛传染性角膜结膜炎是由多种病原引起的牛的一种急性、接触性传染病，牛感染后临床上刚开始羞明闭眼，眼下方出现泪痕，随着病程发展可见角膜混浊或者乳白色，一般临床上无全身症状，但眼球化脓时则会出现体温升高、食欲下降等症状，防治不及时最终可致瞎眼，造成损失。致牛传染性角膜结膜炎的病原主要有衣原体、支原体、立克次氏体、牛摩氏杆菌（又名牛嗜血杆菌）等，这与肮脏的环境密切相关，新引进牛只时因为牛群密度增加，不及时环境清洁即可增加该病发病率。此外，夏季蚊蝇可通过叮咬牛眼角泪水传播。当牛群中存在该类病牛时，健康牛直接与病牛接触、或者污染过的饲料、土壤、空气等可通过消化道、呼吸道等感染此病。控制该病发生最直接的方法是定期清洁牛舍环境、定期消毒，同时做好夏季灭蝇工作。当发现病牛时应及时隔离，可采用四环素类药物静脉输液治疗；或使用2%～4%硼酸冲洗后涂抹金霉素软膏，每天2～3次；或使用1毫升普鲁卡因青霉素油剂（或悬浊液）混合0.3～0.5毫升地米，使用无菌3毫升的一次性注射器，对眼球外侧白色部分注射，出现的一个"小包"（药物），其中的药物会缓慢释放。需特别注意的是，注射时牛应完全固定，保证牛头不易上下左右动弹，手指与牛紧贴，这样即使牛挣扎时，操作者的手因紧贴牛，可确保与牛同步移动，3天后仍旧羞明闭眼，需继续处理一次。

175. 如何防治牛气肿疽？

牛气肿疽是反刍动物的一种急性、败血性传染病。病程短，死亡率高。其病原是气肿疽梭菌，能产生不耐热的外毒素，在体内外均能产生芽孢，该芽孢抵抗力强，能在泥土中保持5年以上。本病的传播途径主要为消化道，病牛的排泄物、分泌物及尸体处理不当，可污染饲料、水源及土壤，特别是在土壤中，芽孢能长期生存，更能成为持久的传染源。生产中由于管理不当，造成的深部创伤感染也会导致该病零星发生，甚至呈地方性流行，且肥壮牛感染概率高。临床上可见病牛局部肌肉丰满处突然发生炎性水肿，触诊肿胀部分呈捻发音，精神萎靡、不食，卧地不起等，病重的呼吸加剧，最终快速死亡。本病的发生有明显的地区性，在流行地区及其周围，每年春、秋两季应进行气肿疽苗预防接种，做好早期的灭蝇虫卵工作，并在蚊蝇猖獗时采取定期杀灭措施，减少传播风险。若牛只已发病，则要对病牛实施隔离消毒。发病早期之全身治疗可用抗气肿疽血清治疗，四环素静脉注射；局部治疗可对局部肿胀部位用0.25%~0.5%普鲁卡因溶液溶解青霉素120万国际单位在周围分点注射，同时局部无菌切开，使用双氧水等消毒药物局部处理，对病死牛应及时无害化处理。

176. 如何防治牛副伤寒病？

(1) 病因

牛副伤寒病一年四季均可发生，但以秋季至冬初发病较多，而且多发生于40日龄以下的犊牛。牛副伤寒病是由鼠伤寒沙门氏菌和都柏林沙门氏菌引起的一种败血病，通过病牛的粪便、分泌物等污染水源、饲草饲料，经消化道传染；副伤寒还可通过母牛的胎盘传播给胎儿；鼠类也能传播这一疾病。密集饲养，环境阴暗潮湿，缺乏阳光照射和通风，易于诱发该病。

（2）症状

该病有两种类型。急性型病牛以10多日龄犊牛常见，患牛精神沉郁，严重腹泻，排出混有黏液和血液的淡黄色粪便，病牛不吃不喝，出现全身症状，体温在40℃以上，大多在一周内死亡。特别急性的，常发生在母牛带菌的情况下，犊牛出生后1~2天内即见发病，表现为完全不吃奶，倒地，迅速死亡。死后检查一般无明显变化，但从血液中可发现大量沙门氏菌。慢性型病牛食欲时有时无，腹泻呈间歇性，体温时高时低，发高烧时不吃不喝，退烧后又出现食欲，咳嗽，肺炎症状明显，有的关节肿大发炎，发生跛行。剖检主要的变化是黏液性出血性肠炎，肝脂肪变性或有局灶样坏死；脾脏肿大。

（3）防治

①接产时注意消毒脐带，饲具、牛舍、运动场要及时清扫、洗刷，定期用1%的火碱水消毒。②用金霉素粉1克一次内服，每天服3次，连用5天。③用青霉素80万国际单位，链霉素100万国际单位，一次肌内注射，每天注射2次，连续注射5天。

177. 如何预防牛猝死症？

目前怀疑牛猝死症为腐败梭菌、产生荚膜梭菌引起的一种急性传染病。以发病急、突然死亡为特征。通常不表现症状，病程急，突然死亡。该病往往来不及治疗，应以防为主，定期皮下或肌内注射5毫升牛羊四联苗、产生荚膜梭菌苗，免疫期半年。

（张吉鹏，王赞江，李龙瑞）

第九章 肉牛常见病的防治

178. 肉牛常见普通病有哪些?

肉牛处于不同生理阶段,其发病特征、发病规律也不一样。临床中犊牛阶段主要疾病为腹泻、肺炎、感冒、支气管炎、寄生虫病等;成年牛主要疾病为不孕症、腐蹄病、乳房炎、消化道疾病等。犊牛疾病高发阶段集中在断奶前后,因此阶段犊牛自身抵抗力低,如果饲养管理不当,极易诱发犊牛肺炎、腹泻、寄生虫感染等多种疾病,这些临床症状可能是因为环境不良诱发的,如通风不良造成氨气聚集所致的咳嗽,也可能是传染病初期或者继发感染后的临床表现。在成年牛阶段,成年牛在产犊前后机体发生剧烈变化,处于生理性能量负平衡时期,这是成年牛的一个很大的应激,极易诱发胎衣不下、真胃移位、酮病、产后瘫痪等多种疾病。成年母牛产犊后因子宫口开放,容易受到各种细菌攻击,可诱发子宫感染、迸发炎症,处理不及时可继发各种繁殖障碍。在随后阶段,肉牛可因营养方面的原因,出现亚临床型瘤胃酸中毒、蹄叶炎等疾病,导致牛只生长不良、淘汰牛只增加,造成不应有的损失。

179. 怎样知道肉牛是否健康? 临床健康检查指标有哪些?

判断肉牛是否健康首先应观察健康牛的行为、神态、生理指标等,健康牛只毛色发亮、光滑,皮肤柔软有弹性,牛只神态自然,走路轻松。其次需要借助临床检查工具,兽医临床检查体温、呼吸、心跳、瘤胃蠕动等是否正常，无其他异常时，可初步判断为健康牛，但不能诊断隐性感染牛。最后，需要借助实验室仪器设备检测血液、粪便、分泌物等，以判断是否有临床或潜在疾病。临床实践中，兽医临床检查的指标主要包括：体温、食欲、精神状况、呼吸、心音、瘤胃蠕动音、行走状态、乳房形态、子宫、粪便状态等。因牛个体在不同时间点、不同阶段检查的上述指标不一定一致，需要充分熟悉上述正常的生理指标。一般情况下，健康肉牛体温在 37.5～39.5℃，脉搏 40～80 次/分钟，呼吸 10～30 次/分钟。

180. 肉牛临床检查方法有哪些？重点检查什么内容？

临床检查方法主要目的是建立诊断，寻找解开疾病的相关线索，通过视、触、叩、听、问等手段来发现。常见的检查方法主要包括：①病史调查。主要查询疾病牛的发病史，获取该牛的产犊、牛舍、饲料、治疗史、其他疾病等信息，以帮助判断疾病性质建立初步诊断。②临床检查。首先，望诊，从姿势、体况、性情等做出初步判断疾病的严重程度，但这前提是要必须熟悉肉牛的正常生理行为。常见的如"S"形躺卧姿势多为低钙血症、弓背站立肘外展疑为胸腹膜炎、里急后重疑为阴道炎、悬蹄不愿意触地疑为蹄叶炎、角弓反张疑为神经性疾病等。其次，借助辅助手段检查。在具体检查时，从正后方直肠检测牛体温时，使用水银温度计时应注意使用前甩至 35℃ 以下，等待 2～5 分钟观察结果。在此期间，应注意观察牛体左侧瘤胃充盈度，右侧观察腹部形状，有无呈"梨形"或"苹果形"，有无真胃移位或右方扭转，阴户黏膜有无苍白贫血、后驱有无异味等炎症。直肠检查可帮助我们评估生殖道、瘤胃充盈度、盲肠等健康状况。当怀疑生殖系统异常时候，可在无菌状况下检查阴道，判断肾脏炎症、子宫炎、子宫扭转、胎衣滞留等。成年牛还需要检查乳房形态对称性，肢蹄完整性。同时，需要抬头观察牛的神态、食欲情况，收集所有的牛只临床征兆信息。③辅助检测。对于一些疾病已经明确但需要进行鉴别诊断时，应借助辅助检测试验以获得最终的诊断。有些可现场进行检测，如穿刺检查；有的需要实验室确诊，如血液检测、细菌鉴定等。

181. 食道阻塞临床上有哪些特征？如何诊治？

(1) 病因与临床特征

①病因。牛食道阻塞是指食道中的一段被食团或者异物阻塞而引起的急性疾病，临床上以突发性吞咽障碍、流涎、瘤胃臌气等特征。主要是吞食过大的块状饲料，如萝卜、玉米棒等引起；饥饿、采食过急、吞咽太猛或突然惊吓以及食道狭窄、麻痹痉挛也可使块状饲料或异物突然阻塞食道。②临床特征。临床上患牛突然停止采食，有的出现频繁的吞咽动作。因食道不同部位阻塞表现症状也不一样。在食道口附近堵塞，其吞咽后可出现立即口鼻返流，临床可见颈部伸直，头高抬，触诊颈部前段可感觉到阻塞物；如在食道中段发生堵塞，可在颈部静脉沟出现膨大食道，草料可吞咽，但不久又返流出来，时间长可继发瘤胃臌气；当堵塞严重时候，牛仅能喝水或者吃少量精料。诊断过程中应注意鉴别诊断，食道狭窄及扩张时主要表现逆呕吐，食欲正常，呕吐后即可恢复食欲；食道麻痹主要表现吞咽障碍，无逆呕现象，食道内充满食物；咽部炎症时主要表现吞咽缓慢，食道内无阻塞物，仔细检查可见咽部充血肿胀。

(2) 防治措施

①加强饲养管理，减少尖锐物对食管的刺激，保持日粮营养平衡。②使用石蜡油灌服，每次200毫升，润滑食道。③根据阻塞部位不同采取不同的障碍消除法，当颈部食道（咽和咽后不远的地方）阻塞时，可将牛口腔固定，从口腔入手，同时挤压颈部阻塞物移至口腔处用手取出，注意使用润滑液；当食道中、下部阻塞时，先灌点豆油或菜籽油，用胃管充气注水，将阻塞物送到胃中，如取不出送不进，就实施手术；当是阻塞物为尖锐物品或者在食道

底部时，须实施手术取出；对于刺激性增生物应注意局部消炎处理，防止食管壁上皮进一步增生。

182. 如何防治瘤胃臌气？

瘤胃臌气是由于瘤胃内微生物作用下异常发酵，迅速产生的大量气体导致瘤胃急剧膨胀，如救治不及时可导致牛只死亡。原发性瘤胃臌气发病迅速，停食、呆立，瘤胃三角区可见迅速膨大，严重的牛只倒地死亡。发病较缓和的牛只触诊可感觉到左腹壁高度紧张，叩诊呈鼓音，病牛逐渐呼吸困难，可视黏膜发绀，心跳、脉搏加快。泡沫型瘤胃臌气严重时可见泡沫从口腔呕出，死亡较快，对于瘤胃穿刺放气效果差，需要瘤胃内灌注消除泡沫的药物，以帮助消除气体。继发性瘤胃臌气病程缓慢，一般是其他疾病发生后，导致瘤胃机能下降继发引起，饮水后可导致病情加重。临床预防时，重在管理，应注意日粮的均衡，幼嫩豆科牧草等应限量甚至不饲喂，防异常发酵，饲料结构发生改变时候应有过渡时间，减少饲料转变应激，不饲喂过量多水多汁饲料。日常注意及时清理料缸，防止饲料霉变、发酵等。临床治疗时，针对非泡沫型瘤胃臌气，应立即使用胃导管或者瘤胃穿刺放气，放气应缓慢，防止造成腹腔器官突然充血而造成不良后果，放气结束后应注入松节油 20～30 毫升，并做好消毒工作。针对泡沫型瘤胃臌气，应先使用松节油 30 毫升注入瘤胃内制止发酵，再放气处理，对于反复性的瘤胃臌气在多次治疗无效时，可采取瘤胃切开，取出瘤胃内泡沫性饲料，再对症治疗。

183. 瘤胃积食临床上有哪些特征？如何防治？

(1) 病因与临床特征

①病因。瘤胃积食多由肉牛日粮突然由低质、适口性差的饲料转换成高质、适口性好的饲料（或精饲料比例过高的日粮），牛只

会因过量采食（含偷吃过量精饲料）等引起瘤胃内积蓄过量较干涸的饲料，使瘤胃壁扩张、体积增大，导致瘤胃运动及消化机能紊乱而引发消化不良，继发前胃弛缓、瓣胃阻塞、创伤性网胃炎等造成。②临床特征。临床最直观表现为食欲不振，反刍停止，踢腹摇尾，腹痛呻吟，腰背拱起、哞叫，鼻镜干燥，常做排尿姿势；左腹部膨大，触诊坚实，粪便逐渐减少且呈变干、变黑趋势；后期可出现呼吸加快，可视黏膜发绀等现象；重症病牛迅速衰弱，可出现酸中毒、脱水、臀部摇晃、四肢颤抖、运步无力、有时卧地，甚至昏迷现象。

（2）防治措施

临床诊治时，根据牛过量采食的病史，结合听诊、触诊，以及临床症状可初步判断。防止该病，重在加强饲养管理，注意精粗料合理配比，防止饥饿及过食，避免突然改变日粮结构，给予充足饮水，并加强运动，积极治疗前胃疾病。治疗中，应遵循排除内容物，积极恢复瘤胃功能的原则。早期可供给大量饮水，有条件的可灌服酵母、促进消化，同时给予瘤胃局部按摩等，或采取促进瘤胃蠕动的药物制剂等。必要时，可灌服液体石蜡油2升或者硫酸镁500克，一般石蜡油使用效果不佳时候才使用硫酸镁盐类泻药。对于严重牛只，应注意补充体液，纠正酸中毒、脱水等症状。可供参考的方剂还有：方剂1，硫酸镁或硫酸钠800～1 000克（配成8%～10%溶液），鱼石脂20～30克，加水500毫升灌服；方剂2，10%氯化钠液500毫升，5%葡萄糖1 000毫升，10%安钠咖20毫升一次静脉注射；方剂3，食用醋250～500毫升，加水500毫升灌服。

184. 前胃弛缓临床上有哪些特征？如何防治？

（1）病因与临床特征

①病因。导致前胃弛缓的原因主要有两种：一种是原发性前胃

弛缓，主要是突然更换饲料，或采食了难以消化的秸秆引起牛只消化不良，或是采食含水分过多的酒糟、霉变饲料，以及长期饲喂过多的精饲料造成的瘤胃壁刺激度降低、暴食伤胃与瘤胃积食引起的前胃蠕动机能下降，致使消化机能紊乱而引起。第二种是继发性前胃弛缓，继发于多种传染病、热性病、代谢病、中毒性疾病等，造成前胃弛缓等一系列胃肠功能紊乱性疾病。②临床特征。食欲减退或者废绝，少吃或不吃料，精神沉郁，尿少色黄，鼻镜干裂，反刍缓慢甚至停止，瘤胃蠕动音减弱、甚至停止，部分牛只先便秘后拉稀或交替发生，部分病程长的牛只可见间歇性瘤胃臌气。

（2）防治措施

①预防。针对上述两种原因的前胃弛缓其采取的方法也不一样，一方面加强饲养管理，减少饲料结构的突然变化带来的应激，同时注意清理料槽剩料，保证每次所喂饲料的新鲜，确保每个阶段的牛只营养均衡。另一方面，应积极治疗各种原发病。②治疗。治疗过程中，采取针对性措施治疗原发病，同时限制采食，停止采食 1～2 天，改喂优质干草，并使用促反刍液促进瘤胃功能恢复，或者使用小苏打 50 克一次性内服，改善瘤胃内环境，必要时可选择性使用人工盐 50～150 克/头，促进胃肠蠕动和分泌，提高消化机能。可供参考的方剂还有：方剂 1：鱼石脂 20～30 克，加水 50 毫升，一次内服；方剂 2：灌服50%大蒜酊 50～100 毫升，另喂三倍清水；方剂 3：健胃散 250 克内服；方剂 4：食用醋 200 毫升、苦味酊 50 毫升、陈皮酊 40 毫升，加 300 毫升水灌服；方剂 5，静脉注射10%氯化钠300～400 毫升，10%安钠咖 10～20 毫升，每日一次。

185. 真胃变位临床上有哪些特征？如何防治？

（1）临床特征

真胃变位是牛最常见的真胃疾病，临床上可分为左方变位和右方变位，以左方变位居多。左方变位时一般体温正常，最典型的症状是在左侧肩端水平线的 9～11 肋骨之间叩诊与听诊有明显的钢管音，牛只伴有精神稍沉郁，食欲减退，瘤胃蠕动减弱，反刍无力、次数减少等症状，严重时脱水，眼窝下陷，牛逐渐消瘦，腹围缩小等。右方变位时临床上常见食欲下降或者废绝，体温低于正常体温，精神沉郁，脱水，瘤胃蠕动减弱或停止，反刍减少、无力、甚至停止，粪便少或排出稀薄、颜色深的粪便，粪腥臭，腹围明显膨胀，当发生扭转时，在右侧肩端水平线上 9～11 肋骨之间叩诊有明显的钢管音，有的发生在腹胸部、腹部的前中部等。真胃右方变位继发真胃扭转时则更显得严重，早期诊断和矫正尤为重要，临床可见中度或者重度脱水，不安等症状更严重，末端冰冷，从尾侧观察可见右腹膨大或肋弓突起，右腹冲击触诊可发现真胃内有大量液体。

（2）防治措施

①预防。首先应减少产后低血钙、酮病、胎衣滞留、子宫炎症的发生，新产牛及时灌服大剂量温水和钙制剂等可降低发生概率。新产牛饲料转换应逐步替换，防止突然变化导致过多产生挥发性脂肪酸，尤其日粮中含有高水平酸性成分和易发酵成分时。②治疗。新发单纯性真胃移位，使用促进胃动力的药物，就可使真胃移位恢复，同时要禁饲精饲料，辅以干草填充瘤胃。但继发性真胃移位药物治疗后常复发，手术整复是目前比较常用的治疗方法。左方变位手术根据术者习惯和特点、动物存在的并发症、妊娠阶段等可选择不同手术方法，如左侧或者右侧腹部切开右腹正中旁真胃固定、右侧网膜固定等。真胃右方变位继发真胃扭转时早期诊断和矫正尤为重要，主要治疗方法是右侧腹部三角区进行外科手术整复和药物纠正脱水和代谢性碱中毒，但需要注意操作时手法应轻柔，从后端"往前往外"方向轻抬，反复几次后待液体逐步减少可迅速恢复并固定，同时注意治疗低血钙、酮病等并发症。一般情况下，当右方扭转整复顺畅成功时，真胃中的液体会随即进入肠道，临床上会立

即表现出现水样腹泻。

186. 瓣胃阻塞临床上有哪些特征？如何防治？

(1) 临床特征

瓣胃阻塞是牛前胃运动障碍致使瓣胃收缩功能减弱，排空障碍，水分吸收后变干，使得瓣胃阻塞不通，瓣胃肌麻痹，胃小叶压迫性坏死的一种疾病。临床上可见食欲下降，瘤胃蠕动先减弱后逐渐消失，在右侧肋弓骨或者 7~9 肋间肩关节水平线上作深部锤击性叩诊，可引起牛的疼痛并感觉瓣胃坚硬。本病易与严重肠便秘混淆。

(2) 防治措施

①预防。加强饲养管理，合理配制日粮，减少坚硬粗纤维饲料，保证充足饮水，适当运动，警惕饲料中混入泥沙等杂质，发生前胃疾病应及时治疗。②治疗。本病治疗主要原则是软化内容物，增强瓣胃收缩能力，恢复前胃机能。病初治疗以轻泄和补液为主，越早越好，同时静脉注射促反刍液，皮下注射士的宁等；发现晚不能确诊时，使用泻药，建议先用油类泻药后用盐类泻药。瓣胃注射通常是治疗瓣胃阻塞最有效的方法，可用 25% 葡萄糖注射液 25 毫升，加石蜡油 300 毫升穿刺注射，治疗无效时可试行皱胃切开术。

187. 创伤性网胃炎临床上有哪些特征？如何防治？

(1) 病因与临床特征

创伤性网胃炎（心包炎）是一种由牛采食混有尖锐金属异物，如混有铁钉、铁丝、小铁片等草料，由于胃的运动方式，这些异物往往累积在网胃中，影响牛的采食和食糜的输送，引起胃机能障碍，并刺伤甚至穿透网胃壁和横膈，导致网胃和腹膜损伤及炎症的疾病。临床可见突然食物废绝，反刍停止，消化紊乱；鼻镜干燥，被毛无光；磨牙、呻吟、疼痛、低头、弓背、无神；四肢聚于腹下，不愿行走等症状。触诊网胃区敏感，听诊瘤胃蠕动弱。疼痛试验压迫胸椎脊突和胸骨剑状软骨时，可听到牛低呻吟，病牛立多卧少。当有继发创伤性心包炎时，早期体温上身，后期颈静脉怒张，颌下水肿，心脏听诊有拍水音。

(2) 防治措施

①预防。注意饲草的清理，随时拣除异物，或在铡草机输送口安装磁铁，以防止饲料中混入金属异物，减少饲料中泥沙等异物；给予牛只全价饲料、舔砖等防止异食癖；发育牛中投放磁棒使之在网胃内吸附金属（确认是网胃），给予充足饮水。②治疗。患牛喜站立在前高后低的位置，保守治疗时把强力取铁器由口腔插入胃内，吸取网胃内异物；手术治疗需将瘤胃切开，通过瘤胃进入网胃探寻并取出异物，再辅以抗生素全身治疗预防术后感染，辅以消炎药物减轻炎症。如病程发展至创伤性网胃心包炎（常规说明：病程先有创伤性网胃炎后有创伤性网胃腹膜炎、创伤性网胃心包炎）应尽早淘汰。

188. 犊牛发生腹泻的原因有哪些？如何防治？

(1) 病因

导致犊牛腹泻的原因主要有饲养管理不当、中毒性和传染性疾病、饲料霉变等。劣质牛奶细菌数高、温度不足、天气突然变冷的冷应激、贼风应激等导致机体平衡被破坏，引起条件性致病菌快速繁殖，诱发细菌性或病毒性腹泻。

(2) 防治措施

①预防。首先，以初乳为抓手，新生犊牛应在 1~2 小时内饲喂足量的优质初乳，一般建议 2~4 千克，早饲喂可保证免疫球蛋白吸收率高，且尽量饲喂经产牛的初乳，因为其初乳中会含有针对环境中病原的抗体成分，可减少被当地流行性传染性病原感染的概率。其次，腹泻最主要的是防止病从口入。牛乳或者代乳粉饲喂时应注意饲喂工具的清洁和保管、饲喂时要有合适的温度、喂量要均衡供应，防止过食引起营养性腹泻。加强饲养管理，满足阶段性营养需要，防止营养不良性腹泻。最后，应注意环境卫生的管理，注意防寒保暖工作，减少冷应激，定期做好消毒工作。②治疗。治疗时以清理胃肠、抗菌消炎、止泻、补充体液为原则。在腹泻早期可使用盐类泻药促进清理胃肠道，使用抗生素抑制肠道细菌繁殖。抗菌时主要使用青霉素油剂肌内注射、黄连素或盐酸多西环素口服（断奶牛忌用），或肌内注射氟哌酸、恩诺沙星等。为减缓腹泻导致的脱水，应使用矽碳银、次硝酸铋等止泻药物灌服，同时静脉滴注 5% 葡萄糖溶液 2 000 毫升、5% 小苏打 250 毫升、维生素 C 等，视病情、体重等因素调整使用量。

189. 犊牛发生肺炎的原因有哪些？如何防治？

(1) 病因

犊牛发生肺炎的原因主要有：初乳饲喂不到位，导致自身体抗力差，较差的饲养环境，容易发生肺炎；饲养环境中使用木屑等垫料，通风不畅，导致的异物性肺炎；气候骤变而环境管理跟不上，冷热不均导致感冒继发肺炎等。

(2) 防治措施

①预防。首先要做好初乳饲喂工作，保证犊牛体质好。其次，

认真做好环境的保暖和通风工作，减少突然的冷应激危害，同时白天温度升高时应及时通风，减少牛舍中氨气浓度。当发生肺炎咳嗽时，应隔离安静饲养，减少放牧或远距离运动。②治疗。根据肺炎发病严重程度选择用药方式，一般青霉素、链霉素均能起到满意的效果，严重的可配合使用卡那霉素肌内注射，配合使用氟尼辛葡甲胺消炎。当肺炎病程增长，出现湿性啰音等病变严重的征兆时候，应慎重选择用药，可采取静脉注射，配合使用利尿药物消肿。

190. 怎样防治新生犊牛衰弱?

母牛在怀孕期的蛋白质、维生素、矿物质和微量元素等营养物质缺乏，同时，母牛如果患妊娠毒血症、产前截瘫、慢性胃肠病和某些传染病以及早产，或者近亲繁殖的牛犊，怀有双胎牛犊均可导致新生犊牛衰弱。治疗时，首先把犊牛放在室温 25～30℃ 的温暖屋子里，盖上覆盖物。为了供给养分及补氧，可静脉注射 10% 葡萄糖 500 毫升，加入双氧水 30～40 毫升。也可用 5% 葡萄糖 500 毫升、10% 葡萄糖酸钙 40～100 毫升、维生素 C 10 毫升、10% 安钠咖 5～10 毫升，一次静脉注射。根据病情需要还可应用维生素 A、维生素 D、B 族维生素等制剂和能量药物，如三磷酸腺苷、辅酶 A、细胞色素 C 等。对衰弱仔畜的护理，要定时人工哺乳。犊牛不能站立时，应勤翻动，防止发生褥疮。

191. 怎样防治犊牛脐炎?

脐炎是由细菌感染而引起的脐带断端化脓性坏疽性炎症，为犊牛常发病。新生犊牛的脐带残段，在正常条件下，一般在出生后 3～6 天即可自行干燥脱落，如果在这段时间因饲养管理不当，外界环境不良，褥草更换不及时，卫生条件较差等致脐带受到污染或尿液的浸渍，或接产时对脐带消毒不严，或犊牛互相吸吮，均可使脐带受到细菌感染而发炎。初期常不被注意，仅见犊牛消化不良、下痢，随着病情延长，精神沉郁，体温升高至 40～41℃，不愿行走。脐带断端污红色，用手压可挤出污秽浓汁，恶臭。对于脐炎治疗总的原则是消除炎症，防止炎症蔓延及机体中毒。初期可用1%～2%的高锰酸钾清洗脐部，再用 5% 碘酊涂擦脐部。如患部周围肿胀，可用青霉素 60 万～80 万国际单位分点注射；若脐孔已形成瘘管，须用消毒药液洗净其脓汁，再涂碘仿醚或用 5% 碘酊涂擦脐部；若脐孔已形成萎管，则须用消毒药液洗净其脓汁，再涂碘仿醚或碘酊；若有脓肿，须切开排脓，再用 3% 的过氧化氢冲洗，内撒布碘胺粉；若脐带发生坏疽，须切除脐带残段，除去坏死组织，再用消毒药液清洗，再涂以碘仿醚（碘仿 1 份、乙醚 10 份）或5% 碘酊，也可用硝酸银、硫酸铜、高锰酸钾粉进行腐蚀，并用抗生素防止新生犊牛发生全身性感染。通常用青霉素 60 万～80 万国际单位，一次肌内注射，每天 2 次，连用 3～5 次。如有消化不良症状，可内服磺胺脒、苏打粉各 6 克，酵母片或健胃片 5～10 片，每天 2 次，连服 3 天。该病的预防是做好脐带的处理和严格消毒，剪脐带时应在离腹部 5 厘米处剪断，再用 5%～10% 的碘酊将断端浸泡 1 分钟。同时保持良好的环境卫生，运动场应消毒，褥草应及时更换。最后，必须指出的是犊牛出生后，如果脐带不出血，就不要结扎，这样更有利于促其迅速干燥和脱落。

192. 怎样治疗新生犊牛窒息？

新生犊牛发生窒息，大都起因于机体代谢不足或胎盘血液循环障碍，或分娩时间延长导致胎儿产出受阻，早期破水胎盘早期剥离，胎囊破裂过晚，胎儿倒位产出时脐带受到压迫，或阵缩过强、胎儿脐带缠绕等，引起胎儿严重缺氧，二氧化碳急剧蓄积，刺激胎儿过早地呼吸，以致吸入羊水而窒息。另外，分娩前母牛患有某种热性病或全身性疾病以及早产胎儿易发生窒息，同样能使胎儿缺氧而窒息。治疗方法：如果发现新生犊牛窒息，要立即倒提犊牛，匀力抖动，并轻拍和按压其胸腹部，同时用布擦净新生犊牛的鼻孔及口腔内的羊水，促使其呼吸道内黏液排出。然后将犊牛的背部垫高、头部放低，有节律地按压其胸腹部，进行人工呼吸或输氧。同时还可以用刺激呼吸中枢的药物，如山梗菜碱 5 ~ 10 毫升，或 25% 尼可刹米 1.5 毫升，一次肌内注射。窒息缓解后，为纠正酸中毒，可静脉注射 5% 碳酸氢钠液 5 ~ 100 毫升，为预防牛犊牛继发呼吸道感染，可应用抗生素。

193. 泌乳母牛发生乳房炎原因有哪些？如何防治？

(1) 病因

泌乳母牛发生乳房炎主要是因为母牛乳腺内受到病原微生物感染，导致乳腺内发生炎症。其主要感染病原分为接触性传染性病原、环境性病原。一般通过挤奶操作接触传播，可能的原因包括挤奶容器卫生差、操作不正确、设备不稳定、未及时清理粪污、环境污染严重、消毒制度不严格、乳头机械性损伤、新产犊牛自身抵抗力差等。

(2) 防治措施

乳房炎的预防　可从以下几方面入手：①选择乳房遗传性能好、体细胞数低的公牛育种。②注重营养平衡，满足阶段性营养需要，提高机体抵抗力。③强化垫料管理，及时清除粪便，保证环境干燥、干净，建立定期消毒制度，定期驱蚊蝇。④建立标准化挤奶操作规范，定期培训和查找阶段性问题，并及时解决。⑤定期检查维护挤奶设备，确保设备有效正常运转。⑥减少牛只调群，减轻牛只应激。⑦重视干奶期乳房健康监控和治疗，彻底治愈干奶期乳房炎，保证干奶牛环境舒适，牛只密度适宜。⑧及时筛选淘汰金黄色葡萄球菌等高度接触性传染性细菌感染的病牛。⑨每月及时隔离护理高体细胞牛，防止交叉污染。⑩每月做隐性乳房炎检查，弄清楚每个乳区的具体变化，并采取相应措施。

乳房炎的治疗　乳房炎应早发现早治疗，可采取的措施：①排毒。采取增加挤奶次数、人工注射促进乳汁排出的药物等方式，及时排出细菌内毒素和乳区内炎性分泌物。②抗菌。选用敏感抗生素选择性治疗，可采取乳区注射、肌内注射、静脉注射等一种或者几种方式联合用药，抑制和杀灭病原微生物。③消炎。炎症早期及时使用消炎药抑制炎症，如氟尼辛葡甲胺、氢化可的松等静脉注射，也可使用鱼石脂与松节油混合物等外用药物外敷患病乳区缓解炎性症状。④解毒。伴有内毒素血症时可以使用大剂量葡萄糖等缓解症状。⑤营养支持：炎症介质短期内急剧增加有时会导致患乳房炎牛出现发热、卧地不起、脱水等全身症状，对该类牛只补充氯化钾、葡萄糖酸钙、碳酸氢钠等有助于缓解危害。

194. 引发肉牛肢蹄病的原因有哪些？如何防治？

(1) 病因

牛只蹄病较为常见，肢蹄病严重影响牛的生长发育、配种受胎及繁殖等生产性能。其发病的主要原因包括日粮营养不均衡、放牧场不能定期清理、管理缺失、不能及时进行预防性修蹄保证蹄形正常受力、环境卫生条件恶劣、无蹄浴定期护理等措施。导致蹄易损。

(2) 防治措施

①预防。首先，应保持日粮营养均衡，钙、磷比例合理，锌、锰等微量元素足量吸收，注意日粮精、粗比合适，防止潜在酸中毒，减少蹄角质疏松等；加强牛舍及运动场的干燥、清洁工作，其粪污残留高度不得高于蹄冠，有条件应使用硫酸铜或者福尔马林蹄浴；加强放牧场尖锐物体的清理，减少蹄外伤。每年春、秋全群预防性修蹄，去掉赘生物，修剪生长快的角质，确保站立姿势正确，防止异常站姿导致的损失等。②治疗。蹄病的治疗原则是早发现、

早治疗，消炎止痛，去除腐败，加强蹄部血液循环。对已发病的牛，应加强护理，视具体情况，取综合治疗。临床上较严重的以腐蹄为主，治疗时应及时清理消毒患病部位，并整修蹄部，充分暴露患病部位，用药护理，必要时使用全身抗生素处理，促进恢复。修蹄过程中要尽量迅速，切勿拖延时间，以防止牛被绑定在修蹄架时间过长，牛腿麻痹，无法承受身体重量，而致瘫痪。如果牛暂时无法站立，可适度刺激，协助牛站立。治疗结束后，应将其置于清洁、干燥的圈舍内单独护理，保证牛蹄部的清洁。

195. 母牛难产临床有哪些特征？如何防治？

(1) 特征

母牛分娩过程中胎儿不能顺利产出称难产，如接产不顺利，可致犊牛死亡，母牛子宫损伤、感染、繁殖障碍甚至淘汰等。临床上根据难产类型一般分为产力性、胎儿性和产道性难产。在临床上当母牛已经进入分娩产出期，并有分娩表现，但分娩时间延长，出现阵缩，努责微弱或频频努责，但胎儿产出不能超过2小时，此时需进行阴道检查，有的可触到胎儿，有时可见到胎儿的一个肢体（一个或两个蹄子）已露在阴户外等，根据情况助产。

(2) 防治措施

①预防。第一，严格执行青年牛选配标准，限制母牛未达到体成熟或初产年龄时配种，选择种公牛冻精时应减少使用体型较大的公牛，防止胎儿相对过大、产道狭窄导致难产。第二，注重围产期饲养，提供营养均衡的日粮，在泌乳后期严格控制体况，减少过胖或者过瘦牛，防止产犊时牛只出现低血钙、低血镁、酮病等代谢病。第三，注重优质日粮的供应，因发霉饲料中霉菌毒素有类激素功能会造成青年牛激素失调，乳腺早发育、流产等现象，所以应防止霉变饲料饲喂青年牛、围产牛。②治疗。当检查发现出现难产临床症

状时，应及时助产。助产前应了解开始分娩时间、胎次等信息，临床无菌检查，判断难产的性质，犊牛在母牛体内位置、方向、姿势、生死等，检查产道是否有损伤、水肿等情况。助产时，先将胎儿送回产道或子宫腔内，矫正方向、位置、姿势等，牵拉绳应固定在胎儿的蹄跟部，牵拉时候注意与母牛努责一致，严禁不遵循努责规律暴力助产，注意牵拉的力量、时间，母牛站立助产时，牵拉应尽量往下压。助产时应在母牛产道放入消毒的石蜡油等，帮助润滑产道、保护黏膜，产力不足的应配合注射催产素等。对矫正胎位无望以及子宫颈异常狭窄、骨盆狭窄等，应实施剖腹产。助产结束后，应用0.1%新洁尔灭溶液或高锰酸钾溶液冲洗产道及阴户周围，如有出血，可肌内注射止血剂，必要时可使用适量肌内注射子宫收缩药物或者补充钙制剂等加强子宫收缩，促进污染物排出，同时使用消炎药物，如氟尼辛葡甲胺等减轻疼痛，提高牛恢复速度。

196. 导致母牛流产的因素有哪些？如何防治？

(1) 因素

流产是由于胎儿和母体之间的正常关系遭到破坏，或其生理过程紊乱，造成怀孕中断。造成流产的原因可分为传染性和非传染性因素。传染性病原主要有布氏杆菌病、传染性鼻气管炎、副结核、病毒性腹泻等，非传染性因素主要包括胎儿胎膜生理性异常、激素失衡、中毒性疾病、药物性流产、繁殖机能障碍造成习惯性流产等。流产前一般无特殊症状，比较突然，部分牛只流产前会出现精神倦怠、起卧不定、努责等症状，怀孕早期1~2月流产往往呈隐性经过，胎儿可能会被吸收不排出体外，怀孕后期多在发生妊娠中断数小时甚至数天后才排出体外。

(2) 预防

流产重在预防，已经发生流产的应及时处理，尽快恢复母牛体能、子宫、卵巢机能，并对流产污染物无害化处理，避免病菌传播。预防流产时，第一，应考虑布氏杆菌病等传染性病原的牛群净化处理，淘汰牛群中的感染牛只，在条件允许的前提下，应主动进行疫苗免疫，减少流产带来的隐性损失。第二，应保证阶段性日粮的营养均衡供给，保证矿物元素、微量元素、能量蛋白等摄入的均衡，不饲喂劣质霉变饲料，保证牛只有充足体能维持妊娠。第三，加强饲养管理，做好环境卫生定期清理、消毒，严格控制外来不健康牛只的引入，限制外来人员进出，提高妊娠母牛的舒适度，对流产后的污染物应及时清理、消毒、无害化处理。第四，定期检查筛选出布氏杆菌病等传染性疾病阳性牛只，及时淘汰，并做无害化处理。第五，对早期发现有流产征兆的牛只，应使用黄体酮等药物及时保胎。有习惯性流产史的牛只在检查到有胎后应即注射保胎针，一般每月注射一次，连续 3~4 次，严重的应持续到 6 个月胎龄，有胎牛遇到生病体温升高时，治疗疾病时也应注射保胎针。此外，需长途运输的牛只，为防止流产可在出发前打保胎针，到达后再注射 1~2 次；打疫苗时遇到高体温的也应同时注射保胎针。

(3) 治疗

牛出现流产后重在恢复母牛的体能，及时进行子宫康复护理，使用抗生素全身抗感染治疗，检验流产后的胎儿、羊水、胎膜等，并及时、迅速无害化处理。

197. 如何防治母牛子宫扭转？

(1) 病因

妊娠子宫或者子宫一角围绕母体纵轴发生扭转称为子宫扭转，子宫扭转多发生在妊娠后期的母牛。母牛子宫角在妊娠后期增大并垂向前下方（垂入腹腔），其大部分未被子宫系膜（阔韧带）固定而游离，是诱发本病的因素。子宫扭转的直接原因多为妊娠母牛分娩时急剧地起卧与转动腹部；强烈的胎动和过剧的阵痛；母牛在坡路上或沟中跌倒、滚转等所致。

(2) 症状

当妊娠中、后期母牛有急腹症表现时应及时检查。①发生子宫扭转的母牛多表现不安，有腹痛现象，提前出现产犊时的症状，食欲废绝、脉搏及呼吸加快但体温正常。临产或者分娩前发生子宫扭转，患牛阵缩及努责正常，但久不露出胎膜及胎儿，也不见黏液流出，阴户干燥。②母牛一侧阴唇稍缩入阴道内，有皱襞，阴道腔变窄呈漏斗状，深处有螺旋状的黏膜皱襞。轻度扭转时（90°扭转）能摸到子宫颈，严重扭转时（180°扭转）只能勉强伸入手指，有时胎膜及胎儿一部分被扭在皱襞中。③如在子宫颈前发生扭转，则阴道变化不明显，但可见阴唇呈现一侧性皱缩，外观表现为不对称。直肠检查时可摸到子宫体上扭转的皱襞和紧张的子宫壁，一侧子宫系膜紧张且其血管怒张、搏动异常强盛，扭转严重的病例，血管搏动消失。

(3) 预防与治疗

对临近分娩或者超过预产期的母牛应注意母牛的全身状况，重点检查阴门是否对称等，认真观察，早发现早纠正。治疗时一般采取翻滚矫正法，翻滚前应判断好子宫扭转的方向。①子宫扭转方向的判定。子宫扭转方向可通过阴道检查、直肠检查，由阴道皱襞的走向做出判定。如果阴道皱襞由左后上方向前下方并向右行，是子宫向右侧扭转，相反则是子宫向左侧扭转。当依据阴道皱襞难于判定方向时，特别是发生颈前扭转时，应进行直肠检查，主要根据子宫系膜的松紧（哪侧紧张向哪侧扭转）、子宫体及妊角子宫的皱襞走向（参照阴道皱襞）来判定。②产道矫正法。该法仅适用于扭转不超过90°，手能通过子宫颈握住胎儿的情况。矫正时应将母牛站立保定并前低后高。必要时进行交巢穴麻醉，以减轻努责。具体操作：手握胎肢，向相反方向扭转胎儿。如有困难，助手可用肩膀在右下腹部往上顶数次（右侧扭转时），帮助矫正产道。③翻转母体法，即绕体躯纵轴转动母牛，须在平整宽阔的土地面上，垫一层碎软草，采取一根绳倒牛法放倒母牛，并用一光滑的长木杆（直径为8～10厘米）纵向穿过四肢，前后肢分别捆扎，将缚好的前后双肢固定在长杆上，调整牛体使其向母牛子宫扭转的那侧着地卧倒。由四个人（两人一组）分别站在牛头前和牛尾后，在同一方向握住长杆，按术者指挥翻滚母牛。翻滚时应先来回适当摇晃，然后迅速将母牛翻向另一侧，每翻一次做一侧产道检查，直至子宫完全复位，个别无法复位的牛应及时剖腹产。

198. 如何防治母牛子宫脱出？

(1) 病因

子宫脱出主要是指子宫体、子宫角翻至子宫颈、阴道甚至阴门外，母牛有不安、频繁努责等症状。孕牛营养不良、运动不足、胎儿过大、羊水过多，尤其是年老体弱的经产母牛，骨盆韧带及会阴部结缔组织松弛无力或分娩时努责过强，难产或助产时牵拉过猛，在露出胎衣上系重物以及产后瘫痪及感染等都会引发本病。

(2) 症状

通常以阴道脱或子宫半脱多见。此时可见母牛阴门外有球状脱出物，初期较少，母牛站立时会自行缩回，以后变大，无法缩回。母牛阴门外有垂直长大的布袋状物，子宫全脱出时可垂至跗关节上方，常附有未剥落的胎衣及散在的母体胎盘。脱出物初呈鲜红色，有光泽，常附有粪便、泥土、垫草等污物，时间久变成暗红色，出现淤血、水肿并发生干裂或糜烂。母牛精神沉郁，食欲减少，拱腰举尾，努责不安，排尿困难，严重时出现腹痛、贫血、眼结膜苍白等，如脱出物受损伤感染可继发出血或败血症。

（3）预防

加强产后母牛护理，促进子宫收缩，减轻腹压。提倡自然分娩，严禁不遵循母牛努责规律野蛮、暴力操作。针对子宫部分脱出的，重点防止脱出部位再扩大和损伤，注意加强脱出子宫的清理、消毒护理，减少感染。针对子宫全部脱出或者大部分脱出的，应及早进行整复处理。

（4）治疗

①手术整复。母牛站立保定，用 0.1% 高锰酸钾溶液洗净脱出物，用 2% 明矾水冲洗 1 遍。若母牛努责强烈，可用 2% 普鲁卡因 20~30 毫升，做腰荐部硬膜外腔麻醉或作后海穴浸润麻醉。剥离胎衣时，若出血严重可肌内注射安络血 20~40 毫升；水肿严重的可用注射针头散扎后排出积水。整复时先由助手将消毒后的子宫托至阴门高度，并摆正子宫位置，防止扭转。术者用纱布包住拳头，顶住子宫角末端，小心用力地向阴道内推送或从子宫角基部开始，用双手从阴门两侧慢慢地向阴道内推送。子宫送入骨盆腔后，应将手臂尽量推送到腹腔内，使之展开复位，为防止感染可在子宫内选择性置入抗生素。手术 4 小时内防止躺卧，术后应加强饲养管理，适量运动，肌内注射子宫收缩药物促进收缩。多数整复后不再脱出，否则应在阴门周围做 2~3 个纽扣状缝合，但要留足尿道口。或使用阴门托、网状结等保定阴门。2~3 天后，如母牛不再努责，可拆线。②药物治疗。可用 50% 葡萄糖液 500 毫升及葡萄糖生理盐水 2~3 升，另加 20% 安钠咖 10 毫升，维生素 C 5 克，加温后静脉注射；同时，肌内注射垂体后叶素 50~100 单位。消炎抗菌可用青霉素 400 万国际单位与链霉素 5 克，混合肌内注射。一般每天 1~2 次，连用 3~5 天。子宫脱手术整复后即投服中药"补中益气汤"。药方：当归 100 克、陈皮 40 克、柴胡 25 克、蜜升麻 50 克、白术 50 克、党参 100 克、黄芪 100 克、益母草 50 克、高良姜 15 克、炙草 15 克，煎汤灌服。若患有感冒，可去党参加黄柏、

黄芩；若子宫体水肿严重时，应另加白芷、车前、茯苓皮。每天 1 剂，连服 2～5 剂。

199. 如何防治母牛发生胎衣不下？

(1) 病因

母牛产犊后 12 小时内胎衣还未脱落者即称为胎衣不下，会造成子宫继发感染、卵巢功能障碍等。一般经产牛胎衣不下生理性的高于初产母牛；当发生流产、早产、引产时，由于激素分泌紊乱，更容易发生胎衣不下；当日粮营养不均衡、缺乏运动，体况过瘦或过肥等亦易造成产力不足，子宫收缩无力，以致胎衣不下；胎儿过大、饲料中的霉菌毒素、孕期发生感染、不良应激等也可造成胎衣不下发病率的增加。

(2) 预防

分娩环境应独立、安静、舒适、干净、干燥，日粮配比应适用于围产期，防止过度肥胖或者过瘦，减少代谢病，定期适量运动，预防早产、流产。

(3) 治疗

使用子宫收缩药物，促进子宫收缩，加速胎衣排出，对于外露的胎衣可采取手术剥离，但要注意严格无菌操作，且操作时一般不超过产后 36 小时，操作过程中应使用拇指或者食指伸入胎衣与母体连接处轻轻分开，待分离一半时可慢慢轻轻拉直至剥离，剥离时不得直接扯下子宫叶，取出胎衣后应使用抗感染药物，预防感染。

200. 母牛产后出现恶露的主要原因是什么？没有恶露是好事情吗？

(1) 病因

母牛产犊胎衣排出后由子宫上皮细胞碎片、黏液、血液、白细胞和脂肪等混合形成的从阴户流出的液体称之为恶露，日久不断，称之为恶露不尽或者恶露不绝。出现恶露的主要原因是牛只机体的一种自然抵御感染的反应，是子宫机体与病原菌斗争的一个动态平衡，是一种子宫自我净化的过程。当子宫内细菌繁殖速度低于子宫净化过程时，子宫会逐步恢复健康；当子宫内细菌繁殖速度超过子宫自我净化能力时，临床上就会出现恶露不尽，久之则会出现子宫慢性内膜炎等。

(2) 症状

临床上恶露不尽，可能是在难产中阴道损伤、胎衣滞留、出血、子宫恢复不良等，临床表现弓腰，努责，做排尿姿势，排出腥臭带异色的脓液并夹杂条状或块状腐肉，精神不振，食欲减退，体温偏高，黏膜潮红，眼结膜发绀等；当临床上无恶露排出时，可能原因子宫颈过早收缩紧闭，造成恶露滞留开始被子宫机体吸收，该类牛容易出现高体温、精神沉郁等现象，严重的可导致机体中毒性败血症。

(3) 预防

提倡自然分娩，需要助产操作时，应严格无菌操作。拥有舒适的分娩环境，减少应激，合适的日粮配比，防止过度肥胖或者过瘦，减少代谢病，定期适量运动，预防早产、流产。

(4) 治疗

产后出现恶露早期不需治疗，恶露不尽时应尽早治疗，首先子宫净化处理，促进内容物的排出，可使用激素类药物促进子宫收缩和恶露的排出，在有体温的情况下，应及时采取全身用药的方法，促进内毒素排出，抑制细菌繁殖，防止败血症的发生。

201. 如何判断新产母牛子宫炎？

子宫内膜炎分为急性、慢性和隐性，急性炎症治疗不及时不彻底会转为慢性炎症，成为导致不孕的主要原因之一。一般根据阴道分泌物判断，早期牛表现出体温稍微升高，食欲下降，反刍减弱或者停止，阴户流出少量黏性或者脓性分泌物，严重的呈现暗红色或者棕色且带有恶臭味，卧下时候容易排出。阴道检查子宫颈稍开张，直肠检查可感到子宫角比正常情况要大、壁厚，子宫收缩减弱。临床上根据子宫分泌物情况，判断子宫炎症的严重程度，具体见表9-1。

表9-1 子宫炎严重程度判断

评分	分泌物状态	性质判定
0	无分泌物或者分泌物无色无味	健康
1	分泌物带血	
2	分泌物有异味	中度子宫炎
3	分泌物有异味，伴有发热	
4	腐臭	严重子宫炎

202. 如何处理新产母牛子宫炎症？

(1) 症状

新产母牛产后温和型子宫炎临床上除了子宫分泌物异常外，一般无外在表现，直肠检查有的子宫显肥大，严重的含有臭味的水样棕红色液体，伴有体温升高、食欲下降、酮病、四胃移位等症候。若处置不及时，新产母牛发生子宫炎症时会影响到后期配种工作，增加产犊间隔和饲养成本，甚至被迫淘汰。

(2) 预防

子宫炎症防治重点在产犊后的及时护理。加强母牛的饲养管理，满足其围产期的营养需要，增强抵抗力；重视新产母牛的监控与护理，产后及时注射缩宫素等，促进恶露排出，做好产后 10 天内日常体温监控，体温升高的牛只应重点监控护理，防止产后子宫感染，及时治愈产科疾病。

(3) 治疗

新产母牛的子宫炎症应坚持早发现、早治疗，原则上是净化子宫，抗菌消炎。当出现体温升高、精神沉郁、食欲减退或废绝、反刍停止等全身症状的时候，使用抗生素全身治疗是首选，但需要注意使用抗生素时应有弃奶期。还需辅以补充高钙、健胃药，促进子宫收缩、食欲恢复等，但体温升高的牛只不推荐使用钙制剂静脉注射。子宫净化处理时可选择子宫收缩药物促进子宫内容物的排出，或者直接子宫内灌注，虽然子宫灌注抗生素效果存在争议，但针对胎衣不下等异常分娩的牛只采取子宫灌注抗生素，如土霉素方法，有一定临床效果，可减轻炎症恶化，前提是必须无菌。人前列腺素 F2α 和前列腺素类似物也已经成为治疗牛子宫炎和子宫内膜炎的最具潜力的药物之一。

203. 母牛常见繁殖障碍有哪些?

母牛常见的繁殖障碍主要有卵巢静止、卵泡囊肿、黄体囊肿、输卵管炎症、子宫内膜炎、宫颈损伤、子宫肿瘤、阴道炎等。子宫炎症或者阴道炎不能及时治愈，将会诱发上述各种繁殖障碍性疾病，所以从预防角度来讲，严格做好新产母牛的接产，无菌操作，对子宫炎症等应早发现早治疗，并及时恢复新产牛体况，确保体力及时恢复。

204. 如何诊治卵巢囊肿?

(1) 卵巢囊肿的种类

卵巢囊肿是引起母牛不孕的最常见的原因之一，其经典定义是卵泡不排卵持续 10 天或更长时间，卵泡直径大于 2 厘米，并致不发情或成为慕雄狂。而目前有部分卵巢囊肿的母牛，不排卵，卵泡直径小于 2 厘米，且不发情，比慕雄狂更普遍。临床上母牛发生卵巢囊肿主要有三种，卵巢实质肿胀，卵泡囊肿和黄体囊肿。

(2) 病因

引起卵巢囊肿的原因有很多，如含高雌激素的饲料或雌激素药物，引起皮质醇升高的应激，硒缺乏或饲料中可溶蛋白水平过高等。子宫内膜炎是导致卵巢囊肿的诱因，另外，干乳期过肥的牛在下一个泌乳期也易发生卵巢囊肿。①发生卵泡囊肿的原因不十分清楚，一般认为与促卵泡激素分泌过多和黄体激素分泌不足有关，一些影响排卵过程的因素，如饲料中缺乏维生素 A 或含多量雌激素，激素制剂使用不当，子宫内膜炎，胎衣不下，以及卵巢其他疾病等均可促进卵泡囊肿的发生。②黄体囊肿的发病机理目前仍不十分清楚，一般认为与黄体的功能异常有关。③卵巢实质囊肿往往是子宫内膜炎或者腹膜炎的继发症。因此，卵巢囊肿可能由环境和遗传两个方面原因造成。与子宫健康状况差，营养或矿物质不均衡，慢性生殖道感染，应激、激素的相互作用以及其他因素等有关。

(3) 症状

①卵巢囊肿造成雌激素诱导的身体结构及行为的变化，如骨盆韧带松弛、颈部增厚、过肥或呈阉牛外观等；发情不正常，发情周

期变短而发情期延长，或者出现持续而强烈的发情现象，外阴和会阴肿胀，成为慕雄狂（尾根抬高）。母牛极度不安，大声哞叫，食欲减退，频繁排粪排尿，经常追逐或爬跨其他母牛；患牛性情凶恶，有时攻击人、畜；眼观，囊肿卵泡比正常卵泡大，直径多为3~5厘米，呈单发或多发，见于一侧或两侧卵巢。与核桃或拳头大小相当，囊肿壁薄而致密，内充满囊液。②黄体囊肿主要表现是母牛不发情。直肠检查时，卵巢体积增大，可摸到带有波动的囊肿。

(4) 诊断

根据临床症状即可确诊。单纯通过直肠检查不易区分卵泡性囊肿和黄体性囊肿，运用超声扫描术和测定血液黄体酮水平诊断更为准确。

(5) 治疗

治疗卵巢囊肿的药物主要有促性腺激素释放激素、人绒毛膜促性腺激素和前列腺素等。为使治疗过的母牛尽快发情，需在注射促性腺激素释放激素后9~12天直肠检查，假如已形成明显的黄体，可用前列腺素诱导发情。禁止在产后早于9天就注射前列腺素，这样可能促成卵巢囊肿再度发生。根据黄体酮水平的测定，使用前列腺素对黄体性卵巢囊肿治疗可快速恢复发情。还应治疗同时发生的腹膜炎、子宫内膜炎、阴道炎等生殖道疾病。当一个牛群卵巢囊肿的发病率高于预期时，应检测母牛的营养，注意日粮的营养平衡。

205. 如何诊治卵巢静止？

(1) 病因

卵巢静止是卵巢的机能受到扰乱，直肠检查无卵泡发育，也无黄体存在。卵巢静止一般发生在体质衰弱、年龄大，外加饲养管理不当的牛，临床上除了表现卵巢静止外，还可发现该类牛营养状况差，牛只消瘦或曾经有过肢蹄病，或者较长时间消化不良，长期腹泻等。另外，卵巢疾病的后遗症，如继发于卵巢炎、卵巢囊肿等也能导致卵巢静止。

(2) 症状

卵巢萎缩过程中，性机能逐渐减退，卵巢体积逐渐缩小，发情症状不明显，卵泡发育不良，甚至闭锁，严重萎缩时卵巢体积小、质地硬，患牛长期不发情，子宫亦收缩变得又细又长。

(3) 治疗

首先应从饲养管理入手，供给全价日粮，刺激食欲，促进母牛恢复体况。治疗时，使用促排3号（俗称多胎素）2支肌内注射，连续2天，黄体酮200毫克连续注射3天，5天一个疗程。

206. 母牛产后出现败血症的原因有哪些？如何防治？

(1) 病因

产后败血症主要是由局部炎症导致细菌、病毒进入血液而诱发的全身性疾病。母牛分娩后，子宫处于开放状态，正常情况下子宫具有自净功能，会逐渐恢复健康。但当助产不当，产道受损、胎衣不下、恶露滞留等没有及时处理，加之此阶段的母牛机体抵抗力下降，使金黄色葡萄球菌、化脓棒状杆菌、大肠杆菌等快速繁殖进入血液，就会发生败血症。

(2) 预防

分娩时尽量减少对牛只刺激，保证母牛在自然光充足、安静、干净的场所分娩。提倡自然分娩，遇到需要接产的牛只，应适时检查分娩状态以帮助决定何时接产，接产时应严格无菌操作，且必须遵循母牛分娩时努责的规律接产，忌暴力助产。产后及时做好子宫处理，必要时可用抗生素预防细菌繁殖。严密监控新产牛乳房炎，急性乳房炎应全身抗生素治疗。

（3）治疗

本病主要采取全身用药和局部治疗相结合的方式。首先，应检查子宫、乳房等是否有炎症，找到病灶所在，再局部治疗，子宫炎通常可选择高锰酸钾、雷佛努尔等进行阴道冲洗。其次，针对全身使用抗菌消炎药物，如青霉素、头孢噻呋、磺胺类药物等，对于严重的病牛应辅以强心处理，出现酸中毒等应使用 5% 碳酸氢钠静脉注射等。对于卧地不起牛只应经常设法抬起令其活动，防止压迫性神经损伤带来后续危害，对体质差、心律不齐的牛只需要缓慢注射 10% 磷酸二氢钠溶液等。

207. 如何防治母牛产后瘫痪？

母牛产后瘫痪是指母牛产后突然发生的一种急性低血钙症，主要发生于饲养良好的高产经产牛，随着胎次的增加其发病概率亦增大。因产后泌乳需要动员体内大量钙质，降低了血钙水平，抑制了大脑皮层兴奋等，临床上主要表现为食欲减退，反刍、排尿停止，精神沉郁，站立不稳，四肢末端变凉，严重者立即卧地不起，典型特征颈部可呈"S"形弯曲。体温正常或者偏低。

（1）预防

重点做好围产期饲养管理工作，保持足够的运动，使用围产期专用日粮，如阴离子盐、产前低钙日粮等，增加太阳光照射等，以激活、动员体内钙代谢。分娩后第一次挤奶只要满足犊牛喝即可。

（2）治疗

该病的特效疗法是静脉注射钙制剂。可使用 20% 葡萄糖酸钙溶液 500 毫升，但为了减轻对心脏的刺激，在输液时应缓慢进行。部分牛只在输入钙制剂后病情好转，但仍无法站立，此时宜补注磷酸二氢钠溶液 500～1 000 毫升，以减轻低磷酸盐血症。个别牛还同时存在低血镁血症，应根据临床症状的变化，适量补充，以帮助病牛恢复。传统中医有乳房送风法也可尝试使用，但因无菌性存在隐患故一般不建议使用。对于瘫痪时间较长的牛应使用氢化可的松、维生素 C 等辅助治疗。

208. 如何防治胃肠炎？

(1) 病因

突然改变饲料，喂给腐败、霉烂、变质的饲料或不洁饮水；有毒物质及冰霜饲料的刺激，长途运输等均可发生；前胃弛缓，创伤性网胃炎也可继发胃肠炎。

(2) 症状

突然发生剧烈而持续性腹泻，排出物水样，并伴有黏液、假膜、血液或脓性物，有恶腥臭味。冬痢则可于一夜有 20% 的牛发生下痢，粪便呈水样、棕色、恶臭，常带有新鲜血点或血块。食欲、反刍消失，口渴增加。

(3) 预防

加强饲养管理，防止喂给有毒食物及腐败、发霉、变质等饲料，注意饮水清洁。

(4) 治疗

①黄连素每日三次，每次 2～4 克内服，或磺胺咪唑每日三次，每次 30～50 克内服。②复方氯化钠液 2 000 毫升，25% 葡萄糖溶液 1 000 毫升，10% 苯甲酸咖啡因液 20～40 毫升，维生素 C 40 毫升，

缓慢地一次静脉注射。③氟哌酸胶囊 10 粒，一次灌服。

209. 临床上抗菌与消炎有什么区别?

抗菌主要是抑制、杀灭病原微生物的统称，消炎是抑制炎性因子的过程，两者相互联系又严格区分。病原菌感染机体后，使用抗菌药物可抑制病原微生物生长、繁殖或者杀灭病原微生物，抗菌药物一般包含青霉素类、氨基糖苷类、头孢类等，属于治"本"。消炎是抑制、中和机体产生过多的炎性因子或者病原微生物产生的炎性物质，用后可减轻临床上出现的"红、肿、热、痛"症状，具有解热镇痛作用，临床上代表药物有氢化可的松、氟尼辛葡甲胺、地塞米松等，其中氟尼辛葡甲胺属于动物专用消炎药，属于治"标"。

210. 为什么现在的肉牛病难以治愈? 如何防治?

(1) 原因

疾病控制在养肉牛业一直处于非常重要的位置，疾病多发、治愈难等问题较突出，已经影响了养肉牛业的健康发展。其中免疫效果不好、药物使用效果差等均是当前肉牛病难快速治愈的主要原因。免疫与建立正确的免疫程序、免疫操作的确实性、传染病的变异等有很大关系，药物使用效果与药物种类、病原菌的耐药性、病原菌对细菌的敏感性、用药疗程等强相关。传染病应重点在预防，可采用疫苗免疫、加强隔离等手段，非传染性疾病应认真诊断，严格规范用药。

(2) 预防

针对传染性病原预防，主要有牛瘟、牛丹毒、牛肺疫，常用的疫苗是牛瘟疫苗、牛瘟—牛丹毒—牛肺疫三联弱毒冻干苗，免疫后断奶犊牛可保护一年半。犊牛预防接种应在 2 月龄断奶时进行，留种者应每年加强免疫一次，在疫区更应提前接种，断奶应再接种一次。同时应注意疫苗的质量，注意保质期及保存条件，并确保疫苗可靠的来源。免疫时应注意操作的确实性、无菌性。针对非传染性疾病，应加强饲养管理，提高牛只舒适度，减少热应激、冷应激，保证有效通风，定期清理消毒，减少混合感染概率，提高牛只的疾病抵抗能力。

(3) 治疗

已发病需要治疗的牛只，应有合理的诊疗流程，配合实验室诊断选择敏感性强的药物，不得超剂量使用抗生素，也不应吝惜药物而缩短疗程，谨防治疗不彻底，同时增加耐药性。治疗中应适量使用抗炎、抗过敏、抗毒素、抗休克等药物，但不宜长期过量应用，这会扰乱体内激素分泌，降低机体免疫力，不利于今后的疾病防治。注意药物配伍，临床常见的不合理配伍用药很多，如庆大霉素与青霉素、5% 的 $NaHCO_3$；链霉素与庆大霉素、卡那霉素；酵母片与复方新诺明、磺胺脒；20% 磺胺嘧啶钠与青霉素 G 钾、维生素 C 注射液，避免盲目联合用药。

（张吉鹍，王赞江，李龙瑞）

第十章　肉牛寄生虫病的防治

211. 肉牛常见寄生虫病有哪些？

按寄生部位可分为体表、体内和血液寄生虫。①体表寄生虫。最常见的有虱子、疥螨等。牛群密度高会造成环境粪尿污染增加、潮湿、脏，粪污清理不及时容易导致牛群体表感染寄生虫。体表寄生虫的主要危害是干扰牛只日常休息，影响牛只休息使其发育迟缓。此外，这些寄生虫本身也是一些传染性病原的传播媒介，特定条件下可导致疫病暴发。②体内寄生虫。主要有球虫、胃肠线虫、肺线虫、绦虫、牛囊尾蚴、肝片吸虫、隐孢子虫、住肉孢子虫等，主要由消化道、呼吸道等进入体内，在体内繁殖，危害肉牛生长和健康，临床上可表现腹泻、血便、便秘等，寄生在肺部的可出现咳嗽、生长不良等症状，严重的可致牛只死亡，若肌肉中存在囊尾蚴等寄生虫还可致食品安全隐患。③血液寄生虫。主要包括血吸虫、钩端螺旋体、弓形虫等，临床上可见肉牛精神不佳，早期体温升高，随着病程发展，一些牛只会出现眼结膜苍白，临床确诊需通过实验室血检。

212. 肉牛驱虫需要注意哪些事项？

寄生虫病影响牛的健康及肉牛产品的数量与质量，因牛寄生虫种类多，生物学特性有异，加上地理分布自然条件不同，增加了防治的复杂性。应根据流行病学特征，因地制宜地制订驱虫程序，减少寄生虫的危害。①对新购买的架子牛，进育肥场后 3~5 天均需要驱虫，驱虫前做好解毒药物的准备工作；在群体驱虫前，应小群体试验，防止大群牛中毒。驱虫后的 2~5 小时内，须有专人值班，观察牛，一旦有中毒、过敏等症状，应立即施救。正在驱虫的牛粪，应堆积发酵处理。②对养殖场内原存栏肉牛，应按照流行病学发病特征，制定合理的定期驱虫程序，一般春季、秋季均需要全群驱虫，可使用阿苯达唑、伊维菌素等。对新出生断奶犊牛应驱球虫，对即将出栏的肉牛驱虫应考虑到药物残留时限，确保食品安全。在寄生虫流行季节前期，应认真做好环境卫生管理，切断传播途径，减少被感染概率，保证牛只处于舒适、干净、干燥环境。

213. 怎样防治牛焦虫病?

(1) 病因

本病通过蜱传播，多发生于气温较高的季节。

(2) 症状

本病的最早表现是高热，体温升高到 40~42℃，并维持不退。精神沉郁，反刍停止，食欲减退或消失，便秘或下痢，心跳、呼吸加快。黏膜苍白，黄疸，尿色由淡红直到黑红色。预防：灭蜱是防止本病的主要环节。①牛体上灭蜱。蜱虫体大，叮咬于牛体上不活动，如寄生数量不多，可人工摘除，摘下的蜱体集中烧掉。数量多时可将 2% 双甲脒配成 80mg/kg 浓度喷洒牛体。②牛舍内灭蜱。有些蜱在非寄生时，藏身在牛舍的墙缝或饲槽裂缝内，这时可先向缝内喷入 1% 的敌百虫液，再用水泥或石灰堵塞裂缝。③草地上灭蜱。调查哪些草地、牧场是蜱滋生场所，放牧时应避开这些场地。也可将这些牧地翻耕，播种，在休闲季节烧荒，以杀死其中的蜱或用双甲脒喷洒（浓度同上）。

(3) 治疗

①血虫净（贝尼尔）按每千克体重 8 毫克，以注射用水配成 5% 溶液，深部肌内注射，隔日一次，连用 3 次。②黄色素（盐酸吖啶黄）按每千克体重 3~4 毫克（每头牛最大剂量不超过 2 克），以注射用水配成 0.5%~1% 溶液静脉注射，必要时 48~72 小时后重复用药一次。③阿卡普林（硫酸喹啉脲）每千克体重用药 1 毫克，配成 5% 的溶液，皮下注射。本药易产生过敏反应，宜先皮下注射 0.1% 肾上腺素 10~15 毫升。

214. 如何防治犊牛球虫病？

寄生于牛的球虫以邱氏和斯氏艾美尔球虫毒力最强也最常见，临床上以急性肠炎、血痢为主要特征，多以犊牛感染多见，且以牧场经营年代越长，球虫感染率越高，慢性感染为表现轻度腹泻、贫血，形成僵牛或极度消瘦而死亡淘汰等。临床上通过血便饱和盐水漂浮法显微镜镜检可检查出球虫虫卵。

(1) 预防

强化分群饲养，定期做好犊牛舍清洁消毒工作，犊牛颗粒饲料中可添加莫能菌素等，既能预防球虫又能促进瘤胃发育。对于经营年代长的老牧场，应在断奶前后驱球虫一次，以百球清等药物预防性驱虫为好。

(2) 治疗

可选用磺胺类药物和抗菌增效剂或氨丙啉、百球清等，预防性用药时应注意使用剂量和疗程，磺胺类药物长期使用会引起毒性反应，多采用间歇性投药。一般在 2~4 周龄用百球清驱虫一次，断奶时再用一次，以确保驱虫效果。

215. 如何防治牛泰勒虫病?

本病主要病原有环形、突变泰。瑟氏泰勒原虫等，国内以环形泰勒原虫为主，外地引入牛易感，北方5~8月份流行，冬季散发。患牛主要以高热、贫血、出血、黄染（皮肤黏膜发黄）为主要特点，后期走路摇摆、食欲废绝、反刍停止，流泪、心跳加快，产量下降等。临床确诊需要依靠实验室血液检查虫体或者在淋巴结抹片中找到柯赫氏蓝体（为寄生于网状内皮系统细胞内的虫体，又称为裂殖体或石榴体）为依据。

(1) 临床症状

患牛体温升高到40~41.8℃，为稽留热，4~10天内维持在41℃上下。少数病牛呈弛张热或间歇热，患牛随体温升高而表现精神沉郁、行走无力、离群落后，个别病牛表现昏迷，卧地不起，脉弱而快，呼吸增加。眼结膜初期充血肿胀，以后贫血，黄染，布满绿豆大血斑。病初食欲减退，中、后期病牛爱啃土或其他异物，反刍次数减少，以后停止，常磨牙，流涎，排少量干而黑的粪便，常带有黏液或血斑，病牛往往出现前胃弛缓，体表淋巴结肿胀，多数病牛一侧肩前或腹股沟浅淋巴结肿大如鸭蛋，初为硬肿，疼痛，后渐变软，常不易推动（个别病牛也有不肿胀的）。病牛迅速消瘦，濒死期体温降到常温以下，在眼睑、尾根部和薄的皮肤上出现粟粒乃至扁豆大的深红色结节状（略高于皮肤）的溢血斑点。

(2) 预防

消灭环境中存在或者寄生在牛身上的蜱，定期清理牛舍周围的杂草，粉刷牛舍内墙或缝隙，减少蜱的滋生地；流行区可针对易感牛群进行疫苗接种。①牛体灭蜱。根据本地区蜱的活动规律，实施有计划、有组织的灭蜱措施，采用的灭蜱药有：1% 马拉硫磷、0.2% 辛硫磷、0.2% 的杀螟松或 0.2% 害虫敌，每头牛用 500 毫升, 每隔 3 周喷涂一次, 喷涂后在被毛稍干燥后再饮水喂饲, 以防止药液滴入饲槽误食中毒。各种药剂的长期使用, 可使蜱产生抗药性。因此, 杀虫剂要交替使用, 以增强杀蜱效果和推迟抗药性。②避蜱禁牧。在蜱大量滋生时期, 停止放牧, 舍饲饲养, 以免受侵害, 实行舍饲饲养前, 牛舍须经彻底灭蜱、消毒后。③环境灭蜱。根据环形泰勒虫传播残缘璃眼蜱的生活习性, 采取灭蜱措施, 12 月至翌年 1 月用杀虫剂消灭在牛体越冬的若蜱。4~5 月用泥土堵塞牛圈墙缝, 闷死在其中蜕皮的饱血若蜱, 8~9 月可再用堵塞墙洞的方法消灭在其中产卵的雌蜱和新孵出的幼蜱。④接种疫苗。环形泰勒虫病可用环形泰勒虫裂殖体胶冻细胞苗, 接种 20 天后即可产生免疫力, 能保护免疫接种牛安全度过发病季节。

(3) 治疗

本病无特效药, 主要采取对症治疗, 通过强心、补液、抗贫血等方法缓解症状。将患牛隔离饲养, 黄色素注射液和血虫净 (贝尼尔) 交替用药。对重症牛在驱虫的同时采取强心、补液、健胃、缓泻等综合对症疗法。第 1 天首选贝尼尔, 按3.5~3.8 毫克/千克用蒸馏水制成5%溶液深部肌内注射, 重症病牛剂量按 7 毫克/千克肌内注射, 体温升高者用安痛定注射液, 每日肌内注射 2 次。对病症较重的牛及时用 10% 葡萄糖注射液、安钠咖、维生素 C、地塞米松、青霉素等, 每日静脉注射一次。第 2 天先强心补液, 用安钠咖、氢化可的松、维生素 C、葡萄糖氯化钠注射液 500 毫升静脉注射, 驱虫, 用黄色素 3~4 毫克/千克、葡萄糖、氯化钠 1 500毫升静脉注射。第 3 天用贝尼尔, 第 4 天用黄色素, 这样用贝尼尔、黄色素、交替用药, 配合强心补液。6 天为一个疗程, 一般可基本痊愈。对于胃肠音弱、便秘牛可灌服一些缓泻健胃的中成药, 缓解症状。

216. 如何防治牛弓形虫病?

本病发病突然, 体温 40~41℃以上, 呼吸困难, 流泪, 结膜充血，鼻内流出分泌物，不能站立，严重者后肢瘫痪。犊牛死亡率可达 50% 以上。急性致死性表现神经症状并有虚脱。多数母牛症状不明显，但发生流产，初乳和组织中可发现虫体，此病主要侵害犊牛。猫是弓形虫的中间宿主，牛和易感动物吞食感染性卵囊后发病。

(1) 预防

出现过该类疾病其牛群要定期检查，患牛隔离饲养，有计划淘汰病牛，死亡牛只尸体要严格无害化处理；捕鼠灭鼠，防止猫科动物的粪便污染饲草、饲料、饮水等。

(2) 治疗

主要采用磺胺类药物治疗，磺胺－6－甲氧嘧啶每千克体重 25~35 毫克，肌内注射，每日一次，连用 5 天，首次剂量加倍；大牛可使用磺胺二甲氧嘧啶 150~200 毫升静脉注射，但需要注意在连续使用磺胺类药物时，要同时服用碳酸氢钠以防损坏肾功能。

217. 如何防治牛巴贝斯虫病？

牛巴贝斯虫病又称地方性流行性血红蛋白尿，成年牛发病多，主要通过蜱传染，病牛可表现稽留热，可视黏膜苍白、黄染，食欲下降或者消失，反刍停止，眼睑和四肢水肿，发病 3~4 天后出现贫血、黄疸、血红蛋白尿等，5~8 天后可衰竭而死，实验室可在血液中检查出虫体。

(1) 预防

主要以预防蜱为主，尽量避免在蜱大面积活动的时候放牧；有条件可注射疫苗。

(2) 治疗

可使用 10% 咪唑苯脲溶液皮下或者肌内注射，还可使用贝尼尔 3.5~5 毫克/千克体重肌内注射，同时需要采取补液、强心、健胃、缓泻等措施对症治疗和护理。

218. 如何防治牛肝片吸虫病?

此病又称肝蛭病，病原为片形属的肝片形吸虫和大片性吸虫，主要寄生在肝脏、胆管内，是人畜共患病，急性型因童虫的移行引起突然死亡，慢性型可见消瘦、贫血、肝脏肿大、水肿，犊牛症状比成乳牛明显。诊断需要结合粪便虫卵检查、流行病学和临床特征等，也可作免疫学诊断确诊等。在低洼潮湿地放牧的牛只更容易感染。

(1) 预防

每年驱虫 2 次，开春一次，入冬一次；加强粪便管理，将牛粪堆积发酵，杀死虫卵；消灭中间宿主（椎实螺）；选择高燥牧场放牧，尽量避开有螺的死水区域。

(2) 治疗

使用阿苯哒唑，也可使用吡喹酮等治疗，对吸虫类和绦虫类都有效，严重的需要对症治疗，缓解症状。具体选用的药物及用药方法：三氯柳胺，每千克体重 25~30 毫克，灌服；三氯苯唑（肝蛭净），每千克体重 10~15 毫克，制成混悬液，灌服；硫双二氯酚，每千克体重 40~60 毫克，灌服；硝氯酚（拜尔 9015），每千克体重 0.8~1 毫克，一次皮下或肌内注射。

219. 如何防治牛新蛔虫病?

牛新蛔虫病即牛蛔虫病，是由新蛔虫寄生于 5 月龄内的犊牛小肠而引起的疾病。犊牛呈现严重下痢和消瘦，重者可导致死亡。治疗时大量使用抗生素并对症治疗，效果不理想。

(1) 感染途径

寄生于犊牛小肠中的成虫产卵，卵随粪便排出体外，在外界发育成感染性虫卵，被怀孕母牛食入，在孕牛体内移行，经胎盘而感染胎儿；或因初乳中存在幼虫，犊牛通过吃奶而感染；犊牛出生7~10天即可见蛔虫寄生。

(2) 症状

患牛开始表现为精神不振，不愿行动，继而消化紊乱，食欲减退或废绝，腹泻；继而并发细菌感染时则出现肠炎、血便、且带有特殊的臭味，有时腹痛，逐渐消瘦；后期病牛臀部肌肉弛缓，四肢无力，站立不稳。当虫体大量寄生时可能导致肠阻塞或肠穿孔，引起死亡。

(3) 治疗

①左旋咪唑，每千克体重8毫克，混入饲料或饮水中1次口服；②丙硫苯咪唑即丙硫咪唑（又名肠虫清、阿苯达唑、抗蠕敏），每千克体重7.5毫克，混入饲料或配成混悬液1次口服；③伊维菌素，按每千克体重0.2毫克，一次皮下注射；④神曲30克、使君子48克、苦楝皮48克、贯众30克、槟榔24克，共煎汁后，放入雷九24克，分2次灌服；⑤敌百虫，按每千克体重40~50毫克，一次口服。

220. 如何防治牛绦虫病?

牛绦虫病是牛的一种寄生虫病，使犊牛发育不良，甚至引起死亡，呈地方性流行。病原寄生虫有多种，以莫尼茨绦虫病危害最严重。

(1) 症状

感染该病的牛只，食欲减退，精神萎靡不振，牛体虚弱，发育迟滞，严重时下痢，粪便中混有成熟的绦虫节片；患牛迅速消瘦，贫血，有时出现痉挛或回旋运动，最后死亡。

（2）预防

①适时定期驱虫。舍饲转放牧前对牛驱虫，以减少牧地污染；放牧后的约一个月内进行第2次驱虫（从放牧第1~35天，虫体在宿主体内尚未发育成熟，此时尚无孕节排出，即患牛和带虫牛尚未向外界散布病原），可保护牧场及外界环境不受污染；2~3周后，再进行第3次驱虫，有利于驱杀感染的幼虫。②消除中间宿主——地螨。或彻底改造（翻耕）土壤螨多的牧场，或农牧轮作，经3~5年可大量减少地螨，还可提高牧草质量。③放牧管理。避免在低湿地放牧，尽可能地避免在清晨、黄昏和雨天放牧，以减少感染。④提倡圈养。圈养牛群，定期同时驱虫。⑤牛粪管理。将牛粪便集中堆积发酵或沤肥至少2~3月，以便消灭虫卵。

（3）治疗

驱虫前应禁食12小时以上，驱虫后将牛留圈内24小时以上，以免污染牧场。驱虫所用药物：①丙硫苯咪唑（即丙硫咪唑）。每千克体重10~20毫克，制成悬液，一次灌服。②吡喹酮。每千克体重灌服50毫克，每天一次，连服2次。③氯硝柳胺（灭绦灵）。每千克体重60~70毫克，制成10%水悬液，一次灌服；④硫双二氯酚。每千克体重40~60毫克，一次灌服；⑤1%硫酸铜液。犊牛按每千克体重2~3毫升的剂量，一次灌服1%硫酸铜液（总计约100~150毫升）；⑥中西医结合治疗。依据患病犊牛体质，采用扶正祛邪辨证施治，灌服一剂益气黄芪散对其进行扶正、固本。处方如下：黄芪60克、升麻10克、生地12克、党参30克、青皮25克、泽泻12克、白术30克、茯苓24克、生姜9克、甘草1~5克、黄柏（酒）15克，同时灌服丙硫苯咪唑20毫克（100片），每牛48毫克（240片）。

221. 如何防治牛锥虫病?

(1) 症状

锥虫病是由锥虫寄生于牛的血液中引起的疾病,其传播媒介是虻、蝇。当牛的抵抗力弱或牛体寄生的锥虫过多时,牛呈间歇性发热,体温升高到40℃,血液中可见锥虫,3日后体温恢复正常,血液中锥虫减少或消失;8日后病情再度发作,如此反复。病牛贫血,黏膜苍白,食欲减退,眼眶有大量分泌物,四肢及颈、腹上部水肿,运动失调,尾和耳尖发生干性坏死,最后全身瘫痪死亡。

(2) 防治

①消灭虻、蝇等吸血昆虫,预防本病发生。②对患牛用三氮脒(贝尼尔、血虫净),按每千克体重3.5~5毫克,用注射用水(生理盐水)配成7%溶液,在臀部肌内注射,每天1次,连用3天;也可用萘磺苯酰脲(那加诺,拜耳205,苏拉明),按每千克体重8~12毫克,以生理盐水配成10%的溶液静脉注射,1次即可;还可用喹嘧胺(安锥赛),按每千克体重3~5毫克,以注射水配成10%的溶液,分2~3点1次肌内注射。

222. 如何防治牛皮蝇蚴病?

牛皮蝇蚴病分布广,是由于牛皮蝇和蚊皮蝇的幼虫寄生于牛皮下组织而引起的慢性疾病。雌蝇在牛体表产卵后就死去。所产的卵孵出幼虫从毛根钻入皮肤,并向牛的背部移行,在下一年的春季到达背部皮下,形成局部隆起,并将皮肤咬一个小孔作为呼吸孔,大大降低了皮革的利用价值,而且影响牛的生长。

(1) 症状

雌蝇在牛体产卵时，引起牛的瘙痒、疼痛和不安，幼虫移行到背部皮下咬孔后，引起流血、化脓、贫血，使牛消瘦。在脊椎两侧可看到或摸到硬肿块，切开可挤出幼虫。

(2) 治疗

①非药物驱虫，即手挤法驱虫。也就是用手抚摸牛体脊柱两侧皮肤，有直径 1~2 厘米大小的囊包，分开被毛，在囊包上有高粱米粒大小的小孔（呼吸孔），牛皮上的这个囊包就是皮蝇蚴在牛体的寄生部位，用拇指和食指捏住基部皮下用力一挤，虫体便从呼吸孔挤出。这种办法即可以避免药物中毒，又可防止虫体残留于皮下，影响皮肤患部呼吸孔愈合。②药物驱虫。倍硫磷每千克体重 6~7 毫克，深部肌内注射；敌百虫每千克体重 0.1 克（量 9~15 克）灌服，或配成 1%~2% 溶液擦洗或喷洒体表；阿维菌素或伊维菌素，每千克体重 0.2 毫克，皮下注射；双甲脒按说明书的使用方法稀释，刷洗皮肤；蝇毒磷配成 0.5%~0.75 溶液喷洒背部。使用药物驱虫时如出现中毒现象，可用解磷定或硫酸阿托品解毒。

223. 如何防治牛螨病？

牛螨病的病原主要包括疥螨、足螨、脂螨、痒螨等，其中足螨主要发生在成年牛，多见于冬季，伴有脱毛的结痂皮肤损伤可出现于坐骨窝、尾根、会阴、股内侧等；脂螨一般发生在颈部、肩隆，可见有结节和丘疹等，很少引起临床症状，有时候在牛眼睛周围多见加纳孢螨；疥螨主要特点是患处明显瘙痒，多见尾、颈、胸、臀部等，由于瘙痒直接影响采食而导致生产力下降；痒螨类似疥螨，主要通过接触感染，上述几种病原需要根据临床症状和刮取皮肤鉴别出致病的螨虫方可正确诊断。

(1) 预防

加强牛舍环境管理，定期清粪消毒，保证牛身干净和牛床舒适；控制牛群饲养密度；早期发现个别牛出现螨虫症状时，及时隔离治疗，并对全群进行预防性驱虫处理，且根据季节特点，每年定期驱虫。

(2) 治疗

蝇毒磷喷雾对牛螨虫有一定效果，伊维菌素、有机磷类药物等也可用于非泌乳牛，多数治疗需要隔两周再次重复一次，但需要遵守适当的休药期规定。

224. 如何防治牛虱病?

牛虱病由牛毛虱和牛血虱寄生在牛体上而引起的一种皮肤病，这两种虱都在毛上产卵，5～10天卵化，数次蜕皮，2～3周后即可变为成虫。牛毛虱以牛毛和皮屑为食，牛血虱则吸食血液。当虱大量寄生时，血虱吸血时分泌毒素，毛虱在爬行食毛和皮屑时均可刺激神经末梢，引起牛只不安，皮肤发痒，由于啃咬和擦痒造成皮肤损伤，引起皮炎、脱毛、脱皮，并可继发细菌感染和伤口蛆症等，犊牛常因舐吮患部，牛毛在胃内形成毛球，造成胃肠疾病。在牛体发现虱及虱卵即可确诊。单个或者少数牛发生严重牛虱病意味着全群问题，当发现存在大量虱时应对全群治疗并处理环境，清除牛舍各种垫料并对牛舍喷雾消毒，同时可去除牛身上过长的毛，减少牛虱繁殖。针对牛体要常梳刷或者使用自动梳毛器，圈舍保持通风、阳光充足，经常打扫消毒，形成不利于虱生存和繁殖的环境，发现虱病牛只应及时隔离治疗，治疗药物可选用如除虫菊酯或者二氯苯醚菊酯制剂类、伊维菌素等。

(张吉鹍，李龙瑞，王赞江)

第十一章　肉牛中毒性疾病的防治

225. 肉牛常见的中毒病有哪些？治疗措施有哪些？

肉牛常见的中毒病有霉败饲料、农药、治疗药物、食盐、尿素、蛇咬、灭鼠药中毒等。不同中毒其临床特征既有相似之处，又有不同之处。根据疾病发展过程，一般中毒的危害主要体现在危害神经系统、呼吸系统、消化系统等，最终导致机体缺氧、衰竭而死。肉牛中毒后的解决措施主要包含脱离污染现场、排出毒物、阻止毒物进一步吸收、缓和毒物在体内的作用，采用特效解毒剂以中和或排出毒物等。①排出毒物。根据毒物的吸收途径进行排出，如毒物是口服的，可用 $0.05\% \sim 0.1\%$ 高锰酸钾溶液洗胃，或内服硫酸钠或硫酸镁等泻药导泻。②毒物排出。目的在于促使已吸收的毒物排泄和维持中毒牛生命机能的正常运转。③对症治疗。包括中枢神经系统兴奋、镇静、强心利尿、抗休克药和补液等。如静脉注射 $5\% \sim 10\%$ 葡萄糖注射液以冲淡体内的毒物浓度，保护肝、肾，增加尿量，加速肾脏对毒物的排出等。④对因治疗。主要分特异性解毒和一般性解毒，前者可特异性地对抗或阻断毒物的效应，如能及时应用，则抢救效果较好。如有机氟杀鼠剂中毒，用解氟灵注射液解毒等；砷、汞、锑中毒用二疏丙磺酸钠；有机磷中毒用碘解磷定等，以特异性解毒药对抗或阻断毒物的效应。一般性解毒主要是阻止毒物的继续吸收并促进其排出，无特异性，对多种药物中毒均适用，效能低，仅用于解毒的辅助治疗，如活性炭等。

226. 怎样防治肉毒梭菌中毒症？

(1) 病因

肉毒梭菌中毒症主要是因为肉牛采食了腐烂的草料或饮用了变质的水，其中所含的肉毒梭菌在体内繁殖并产生带有毒素的代谢产物危害机体，而引起的一种急性食物中毒性毒血症，也叫肉毒梭菌病或肉毒中毒症。夏秋雨季是该病的多发期，高温、高湿，特别是洪涝灾害后，各种谷物饲料、动植物蛋白质饲料、发酵的青贮饲料以及采收过多的青草、青菜等都不易保存，饲料受潮，尤其是被水泡过的饲料，更容易变质、发霉和腐烂，而腐烂的饲料中一般都含有肉毒梭菌。

(2) 临床症状

急性病例以唇、舌、咽喉等的麻痹为特征，通常不出现任何症状而突然死亡；慢性病例则可见吞咽困难，虽有知觉和反射，但运动麻痹，从头至后躯，向四肢发展，常卧下而不能起立，头向一侧歪曲，呈睡眠状，瞳孔散大，脖子、肚子和股部肌肉松软；不吃不喝，舌头外露，口流唾液不止；粪干、腹痛，常在当天（有的拖延4~5天）死亡。慢性患牛还常并发肺炎，心脏衰竭，最终因衰竭而亡。

(3) 预防

本病发病急，死亡快，其预防效果大大高于治疗。应禁止饲喂霉烂变质的饲料；要随时清除场内的垃圾，严格死畜的无害化处理，定期消毒；定期灭鼠，防止污染水草和谷物饲料；满足肉牛多种营养的需要，防止发生异食癖，以免喝脏水，舔食腐败饲料等。有条件的可在夏季之前预防性注射梭菌苗。

（4）治疗

一旦发现病牛，应尽快确诊，早期静脉或肌内注射多价肉毒梭菌抗毒素血清，或注射相应的同型抗毒素单价血清治疗，均有一定效果。一般治疗时，应尽快进行洗胃、灌肠或灌服速效泻剂，也可静脉输液，减少毒素吸收，排出牛体内的毒素。静脉注射10%～40%乌洛托品灭菌水溶液，能分解为氨和甲酸，故有抗菌作用，用于治疗并发的肺炎，且能利尿。加强患牛护理，咀嚼、吞咽困难的牛，不能进食时，可静脉注射葡萄糖溶液或生理盐水，强心解毒，以维持病牛的体力，促使尽快康复。

227. 什么是饲料中毒？怎样防治？

饲料中毒是一个统称，有的饲料本身没有毒，但牛过食后可导致机体代谢障碍产生中毒现象，如过食谷物类饲料、豆类精饲料、酒糟等引起的酸中毒；有的饲料本身没有毒，但在农作物种植中使用了农药等，存在药物残留，牛采食一定量累积后就引起了中毒，如有机磷中毒等；有的饲料由于保存不当或本身就存在毒素样物质，牛采食后会引起急性或者慢性中毒，严重的导致死亡。本节的饲料中毒主要指肉牛由于过量采食谷物、豆类及其制成品或半制成品后引起瘤胃内乳酸增多，微生物区系改变，进而导致以前胃炎症为主的全身性中毒及内毒素中毒的一类中毒性疾病，又称"瘤胃酸中毒"、"过食豆谷中毒综合征"，单纯过食豆类引起中毒时，俗称"豆痢疯"。

（1）预防

预防饲料中毒最主要的措施就是提供安全饲料，保证食入的饲料无毒，对于本身有一定毒性的饲料，应限量或者不饲喂。

（2）治疗

饲料中毒因种类多，但治疗的原则基本一致。应根据毒物的吸收途径排出毒物，口服的应采取缓泻药物等，避免新的毒源继续恶化；应采取促进已吸收的药物排出，切断危害源头；采取对症治疗以缓解临床痛苦症状，防止突发死亡。有特异解毒药物的应立即采用特效解毒药，无特异性解毒药的也应积极辅助治疗。

228. 如何防治酒糟中毒？

（1）诊断要点

温酒糟可产生大量乳酸，特别堆积不散开时候更容易产生，喂量大时容易出现乳酸中毒症状。急性中毒可见病牛食欲废绝，腹痛，兴奋，共济失调，脱水，腹泻，产奶量下降等，严重的会导致四肢无力、卧地不起等，慢性中毒可表现前胃弛缓、食欲不振等，继发低血钙、流产、腹泻、消瘦等。根据患牛饲喂酒糟的病史，类似酸中毒后脱水、共济失调、腹泻症状等可确诊。

（2）预防

应饲喂新鲜的酒糟，量多时应摊开并遮盖，发生霉变的应坚决弃用，合理饲喂，日饲喂量根据酒糟品质建议控制在 5~10 千克，并确保干草饲喂量，同时在日粮中添加碳酸氢钠等。

（3）治疗

治疗的主要原则是缓解脱水、解毒和镇静，可使用 5% 碳酸氢钠溶液 1 000 毫升，25% 葡萄糖溶液 500 毫升、5% 生理盐水 2 500~3 000 毫升一次静脉注射，山梨醇或者甘露醇 300~500 毫升一次静脉注射等，根据症状配合使用抗生素、维生素等治疗。

229. 怎样防治氢氰酸中毒？

氢氰酸中毒是因饲喂含有氰苷的植物或因误食氰化物，如氰化钾、氰化钠等引起的一种急性或亚急性中毒。因氢氰酸以糖苷的形式存在于某些植物中，如豌豆、蚕豆、三叶草、杏、枇杷叶、玉米幼苗等，牛采食后糖苷在胃酸的作用下会水解为氢氰酸，其含有的氢酸离子随血液流动与细胞色素氧化酶作用，停止氧化作用，发生细胞内窒息，导致中枢神经系统、大脑组织、呼吸中枢等损害，造成呼吸中枢麻痹和循环衰竭，早期急救不及时常以死亡为最终结果。临床上主要根据采食的多少不同，一般在半小时至 5 小时发病，急性的可在 5 分钟内死亡，中毒后主要特征是烦躁不安，全身或局部出汗，站立不稳，呻吟，抽搐痉挛，可视黏膜及静脉血液潮红，随着病程的发展，可见瞳孔放大，眼球震颤，很快因呼吸麻痹窒息死亡。剖检时，胃内容物有苦杏仁味，尸体短时间内不易腐败。

(1) 预防

控制饲料原料，不使用高粱和玉米幼苗；使用亚麻籽、木薯作饲料须经过灭毒处理（如放入流水中浸渍 24 小时，或经漂洗加工后再喂牛），且限制喂量；霉败或温水浸泡的亚麻籽饼不宜饲喂牛只；内服含有氰苷类的中药时剂量不宜过大；尽量不要在植物氰苷含量的草地放牧；防止误食氰化物农药。

(2) 治疗

应立即停喂可疑饲料，重度和急性病例一般来不及治疗就死亡，对轻度的慢性中毒可采取特效解毒、对症治疗的办法救治。使用1%～2%的美蓝溶液静脉注射，按照每千克体重用 0.5 毫升美蓝液输液，当可视黏膜出现暗紫和发绀现象时即可停止。必要时使用5%的硫代硫酸钠、0.1%高锰酸钾等溶液或者 3% 双氧水进行洗胃，促进氰毒氧化。

230. 怎样防治亚硝酸盐中毒？

给牛只饲喂青绿饲料，尤其饲喂贮存、调制方法不当的青绿饲料，其含有的硝酸盐转化为剧毒的亚硝酸盐，牛只采食后会引起中毒。发病时，病牛突然表现不安、流涎、口吐白沫、走路摇晃，角弓反张，出汗，可视黏膜发绀，末端发凉，体温下降，多尿，血液呈巧克力色、酱油色，严重时呼吸困难，瞳孔放大，1～2小时内窒息死亡。

(1) 预防

加强饲养管理，临近收割期的青绿饲料，不大量使用氮肥，制作青贮时应尽量一周内完成，减少二次发酵发热，坚决不使用堆积过夜发热的青绿饲料，不单独使用含有硝酸盐较多的饲料，日常饲喂时，坚决丢弃发霉、腐烂、变质、霜冻的饲料。

(2) 治疗

应立即停喂可疑饲料，症状轻微的可以灌服糖水，安静休养，严重的病牛应静脉补充25%～50%糖（每千克体重1～2毫克），并补充维生素C（每千克体重15毫克）。有条件的应使用1%～2%美蓝溶液每千克体重2毫克解毒，并对症治疗，对呼吸困难的牛只注射呼吸兴奋剂，对血管功能障碍的使用强心升压药物等。或口服石蜡油300～800毫升和淀粉黏浆剂等。

231. 怎样防治黄曲霉毒素中毒？

牛黄曲霉毒素中毒主要是因为长期或大量摄入经黄曲霉毒素感染的花生、玉米、小麦、稻谷、棉籽、豆类制品或饼粕等饲料而引起的一种中毒性疾病，本病多为慢性经过。患牛厌食、消化功能紊乱；精神萎靡不振；腹泻，下痢；流产；有的牛突然兴奋转圈，表现出神经症状，最后昏厥死亡，但危害更大的是生奶中含有黄曲霉毒素会导致潜在的食品安全问题。目前对牛黄曲霉毒素中毒无特效解毒药，多采用对症治疗，如输液、保肝、强心、镇静等措施。

(1) 预防

选择优质饲料，加强饲草收获、贮存加工等环节的保管工作（如将精饲料的水分降到13%以下，因为水分含量过高和适宜温度是饲料霉变的主要原因），防止霉败；定期、定量检查饲料、生鲜乳中黄曲霉毒素，出现异常应立刻查找源头停止饲喂受污染饲料。

(2) 治疗

首先停喂受污染的饲料，针对已中毒牛只应采取肌内注射土霉素、口服矽碳银，使用半胱氨酸或者蛋氨酸饲料或者静脉注射5%葡萄糖生理盐水，配合使用硫代硫酸钠、苯巴比妥等进行治疗。

232. 怎样防治棉籽饼中毒？

棉籽饼富含蛋白质、磷等营养物质，是棉籽榨油后的副产品，是肉牛育肥的良好蛋白质饲料来源，但其含有棉酚和环丙烯脂肪酸等有毒物质，如长期饲喂较多未经脱毒的棉籽饼，棉酚在肝中蓄积常引起牛发生棉籽饼中毒。

(1) 症状

棉籽饼适口性好，营养丰富，牛多喜欢吃且增膘较快，但食用一段时间后，可见牛群食欲降低，消化机能紊乱，急性病例呈瘤胃积食，腹痛、便秘后腹泻、脱水、酸中毒和胃肠炎等；慢性中毒者食欲减少、腹泻、黄疸、尿频、尿淋漓或尿闭、孕牛常发生流产或死胎；犊牛症状明显，食欲下降、腹泻、黄疸、棉酚中毒导致机体维生素A缺乏而引起夜盲症。如不及时停喂，可见患牛排血便，尿呈红褐色。有的牛出现精神紊乱及呼吸困难等症状。

（2）预防

加强棉籽饼保管和监控，防止霉变；严格掌握喂量，不宜长期大量饲喂；使用经过加热处理或者其他去毒处理过（如用0.1%硫酸亚铁溶液浸泡24小时）的棉籽饼；日粮中配置合理的胡萝卜素和钙；饲喂时采用间歇饲喂法，即饲喂两周停喂一周；孕牛、3~4月龄犊牛、哺乳牛最好不喂或少喂未经脱毒的棉籽饼。

（3）治疗

目前无特效疗法，停喂棉籽饼，消除病因，如1%葡萄糖500毫升，糖盐水500~1 000毫升，安钠咖1~2克混合静脉注射，缓解病情。

233. 怎样防治黑斑病甘薯中毒？

牛黑斑病甘薯中毒是由于牛吃进一定量有黑斑病的甘薯后，发生以急性肺水肿与间质性肺泡气肿、严重呼吸困难以及皮下气肿为特征的中毒性疾病，俗称牛喘气病、牛喷气病。

（1）病因

本病主要发生于种植甘薯地区。由于甘薯块根多汁，在收获或贮藏保存时期，如条件不好、方法不当，极易感染黑斑病，使其侵害甘薯局部成为黑色斑块，周围组织成为褐色，煮熟后有苦味。甘薯黑斑病的有毒成分主要是翁家酮和甘薯酮，对牛可引起肺水肿和肺间质性气肿等病变，导致窒息死亡。当牛食入有黑斑病的甘薯块根过量时，就会引起中毒；用经加工处理的黑斑病的甘薯渣喂牛，也使牛发生中毒。本病具有明显的季节性，每年的10月至翌年5月间，即春耕前后本病发生最多。发病率高，死亡率也高。食欲旺盛的牛发病快病情发展迅速，绝大多数病例以死亡结局。

（2）临床症状

症状牛通常在采食后 24 小时发病。当急性中毒时，食欲、反刍废绝，全身肌肉震颤，体温多在 38 ~ 40℃。突出的症状是呼吸困难，呼吸次数明显增加达 80 ~ 100 次/分钟；随病势发展，呼吸运动加深而次数减少，呼吸声音大，在牛舍附近或更远一点的地方都可以听到如拉风箱样声响，不时发出咳嗽。由于肺泡壁破裂，气体窜入肺间质中，造成间质性肺泡气肿。后期在肩胛、背腰部皮下发生气肿，触诊呈捻发音。病牛鼻孔张开，鼻翼扇动，张口伸舌，头颈伸展，并取长期站立姿势来提高呼吸量，不愿卧地。眼结膜发绀，眼球突出，流泪，瞳孔散大和全身性痉挛，陷入窒息状态。急型重症病例，在发病后 1 ~ 3 天内可能死亡。在发生呼吸困难的同时，病牛鼻孔流出大量混有血丝鼻液及口吐泡沫样唾液，并伴有前胃弛缓、瘤胃臌胀和出血性胃肠炎，排出混有大量血液和黏液的软粪，散发出腥臭味。心跳加快，心脏机能衰弱，脉搏增数（可达 100 次/分钟以上）。颈静脉怒张，四肢末梢冷凉，孕牛发生早产或流产。

（3）诊断要点

种植甘薯地区，在 10 月至翌年 5 月期间，牛只自行采食或喂饲黑斑病甘薯的发病史和临床上病牛严重的呼吸困难为主，呈现如同拉风箱音响的呼吸音，皮下气肿，体温不高等症状，及肺脏病变等情况，可作出初步诊断。必要时应用黑斑病甘薯及其酒精浸出液或乙醚提取物做动物复制试验。本病多群发，易与牛巴氏杆菌病、牛传染性胸膜肺炎混淆，通过病史调查、病因分析及本病体温不高、剖检时胃内见黑斑甘薯残渣等，可资鉴别。

（4）预防

①消灭黑斑病病菌。在甘薯育苗前，对种用甘薯用 10% 硼酸水（20℃），浸泡 10 分钟，也可将种用甘薯用 50% 甲基硫菌灵

（商品名"甲基托布津"）溶液，浸泡10分钟。②收获和运输甘薯时，注意勿伤坏甘薯表皮，贮藏和保管甘薯时，注意做好入窖散热关、越冬保温关和立春回暖关；地窖应干燥密封，温度控制在11～15℃。③严禁饲喂有黑斑病的甘薯及其粉渣、酒糟等副产品，黑斑病甘薯要严禁乱丢，应集中深埋、沤肥或火烧，以防牛偷吃中毒。

（5）治疗

目前尚无特效解毒药，多采取以下几种对症治疗措施。①排毒。通常内服盐类泻剂，对成年牛可先服1%硫酸铜溶液30～50毫升，再用硫酸镁500～700克、人工盐100～200克，常水6 000～7 000毫升混合溶解后，用胃管投服。②解毒及缓解呼吸困难。措施1：放血、输液和保肝解毒，当病牛体壮、心脏功能尚好时，可静脉放血500～1 000毫升，然后输注复方生理盐水3 000～4 000毫升，配合20%～25%葡萄糖注射液1 000～2 000毫升，缓慢静脉注射；措施2：使用氧化剂解毒，可用高锰酸钾水内服；措施3：解除代谢性酸中毒，可用5%碳酸氢钠300～500毫升静脉注射；措施4：缓解患牛呼吸困难，肌内注射尼可刹米等药物；措施5：加强心脏机能，应及时肌内注射或静脉注射强尔心注射液10～20毫升或20%安钠咖注射液10～20毫升；措施6：为减少液体的渗出作用，应用10%氯化钙注射液100～200毫升或20%葡萄糖酸钙注射液500毫升，静脉注射。③输氧。将3%双氧水50毫升加入到500毫升10%～25%葡萄糖液体中混匀，缓慢静脉注射，这很重要，尤其对垂危病牛多能起死回生。④也可用中药治疗，方剂为白矾、川军各200克，黄连、黄芩、白岌、贝母、葶苈子、甘草、龙胆根各50克，兜铃、栀子、桔梗、石苇、白芷、郁金、知母各40克，花粉30克。共为细末，开水冲调，待温加蜜200克为引，1次灌服。灌药后，每天可投服温盐水（每升加盐25克）3～4次，每次15～20升。

234. 怎样防治马铃薯中毒?

马铃薯贮存时间过长或者保存不当时,可引起发芽、变质、腐烂等,这会引起龙葵素迅速增加,牛只采食后可引起中毒。此外,马铃薯茎叶中含有硝酸盐,如处理不当,还能引起亚硝酸盐中毒。临床上以神经系统及消化系统功能紊乱为主要特征。病初可见兴奋不安,表现狂躁,后转为沉郁,后躯无力,运动障碍、共济失调等,可视黏膜紫绀,呼吸无力,2~3天死亡。同时,在患牛口唇周围、阴道、乳房、四肢系部等可发现湿疹或者水泡性皮炎,有时四肢特别前肢皮肤发生深层组织的坏疽性病灶。

(1) 预防

用马铃薯作为饲料时,饲喂量应遵循逐渐加大的原则,且不宜饲喂有发芽或者腐烂发霉的马铃薯,如必须饲喂时,建议煮熟后并与其他饲料搭配,其茎叶喂量应控制,且不得有发霉现象。即使成熟完好的马铃薯,喂量也不可过多。禁止用煮马铃薯的废水饮牛。

(2) 治疗

主要原则是停止采食、排毒和对症治疗。立即停用马铃薯喂牛,采取饥饿疗法,排出胃肠内容物,可用0.05%~0.1%高锰酸钾溶液或0.5%鞣酸溶液洗胃,灌服盐类或油类泻剂。保肝解毒、强心利尿,可用高渗糖、强心剂、利尿剂。狂暴不安的患牛,使用镇静药物控制。发生皮炎时,可按一般湿疹治疗。

235. 怎样防治霉稻草中毒?

本病多发于拴系式牛只,具有明显的季节性,主要是秋收后饲喂霉烂的稻草引发该病,患牛初期表现一肢或四肢蹄冠至腕关节及跗关节处有轻微肿胀、跛行。7天后,肿胀明显,严重者肿胀部位皮肤及皮下组织腐烂，渗出黄色液体，患部发热，有痛感。继而蹄冠至腕部或跗部以下被毛脱落，皮肤、皮下组织至深部组织坏死、化脓，有恶臭，最后蹄匣脱落。同时耳尖、尾尖出现坏死，若不及时治疗，常导致残废而淘汰。

(1) 预防

饲喂的稻草应干净干燥无霉变等；秋收时应注重收好、晒好、贮存好，防止发霉。

(2) 治疗

治疗总的原则是停喂霉烂稻草，加强营养和对症治疗。①发病早期可使用碘酒涂抹患肢或者使用按摩、热敷等方法，促进局部血液循环。具体操作为，每天用干净纱布蘸热水热敷和按摩患肢 2～3 次，同时灌服白胡椒酒，1 次量为白胡椒粉 20～30 克，白酒 200～300 毫升，每天 1 次，连用 3～5 天。②肿胀未溃烂的患牛，局部抽出积液或穿刺引流，用青霉素 120 万～200 万国际单位，30% 安乃近或镇跛痛 20～30 毫升，4% 盐酸普鲁卡因 4～5 毫升，0.1% 盐酸肾上腺素 4～6 毫升在肿胀部的上方进行封闭。肌内注射 10% 磺胺嘧啶钠 100～150 毫升，维生素 A 4～10 毫升，维生素 B_2 4～5 毫升，维生素 C 4～10 毫升。或者患部注射碘化钾，用碘化钾 10 克，加蒸馏水 5 毫升，溶解后与 10 毫升 5% 的碘酊混合，1 次注射肿胀部，隔天 1 次，直至肿胀消退。③蹄腿破溃的患牛，清洁患部后，用 70% 的酒精消毒，再涂上红霉素软膏用消毒纱布包扎。同时肌内注射青、链霉素或庆大霉素 40 万单位，静脉注射葡萄糖液 100～200 毫升与维生素 C 5 毫升。口服中药茵陈、蒲公英各 60 克，连翘、牛七各 45 克，黄芩、土茯苓、秦艽、枳壳、陈皮、木通、神曲各 30 克，木瓜 25 克、防风 20 克，荆芥、甘草各 15 克、莨花 10 克、水煎，候温灌服，每天 1 剂，连服 3 天。

236. 怎样防治尿素中毒?

牛瘤胃中的大量微生物可利用尿素转化为氨和二氧化碳,其中氨一部分被瘤胃微生物吸收利用,另一部分进入血液随尿液排出,但超过其转化能力,产生的氨就来不及被瘤胃微生物利用,从而大量进入血液引起氨中毒,严重的会死亡。

(1) 病因

尿素喂量过多,或喂法不当,或被大量误食即可中毒。

(2) 症状

多为急性病例,牛通常在采食含尿素过多的饲料后 0.5~1.0 小时即发病。病初患牛表现为腹痛不安、呻吟、流涎、反刍和瘤胃蠕动停止、肌肉震颤、体躯摇晃、步态不稳等;继而食欲废绝、瘤胃臌气、反复痉挛、呼吸困难、心跳加速、脉搏增数、从鼻腔和口腔流出泡沫样液体等。后期全身痉挛、四肢无力、出汗、眼睑反射迟钝、瞳孔散大、肛门松弛、倒地死亡。急性中毒者,病程 1~2 小时;亚急性中毒者,病程 1 天左右。急性死亡瘤胃内氨味浓;慢性死亡真胃溃疡,回盲口周围也可见病灶。

(3) 预防

严格控制尿素的喂量,且喂量应逐渐增加,总量不能超过日粮总氮含量的1/3,且不能单独饲喂,可与麸皮等碳水化合物搅拌饲喂,不可与豆饼混合饲喂,也不能饮水饲喂,小牛不可饲喂。对中毒牛只做到早发现、早治疗。关于尿素的科学利用参看本书“问题79”。

(4) 治疗

①急性中毒病例。对于急性中毒病例,使用药物治疗时,往往

在药物作用没发挥出来之前病牛就已经死亡。因此，应及时采用手术疗法，疗效和治愈率高。手术的具体操作方法（按常规瘤胃切开术操作）：迅速切开病牛瘤胃，尽量掏净瘤胃内容物；用橡胶导管经切口插入瘤胃内，注入温水，反复洗胃，并把洗胃水导出体外；再经导管往瘤胃内注入食用醋 0.8～1.0 升、10% 白糖水 4.0～5.0 升，以抑制瘤胃中脲酶的活性、中和尿素分解产物；取健康牛反刍食团 10～15 个放入病牛瘤胃，可帮助病牛恢复瘤胃内微生物区系的平衡；最后按常规手术操作，把切开的瘤胃、肌肉、皮肤等消毒、缝合。为防止术部感染，可用青霉素 500 万～600 万国际单位、链霉素 4～5 克，稀释后 1 次肌内注射，2 次/天，连用 4～5 天。②亚急性中毒病例。首先，给病牛 1 次灌服 1% 醋酸溶液 1.0 升（或食用醋 1.5～2.0 升）、10% 白糖水 6.0～8.0 升，可抑制瘤胃中脲酶的活性、中和尿素分解产物；继则用鱼石脂 15～30 克、95% 酒精 0.1 升，加水 1.0 升，调和均匀后，1 次灌服，有抑制瘤胃内容物发酵的作用；用 10% 葡萄糖注射液 500 毫升、硫代硫酸钠 5～8 克（溶解）、10% 安钠咖注射液 30～40 毫升、5% 维生素 C 注射液 40～60 毫升，1 次静脉注射，有利于强心、利尿和解毒。瘤胃臌气的应及时放气，并投喂植物油等保护消化道黏膜。实践证明，对亚急性尿素中毒病例采用药物对症疗法，多能获得满意疗效。

237. 怎样防治农药中毒？

农业种植中使用的杀虫剂、灭鼠剂等作为农作物疾病预防和治疗的药物，因使用方法、使用频率的不同，往往会造成田间饲料农作物的药物污染，牛只采食污染过的饲料后可引起中毒，但也有的是牛误食农药器械等引起，常见引起中毒的主要药物含有氯、磷、砷、氟等。①有机氯中毒。早期轻微患牛仅表现食欲下降，外力轻微刺激就会引起兴奋、眨眼、皱鼻、肌肉痉挛等，严重的患牛则有全身肌肉震颤、空口磨牙、食欲废绝、反刍停止，最终因中枢神经抑制和呼吸衰竭而死亡。②有机磷中毒。表现为突然发病，流涎、流泪，口角有白色泡沫，瞳孔缩小、排粪次数增多，严重者表现共济失调、肌肉震颤、呼吸困难，最终因呼吸麻痹而死亡。③有机砷中毒。急性症状表现为严重胃肠炎，流涎、呕吐、腹泻等，食欲废绝、饥渴，后期肌肉震颤、共济失调，昏迷死亡。慢性中毒的牛只表现为食欲下降、营养不良，被毛粗乱、且易掉毛，缺乏光泽，黏膜潮红、眼睑水肿，持续腹泻久治不愈，感觉迟钝或者神经麻痹。④有机氟中毒。患牛食欲减退，不反刍、不合群，单独站立在一处或卧地不起，部分牛只可缓慢恢复正常，有的牛则卧地不起后逐渐死亡。若中毒后再受到刺激后则尖叫、狂跑、全身震颤、呼吸急促等，多次发作后在抽搐中因呼吸抑制、心力衰竭而死亡。重度中毒者突然发病，表现出角弓反张、惊厥、剧烈抽搐等，而后迅速死亡。

(1) 预防

严格规范饲养制度，不让牛只接触到含有上述农药的饲草、饲料、农药等。对于需要驱虫、药浴时，应选择无毒、低毒的药物，掌握准确的剂量，注意用法。配好的农药安全放置，谨防牛只误食，做好牛只的隔离管理，防止外人投毒；不在喷有农药的地方放牧等。

(2) 治疗

中毒后应分析属于哪种药物中毒，对于体表中毒的牛只应及时刷洗，中毒浅的牛只应用特效解毒药治疗，中毒严重的除对症治疗外，还可进行洗胃排毒处理。①有机氯中毒者，从体表吸收中毒的，应及时使用肥皂水清洗体表，内服中毒的，应内服泻药，促进毒素排出，并灌服小苏打，有神经症状的应给予镇静处理。②有机磷中毒者，应紧急使用阿托品及解磷定治疗，严重脱水的应及时补充体液。使用阿托品时应使用一般量的双倍量约0.2克，皮下或静脉注射，每隔2小时一次，解磷定应配成2%~5%水溶液静脉注射，每隔 4~5 小时用药一次。③有机砷中毒者，首先洗胃，再灌服硫代硫酸钠 25~50 毫克，然后再次灌服缓泻剂。有条件可使用二巯基丙磺酸钠、二巯基丙醇等静脉注射，每天静脉注射或者肌内注射 3~4 次，而后逐渐减量，直至治愈。同时注意对症治疗，强心、保肝、利尿等。④有机氟中毒者，肌内注射解氟灵，每千克体重 0.1 克，每日一次，首次用量减半，直至治愈，同时进行对症治疗。

238. 怎样防治兽医用药中毒？

药物过量可引起牛只中毒，造成肾脏、心脏等内脏受损，更深的危害是诱发耐药性，造成肠道菌群紊乱，破坏机体的主动免疫功能等。为了能合理用药，提高疗效和经济效益，防止兽药用药中毒或者低剂量使用导致的耐药性增加等问题，需要注意下列方面：首先应保证药物来源可靠，购买的药物应有明确标识，来源可靠，根据 GMP 证书及兽药批号等可在中国兽药信息网上查询真伪。其次，疾病的正确诊断是用药的基础，必须明确疾病的分类，在细菌感染时，有条件的应做病原鉴定和药敏试验，选择敏感的药物治疗。最后，使用药物时应根据说明书，选择合理的剂量和疗程，治疗药物应达到一定的药物剂量和一定的疗程，才能杀死病原体。

（张吉鹍，李龙瑞，王赞江）

参考文献

[1] 王加启. 肉牛高效饲养技术 [M]. 北京：金盾出版社，2008.

[2] 王加启. 肉牛疾病防治技术 [M]. 北京：金盾出版社，2010.

[3] 王加启. 决定我国奶业发展方向的 5 个重要指标 [J]，中国畜牧兽医，2011，38（2）：5-9.

[4] 卢德勋. 系统动物营养学导论 [M]. 北京：中国农业出版社，2004.

[5] 徐明. 奶牛营养工程技术的基础与应用 [M]. 北京：中国农业出版社，2012.

[6] 朱兴贵，杨久仙. 畜牧基础 [M]. 北京：中国农业科学技术出版社，2012.

[7] 刘建新，等. 干草秸秆青贮饲料加工技术 [M]. 北京：中国农业科学技术出版社，2003.

[8] 秦志锐，蒋洪茂，向华，等. 科学养牛指南 [M]. 北京：金盾出版社，2010.

[9] 朱永和，王千里. 肉牛快速养殖关键技术问答 [M]. 北京：中国林业出版社，2008.

[10] 刁其玉，张学炜，高腾云. 科学自配饲料 [M]. 北京：化学工业出版社，2010.

[11] 张容昶，胡江. 肉牛饲料科学配制与应用 [M]. 北京：金盾出版社，2009.

[12] 许尚忠，魏伍川. 肉牛高效生产实用技术 [M]. 北京：中国农业出版社，2003.

[13] 曹兵海. 中国肉牛产业抗灾减灾与稳产增产综合技术措施

[M]. 北京：化学工业出版社，2008.

[14] 莫放. 养牛生产学 [M]. 北京：中国农业大学出版社，2010.

[15] 陈幼春，吴克谦. 实用养牛大全 [M]. 北京：中国农业出版社，2007.

[16] 曹玉凤，李建国. 肉牛标准化养殖技术 [M]. 北京：中国农业大学出版社，2004.

[17] 张吉鹍，卢德勋. 粗饲料分级指数参数的模型化及粗饲料科学搭配的组合效应研究 [D]. 呼和浩特：内蒙古农业大学动物科学与医学院，2004.

[18] 张吉鹍，刘建新. 秸秆基础日粮添补苜蓿体外发酵特性及微生物氮合成的组合效应研究 [D]. 杭州：浙江大学动物科学学院，2006.

[19] 张吉鹍. 饲料间的组合效应及其在配方设计中的应用 [J]. 草业科学，2009，26（12）：113 – 117.

[20] 张吉鹍. 如何提高奶牛场养殖效益 [M]. 北京：化学工业出版社，2014.